安徽省勘察设计行业优秀论文选

陈东明　主编

合肥工业大学出版社

编 委 会

序

《安徽省勘察设计行业优秀论文选》一书就要与读者见面了！这是我省勘察设计行业以实际行动庆祝中华人民共和国成立60周年，也是全省勘察设计人员以实际行动贯彻落实科学发展观的写实集，同时也是交流勘察设计事业改革、管理、创新和发展经验的总结集。这里既有资深人士的智慧思考，也有设计新人的闪光睿智；既有先进技术的崭新呈现，也有科学管理的生动实践，内容丰富，精彩纷呈。

为进一步提高广大勘察设计人员的积极性和创造性，繁荣设计创作，提高勘察设计水平，促进全省勘察设计事业科学发展。根据安徽省工程勘察设计协会2008年12月15日发出的《关于全省勘察设计行业优秀论文评选工作的通知》，我们组织开展了全省勘察设计行业优秀论文评选工作，目的是要用科学发展观的理念指导勘察设计工作。论文的内容涵盖以下九个方面：1. 单位改革发展经验和体会；2. 单位制度建设及管理创新；3. 单位诚信建设及成效；4. 规范勘察设计市场管理研究和对策；5. 提高勘察设计质量的做法及成效；6. 工程建设标准的执行情况、体会和建议；7. 工程勘察设计技术创新及应用；8. 工程抗震、节能等新技术、新材料应用经验体会；9. 有关勘察设计方面的其他内容。共收到论文121篇。

为保证论文评选工作的规范性、科学性、权威性，切实增加优秀论文评选的透明度，做到公开、公正、公平，我们成立了安徽省勘察设计行业优秀论文评选初审组，根据论文征选条件提出入选论文。在此基础上，我们组织了以省建设厅副厅长、省工程勘察设计协会名誉理事长吴晓勤同志为主任委员，省文明办、省民间社团管理局的同志、协会部分副理事长、省建设厅主管社团工作的人事处负责人参加，同时邀请了山东省建设厅设计处处长、山东省勘察设计协会理事长顾发全同志，集中了各方面专家组成了安徽省勘察设计行业优秀论文评选委员会，对论文初审组提出入选的论文进行复审，逐篇进行研究确定入选论文。并报经2009年8月14日安徽省工程勘察设计协会常务理事会审定，共评选出一等奖8名，二等奖19名，三等奖29名。这本论文集正是评选最终结果的汇集，也是全省勘察设计人员心血和智慧的结晶。

我们希望全省勘察设计人员继续坚持以科学发展观的理念统揽勘察设计工作全局，继续加强对勘察设计理论与实践相结合的研究，积极探索、总结我省勘察设计行业先进的技术和经验，为我省勘察设计行业的健康发展，为进一步提高我省勘察设计水平做出积极努力。

人的生命靠运动，协会的生存、发展、提高在于协会围绕勘察设计中心工作，面向会员积极开展有利于全省勘察设计水平提高的各项活动。论文集的正式出版，反映出我省勘察设计水平的不断提高，也体现了各会员单位和个人对协会工作的大力支持。安徽省工程勘察设计协会将一如既往地坚持既定方针、认真履行职责、切实做好服务，真正让协会成为勘察设计单位和勘察设计人员满意的会员之家。

本次论文征集和评选工作还有一些待改善的地方：一是论文覆盖面不全，有的市还没有报送；二是有的论文从写作到内容都有待提高。我们力图做到至善至美，但我们还没有做到，好在有一个开始，根据厅领导的指示，全省勘察设计行业优秀论文评选工作每两年要举行一次。优秀论文评选正式出版的目的在于搭建平台，加强经验交流，提高广大勘察设计人员的积极性和创造性，繁荣我省设计创作，提高我省勘察设计水平，促进全省勘察设计事业科学发展。同时，由于文稿数量多，编辑工作量大、时间紧，且编者水平有限，本论文集有不当之处，敬请广大读者批评指正。论文出版工作得到社会各界的广泛支持，在此一并表示感谢！

陳東明

2009 年 8 月 28 日

安徽省工程勘察设计协会文件

关于公布2009年安徽省勘察设计行业优秀论文获奖名单的通知

各勘察设计单位：

为庆祝中华人民共和国成立60周年，深入贯彻落实科学发展观，增进全省勘察设计改革、管理、创新和发展的经验交流。提高广大勘察设计人员的积极性和创造性，繁荣设计创作，提高勘察设计水平，促进全省勘察设计事业科学发展。根据安徽省工程勘察设计协会《关于全省勘察设计行业优秀论文评选工作的通知》（皖设协〔2009〕1号），我们组织开展了全省勘察设计行业优秀论文评选工作。

经专家组初评，评选委员会复评，并报经2009年8月14日省工程勘察设计协会常务理事会审定，共评选出一等奖8名，二等奖19名，三等奖29名，现予公布获奖名单。各单位可根据本单位情况对获奖者予以适当的奖励。

获一、二、三等奖的论文，我们将汇编成《安徽省勘察设计优秀论文选》出版发行（不含曾发表过的）。

希望各位论文获奖者再接再厉，加强对勘察设计理论与实践相结合的研究，积极探索、总结我省勘察设计行业先进的技术和经验，为我省勘察设计行业的健康发展，为进一步提高我省勘察设计质量水平做出积极努力。

附件：2009年度安徽省勘察设计行业优秀论文获奖名单

二〇〇九年八月二十五日

抄报：省住房和城乡建设厅，省民间组织管理局，中国勘察设计协会，倪虹厅长、吴晓勤副厅长附件：

2009年度安徽省勘察设计行业优秀论文获奖名单

一等奖(8名)

序号	论文题名	作者姓名	所在单位
1	保持黄山城市特色、弘扬徽派建筑文化	洪祖根	黄山市建筑设计研究院
2	宿松县县城建筑风貌初探	罗　浩	宿松县规划建筑设计院
3	预应力连体复杂结构的技术研究与应用	孙　苹	安徽省建筑设计研究院
4	大跨度悬索结构的应用与发展	朱兆晴	安徽省建筑设计研究院
5	现代医院建筑设计探索	高　松	安徽省建筑设计研究院
6	科学分析市场环境　积极实施发展举措	吴立人 薛幼森	安徽省交通勘察设计院
7	高层建筑沉降观测数据处理与分析	程为青	安徽省建设工程勘察设计院
8	预埋载荷箱桩基静载荷试验的开发与应用	曹光暄	安徽省建设工程勘察设计院

二等奖(19名)

序号	论文题名	作者姓名	所在单位
1	浅谈合肥市地下空间资源保护	左丽华	合肥市勘察院有限责任公司
2	太阳能热水集中供应系统的仿真研究	张维薇 洪　峰	安徽安德建筑设计有限公司
3	浅谈设计院如何实现可持续发展	焦福建	安徽省纺织工业设计院
4	工程设计项目负责人制与全过程质量控制探索	唐世华	马鞍山市汇华建筑设计有限公司
5	包容,变通,发展	杨　俊	黄山市建筑设计研究院
6	CFG桩复合地基在高层建筑中的应用	李　强 王　猛	安徽寰宇建筑设计院
7	建设工程规范运用中的体会和建议	应文浩	天长市规划建筑设计院
8	相对编码与绝对编码组合的数据采集编码方案	柏　捷	蚌埠市勘测设计研究院
9	有关Dyn11结线配电变压器	袁峙坤	铜陵市电力咨询设计有限责任公司
10	传统中有时尚,时尚中有传统——安徽省大通镇美食休闲文化广场建筑设计	张　剑	铜陵市建筑设计院
11	建筑物岩土工程勘察文件审查质量问题剖析	王国昌	铜陵市规划勘测设计研究院
12	县级设计单位的全面质量管理	方世根	定远县建筑规划设计院
13	关于我市城乡规划设计有关问题的思考	史敦文	宿州市规划设计研究院
14	我们离绿色建筑有多远	杨翠萍	安徽省建筑设计研究院
15	关于《安徽省居住建筑节能设计标准(夏热冬冷地区)》编制中有关能耗限值数据问题的探讨	陈国林	安徽省建筑设计研究院
16	建立现代企业管理机制,打造优秀设计企业	霍建军	合肥市建筑设计研究院有限公司
17	钢网架屋盖结构的加固应用与研究	朱　华	安徽省建筑科学研究设计院
18	组合劲性混凝土桩锚体系在深基坑工程中的应用	束冬青	安徽省建设工程勘察设计院
19	企业文化建设是企业走向成熟的必由之路	梅　冷	安徽省建设工程勘察设计院

三等奖(29 名)

序号	论文题名	作者姓名	所在单位
1	建筑给排水节能技术在设计中的应用	段　勇	六安市建筑勘察设计院
2	浅谈高层剪力墙结构的设计	代永胜	阜阳市建筑设计研究院
3	对桩端以下存在软弱土层的水泥土搅拌桩复合地基 E_{sp} 取值及沉降计算方法的讨论	陈　英 陈立中	安庆市第一建筑设计研究院有限公司
4	浅谈建筑设计与建筑节能	石庆昌	马鞍山市汇华建筑设计有限公司
5	沉管灌注桩复打技术在特殊情况下的应用	谢　松	马鞍山市汇华建筑设计有限公司
6	顺其自然、因势利导,科学规划现代国际旅游城市	胡玉珍	黄山市建筑设计研究院
7	以改革激活设计单位内部运行机制	刘大勇	休宁县建筑设计室
8	对合肥地区 Q_3 黏土场地地下室抗浮问题的探讨	彭克传 陈　瑞	合肥市勘察院有限责任公司
9	浅谈太阳能光伏系统在住宅小区照明中的应用	沈成立	安徽寰宇建筑设计院
10	关于设计中若干易忽视问题的探讨	陈　炜	安徽寰宇建筑设计院
11	高强钢绞线网—聚合物砂浆加固技术探讨	苑　藜	合肥市市政设计院有限公司
12	复合地基技术在软土路基处理中的应用	吴　祯	合肥市市政设计院有限公司
13	浅谈新农村住宅设计	应文浩 徐永德	天长市规划建筑设计院
14	TEQC 测量环境测试分析	王保国	蚌埠市勘测设计研究院
15	建筑结构设计计算探讨	张王送	铜陵房建工程设计有限责任公司
16	用科学发展观指导宿州城市规划设计	唐世进	宿州市规划设计研究院
17	宿州地区农村住宅设计初探	赵本杰	宿州市建筑勘察设计院
18	宿州市某住宅楼局部地基处理分析	张　剑	宿州市建筑勘察设计院
19	粉喷桩加固穿堤涵洞地基的体会	张树军	宿州市水利水电建筑勘测设计院
20	不接地系统零序电流危害分析与预防措施	戴家琳	宿州市明丽电力规划设计院有限公司
21	从建筑结构设计谈现浇钢筋混凝土楼板的裂缝	许　哲	砀山县建设局设计室
22	浅谈影响工程质量的主要因素及控制措施	王维友	灵璧县水利局设计室
23	浅谈建筑的蜕变	徐　亚	安徽省建筑设计研究院
24	合肥网讯软件有限公司综合楼建筑设计	毕功华	安徽省建筑设计研究院
25	变电站操作电源有关问题探讨	谢正荣	安徽省建筑设计研究院
26	倾斜基岩上的嵌岩桩身稳定分析	吴春萍 葛立效	合肥工业大学建筑设计研究院
27	黄山地区中生代碎屑岩区域地质灾害成因的探究	李　伟 杨成斌	合肥工业大学建筑设计研究院
28	eGeo 智能静载仪 SLd—1 的开发	廖旭涛 曹光暄	安徽省建设工程勘察设计院
29	以人为本,顺应市场,强化管理,稳定发展	伍友桂	皖东规划建筑勘察设计研究院

目　录

一等奖

二等奖

三 等 奖

保持黄山城市特色 弘扬徽派建筑文化

洪祖根
（黄山市建筑设计研究院 安徽黄山 245000）

摘 要：黄山市正在建设国际性旅游城市，如何在城市建设中传承文化、保持特色是摆在城市管理者和设计师面前的一个突出问题。特别是在国际化进程中，地域特色正在以惊人的速度消失，以全球化的借口破坏传统文化，对传统文化破坏的广度和深度超出历史上任一时期。本文就弘扬徽派建筑文化，保持黄山城市特色进行了初步的思考。

关键词：黄山市；徽州；建筑文化

黄山市，古称徽州，自秦朝起置歙、黟两县，距今已有2200多年的历史。在漫长的历史长河中，聪颖、勤奋的徽州人创造了灿烂的文化，徽文化是中华文化宝库中的瑰宝。今天，徽文化、藏文化和敦煌文化一起被称为中国三大地方显学。徽文化涵盖了经、史、哲、医、商、绘画、建筑等诸多领域。

徽派建筑粉墙黛瓦、错落有致，其建筑风貌与黄山大地青山绿水相互映衬，秀美如画。徽派建筑以其深厚的文化内涵和鲜明的地方特色在中国建筑史上独树一帜，是徽州文化不可或缺的重要组成部分，它是古徽州人民聪明才智的结晶，是黄山市极其宝贵的历史文化财富和旅游资源，是祖先留给后人的一份极其珍贵的历史文化遗产。保护徽派建筑这一优秀的历史文化遗产，是继承和弘扬中华民族优秀传统文化的大事。在新的历史时期，研究、弘扬徽派建筑风格，传承徽派建筑文化精髓，是延续黄山市历史文脉的重要途径。

1. 传统徽派建筑特色及内涵

徽派建筑有着高超的建筑技巧和浓厚的文化内涵，在造型、功能装饰和结构等方面自成一体，它的工艺特征和造型风格主要表现在民居、宗祠牌坊、园林等建筑中。

1.1 尊重自然山水大环境。古徽州对村落选址的地形、地貌、水流风向等因素都有周到的考虑，往往都是依山傍水，环境优美，布局合理，交通顺畅，尊重山、水等自然地貌，建筑融汇于山水之间。

1.2 富于美感的外观整体性。群房一体，采用高墙封闭，马头翘角，墙面和马头高低进退错落有致，配以大小不一，布置灵活的斜坡屋顶，使得外观丰富耐看，颇有韵味。

1.3 较宜人的空间尺度。建筑的高宽比和空间比例适中，感觉既不空旷，也不压抑。如屯溪老街的街道宽6～7米，两侧建筑物的高度也大多为7米左右，高宽比约为1∶1，给人以良好的空间感受。

1.4 独具一格的马头墙。马头墙是徽派建筑最具特色的部分，层层跌落，前后进退，极富韵律感。

1.5 灵活多变的斜坡屋顶。徽派建筑大量使用坡屋顶，用法灵活多变，不拘一格，大小有变化，高低有层次。

1.6 朴素大方的色彩。徽派建筑不以华丽复杂的外观取胜，而是以典雅大方的灰白色调见长。青山、绿水、白墙、黛瓦是徽派建筑的主要特征之一，在质朴中透着清秀。

1.7 较灵活得多进院落式布局。建筑平面布局的单元是以天井为中心围合的院落，按功能、规模、地形灵活布置。

1.8 精美的细部装饰。徽文化中“三雕”（砖雕、石雕、木雕）艺术令人叹为观止，砖雕门罩、石雕漏窗、木雕楹柱与建筑物融为一体，是徽派建筑一大特色。

2. 传统徽派建筑在现代城市建设中遇到的突出问题

传统徽派建筑文化的形成有其特定的地域背景和人文环境，与当时的生产力发展水平是相适应的。今天的城市建设有现代的要求，不可能简单地将传统的徽派建筑拿到今天的城市建设中照搬使用。

2.1　低层与多层、高层建筑形式问题。传统的徽派建筑一般在3层以下，村落制高点一般是非居住功能的公共建筑，建筑物也不会显得十分突兀。现代城市集约化使用土地，建筑物层数一般在5层以上，大型公建和标志性建筑物的层数更多，与传统的低层建筑差别大，不能用简单加马头墙的办法处理。

2.2　徽派建筑小体量与现代建筑大体量的问题。传统建筑以民居为主，体量较小，现代建筑一般体量较大，传统建筑特色很难照搬使用到现代的大体量建筑物上。

2.3　传统建筑淡雅的色彩与现代求新、求异色调之间的问题。传统建筑色彩以粉墙黛瓦为主，色彩淡雅，现在一些项目业主往往要强调个性、求异，大面积玻璃幕墙，大红、大蓝建筑物色彩是一项很重要的构景要素，反差很大。

3. 积极探寻传统建筑文化与现代城市建设之间的结合点

3.1　吸取传统徽派建筑文化最本质的元素。黄山市地理条件独特，城市建设依山傍水，城市规划建设要求显山露水，体现山水城市特色，将城市融汇于山水之间。适当调配建筑高度，在山体周围与濒水地区控制一定数量的绿色视线走廊，将山水景观引入城市。将高层建筑在适当的地方集中建设，统领城市景观，使建筑与山水相互呼应。

3.2　营造传统徽派建筑文化的氛围。每一栋建筑都传达出自身的信息和个性，一系列建筑群体相互映衬，能构筑一种特定的氛围。传统建筑文化不仅包含建筑本身，树、井、漏窗、亭台、廊柱、街道等都是徽文化氛围的构成元素。在建筑设计中，要求适当扩大建筑设计的深度和广度，对建筑物的内部空间、建筑物占领的过渡空间、向公众开放的外部空间进行统一设计，充分吸取徽派传统建筑中庭院空间的处理手法。

3.3　高层建筑中的处理手法。城市规划应对高层建筑的选址进行控制，一般应选址在宽广的道路两旁和道路交叉口四周，并适当后退道路红线，利用高层建筑的裙房和主楼的进退部分作为徽派特色的体现平台，灵活搭配坡屋顶和马头墙符号，在建筑物的主入口和近人部位采用“三雕”(砖雕、石雕、木雕)装饰，使人感受到徽派建筑的氛围。

3.4　大体量建筑的“小化”。现代建筑一般体量较大，有较长的连续性墙面，可通过线条分割、墙面凸凹等多种方法化大为“小”。但一定要把握好尺度，否则容易造成墙面分割的琐碎，达不到化大为小的目的。

3.5　营造多层次墙面的传统特征。传统建筑外观丰富、错落有致、富有韵味，现代建筑也可体现阶梯式布置、群房一体的传统特征，如在横向上，处理好墙角处的过渡；纵向上，做适当的进退，都可丰富墙面的景观。

3.6　马头墙符号的应用。马头墙符号的应用是现代建筑体现徽派特色的主要手段之一。不少现代建筑为体现传统特色，往往将传统建筑的局部特征符号照搬到现代建筑中，结果常常是与现代的审美理念相悖，反而引起观者的反感。应该延续传统建筑特征符号的尺度比例，抽象变通地运用，追求神似而不是简单地在形式上的模仿。

3.7　斜坡屋顶的运用。传统徽派建筑的坡屋顶运用很灵活，不拘朝向和大小，并且层次感极强。规划要求，住宅一律使用坡屋顶，多、高层公共建筑尽量使用现代建筑技术及材料，采用与坡屋顶相协调的变形处理，使天际线变化和谐。

3.8　城市色彩的控制。黄山市的城市发展目标是建成国际性风景与文化旅游城市，现代国际旅游城市应具有鲜明的特色和蓬勃的朝气。我市在城市建设中坚持青山、绿水、粉墙、黛瓦构成城市的主色调，城市色彩力求统一、清新、明快。

3.9 城镇环境风貌控制。城镇通往景区的交通干道两侧建筑要求体现徽派建筑特征，采用坡屋顶形式，以白墙、灰瓦为主色调，严禁使用红、黄、蓝三原色进行装饰，以形成与青山绿水的自然环境相协调，具有传统徽派建筑特色的城镇风貌。

4. 结语

黄山市城市建设目标是建成国际性风景与文化旅游城市，这就更加要求城市建设要具有自身的形象与特色。建筑是构成城市特色的重要组成元素，必须要挖掘徽文化内涵，寻找传统文化与现代生活方式的结合点，将体现徽派建筑文化内涵、手法和构思融合到现代城市规划和建筑中，充分体现黄山市的城市特色和个性。

黄山市作为新兴旅游城市，“打好黄山牌，做好徽文章”是重要的发展战略，黄山胜景冠天下，徽州人文烁古今。重视徽派建筑的研究，全面准确地把握徽派建筑的特点，将徽派建筑这一宝贵的旅游资源变成黄山市旅游经济发展重要增长点，也是社会经济发展的需要。

参 考 文 献

[1] 吴晓勤等．世界文化遗产——皖南古村落规划保护方案保护方法研究．北京：中国建筑工业出版社，2002.

[2] 全国城市规划执业制度管理委员会，科学发展观与城市规划．北京：中国计划出版社，2007.

[3] 钟国庆．肇庆广府古村落景观格局特点及其保护研究——以焦园村为例．城市规划，2009(4).

[4] 郭强，卢扬等．中国宜居城市建设报告 NO.1. 北京：中国时代经济出版社，2009.

[5] 单霁翔．乡土建筑遗产保护理念与方法研究(上、下). 城市规划，2008(12)，2009(1).

作者简介：洪祖根，男，1961 年 11 月，黄山歙县人，黄山市建筑设计研究院院长，高级工程师，国家一级注册建筑师

宿松县县城建筑风貌初探

罗　浩
（宿松县规划建筑设计院）

摘　要：本文通过笔者对自幼生长的县城建设发展及历史文化的了解，系统地研究宿松县各个不同时期形成的建筑风格。首先从宿松的区位、自然条件、风土人情入手找寻宿松县传统文化下的传统建筑形式背后所蕴含的当地文化特征；其次考察县城现代建筑的发展，包括传统折中主义、欧陆风、现代主义建筑，根据前面分析的传统建筑特色，分析现有建筑合理之处，并指出不太适合、有待改善的地方；最后进一步提出宿松县未来城市建筑走向，提出个人建议性意见。

关键词：宿松县；建筑风格；历史文化；传统折中主义；欧陆风；新江南风格

建筑风格是城市特色重要的组成部分，一般影响城市建筑风格的主要因素概括为历史性、地方性、时代性和技术性。在我国，很多城市具备自己独特的建筑风格，例如哈尔滨、大连、青岛、上海、南京、西安等。

而我国广大中小城镇多为建筑风格多元化，无明确城市建筑特色，宿松县县城当属这样的城市之列。

一、宿松县区位及历史文化

宿松古称松兹侯国，建县于西汉高后年间，距今约有 2200 年的历史。地处大别山南麓、皖江之首，是皖鄂赣三省八县结合部，自古为南北交通要冲，兵家必争之地。宿松处于吴楚文化交汇地带，素有“吴头楚尾”之称，钟灵毓秀，人杰地灵。全县境内山区、丘陵、湖泊、平原依次分布，自然资源丰富，拥有“长江绝岛”小孤山、“南国小长城”白崖寨等丰富的旅游资源。

宿松历史悠久，文化积淀深厚，是我国五大剧种之一——黄梅戏的发祥地。黄梅戏发展史上，宿松首先于清朝中叶开始每年三月三专演黄梅调采茶戏，1921 年《宿松县志》正式把黄梅采茶歌定名为黄梅戏，1957 年黄梅戏的孪生剧种文南词进入中南海为毛泽东、周恩来、朱德等老一辈革命家献演。黄梅戏是安徽宿松和湖北黄梅一带人民在长期生产劳动和社会生活中产生的一种民间艺术形式，构成黄梅戏唱腔和剧种基础的“断丝弦锣鼓”和“文南词”是宿松土生土长的两朵民间艺术奇葩，现均已列入国家级非物质文化遗产。宿松民间艺术还有鼓书、龙灯、舞狮、彩船、挑花篮、花鼓灯等。

二、宿松县传统建筑分析

长期以来，人们在中国传统建筑的利用问题上往往陷入两个极端：其一是注重少量的“珍宝型”建筑，也就是文物建筑的史料价值及文化情感价值的利用，将文物建筑看作文化标本，像展品一样冻结起来，使之更多地成为一种无甚物质功能的“古董”。其二，对于大量的、一般性的传统建筑在进行破坏性的使用。这些传统建筑大部分仍在使用之中，但基本上处于自生自灭的状态。由此带来的混乱与破败的状态也使得传统建筑往往以“危旧房改造”名义被大量拆除。因此，这种对传统建筑的利用方式可以说是一种破坏性利用。①

宿松县城老城区的老街，正面临拆迁改造，这一部分老建筑何去何从将面临考验。老街建筑体现出

---

① 王嵩．“内胆”(Internal Envelope)——一种中国传统建筑的再利用方法探讨．南京大学建筑学院．

了传统徽派建筑的特色，但与皖南徽派建筑又有很多差异：

1. 由于是沿街建筑，建筑开间都较小，往往只有一个房间的跨度，4～6 米居多，多为沿街商铺。

2. 建筑主要考虑两个朝向，即沿街面和背街面，两面都能够完全敞开。在沿街面底层，白天完全敞开，夜晚嵌入门板完全封闭。当开放时，建筑无内外之分，做到了最大限度的开放、最大限度的通风，顾客也能最方便地进入。在沿街民居中，这些嵌入式的门板经常不完全开放，可以根据需要做相应的调整。二层部分，作为居住或者储藏。在沿街面，同样是嵌入式的窗板，可以完全开敞，二层相对一层高度要小很多，大部分窗子并不开启，私密性很强。

3. 建筑檐口均有出挑。当地夏季日照强烈，并有明显的梅雨季节，做出挑的檐口更多是出于实际需要。这一特点，在现在建设的很多房屋中都有体现，大部分民居都采用二层出挑的方式，没有出挑条件的，会加设雨棚。

4. 民居建筑是常见的硬山式样，把山墙两个端头加宽加高，做成马头墙，同时，内部结构体系不如皖南民居那样完整，其内部不是完全木结构支撑，而支撑依仗于山墙，两个体系交织在一起，不相互独立。

沿街的这些房屋，都已经破败严重，对于危房，建议拆迁并重建。对于其他一些房屋，可进一步考察其建造年代，评估其价值，通过传统建筑“再利用”的方式，改造成为符合现代生活需要的房屋。

三、宿松县现代建筑分析

1. 传统折中主义建筑

对中国传统建筑的继承上，宿松人民默默地作出了努力。各个时期的风格都有所不同，体现了当地人民群众对传统建筑文化的理解。

从新中国成立到改革开放之前，这一时期建筑体现了当时人民勤勤恳恳的生活态度。建筑体量自由、活泼、大方，虽为现代建筑材料，但对于传统生活的解释是较为恰当的。白墙、灰瓦，这些传统建筑符号依旧在建筑中得以体现。同时体量的简洁也体现出当时节约的优良作风。

上世纪 90 年代的建筑，不论从设计理念和建设质量上都明显下降。建筑体量呆板生硬，仅用了传统的建筑符号装饰其上，并且很不到位，原本灰色的瓦，在这里用作红色，还有甚者用黄色琉璃瓦，实属臆造。建筑正立面多瓷砖贴面，顶部山墙略凸出，隐含马头墙寓意。建筑侧面施工粗糙或者干脆不做任何处理，与正面的做法截然不同。

随着改革开放的深入，人们对传统文化与艺术愈加重视，以前完全照搬临摹的方式已经不能满足人们的审美需求，一批新的对传统建筑探索的作品问世了，下图中的这组建筑可以看出比 90 年代更加趋于成熟，同时，对传统建筑的继承有了新的思考。既不是简单地用新材料临摹传统建筑，也摆脱了 90 年代的浮躁与呆板。

2. 欧陆风

现在宿松城区刚刚兴建的和正在兴建的大量的民用商业与住宅结合体都是以欧陆风风格为代表的西方古典建筑式样。这股已经吹遍中国大地并正在消退的建筑风在宿松县反而呈现出一片欣欣向荣的景象。

诚然，“洋立面”现象体现着某种文化精神，迎合了现代人的某些需要，成为某些特定阶层或行业“标新立异”的手段。中国人毕竟长期生活在缺乏内在品质的环境下，以至于对风格、形式有着某种渴望。另一方面，主管部门急于摆脱单调乏味的环境风格，人们的目光便转向了“洋立面”。今天的欧陆风常常显得粗制滥造(在人才相对缺乏的中小城市更是如此)，这些作品在比例构图、细部线角、造型元素呼应衔接等方面缺乏深入细致地推敲研究，不能很好地甚至表达不出其应有的意境和内涵。①

在中国近代建筑史中，对“西洋文明”的模仿曾多次出现，其吸收、模仿的形式主要有三种：一是照搬照抄西洋古典形式，原封不动移植；二是中西合璧，有所变异与发展；三是不伦不类，随意拼凑。而笔者认为宿松县目前的大部分所谓欧式风格属于第三类。当地居民被分配了沿街竖条形的土地，建筑地基面宽窄，进深大。建筑往往直接从有限的土地上拔地而起，新建建筑高度均在 3 层以上，4 层居多，因此产生的建筑体形如同一竖起的火柴盒。2、3、4 层出挑，作为一层的雨篷，体形简洁大方，实用性强。但建筑稳定性较差，抗震等级低。侧面与背面一般仅做砂浆抹灰，甚至裸露砖墙。如果说正面采用的是欧陆风风格的话，那么侧面和背面均无任何风格可言，而仅仅满足基本功能而已。

在有限的资金内把建筑做得尽量的好看自然是每一位投资者的本意，在选择建筑式样的过程中，地方的传统建筑式样不能满足与适应今天的生活功能，居民在不断尝试新的建筑风格的过程中从多方搜集经济美观的建筑式样。同时，对欧美富足生活的向往，造就对他们的建筑产生崇拜之情，粗略地抄袭自然成为一种时尚。

广大人民群众的经济收入有限，艺术的鉴赏力有待提高，广大居民对美好建筑式样的向往与地方建筑缺乏具有影响力的示范性工程之间的矛盾越来越凸显。

在公共建筑中，欧陆风的建筑风格成熟得要略早一些，整体风格也更大气，设计水平和施工质量无疑是较民居提高了不少。这类公共建筑中，线脚、窗套的做法相对民居更简洁，摆脱了欧陆风建筑中尤其是民居中常常出现的那些胭脂气。欧洲传统柱式经过简化处理，在公共建筑中的应用要远远多于民宅，一方面建设单位经济实力更雄厚，另一方面柱式建设在大体量的建筑中才能够表现出雄伟效果，同时，不可或缺的原因是单位上班的人群现代审美能力更好一些。

---

① 陈冠宏.“欧陆风”建筑为什么在中国泛滥.[J]华中建筑，2002(2).

3. 现代主义建筑

宿松县的现代建筑渗透在当今已经建成或者正在建设的项目中。当今现代主义对广大人民群众来说往往“简洁”意味着“简单”，密斯·凡·德·罗的“少就是多”的现代建筑口号，在他们看来就是“少就是少，少就是单调与无聊”。

在众多的仿古建筑的侧背面往往呈现出来现代主义建筑的极简风格。这种满足功能使用前提下的简单粉饰造就了现代主义建筑。

上图为宿松一组建筑的背面，非常典型的现代主义建筑，并且严谨地实现了“形式追逐功能”这一现代主义的口号。此类建筑在众多欧陆风建筑的背面比比皆是。这种建筑表现出来一种现代主义的简约，可以作为现代主义的经典范例，而在本地居民中并没有引起相应的关注，对于他们这就是一种省钱的做法。

现代主义建筑在宿松的发展就是整个中国现代化发展进程的缩影。虽然道路坎坷，但并不令人担忧，毕竟这种建筑最适合当代人的生活习惯及生活需求。

四、宿松县未来建筑发展的浅见

建筑风格就是在历史、政治、经济、社会、文化、科学技术……因素所决定的总的社会思想意识，特别是阶级意识在建筑上的反映。建筑风格不单是建筑艺术问题，而是一定社会在一定时期与地区内建筑的功能、物质技术手段和艺术形象等所形成的特点的总和，也是社会物质生活和精神生活的辩证统一的产物，具有时代性、民族性、地区性。我国城市面貌在现代建筑与日俱增的发展中，大有众城一面之趋势，原来的比较鲜明的地方特色逐渐模糊或丧失。因此继承我国优秀传统建筑文化保留地方特色的问题已越来越多地被人们重视，寻找有地方特色的建筑是建筑发展的必经之路。

1. 县城老街民居的改造和利用

怎样进行乡土建筑的改造与更新是现代化进程中必然要面临的问题。而这个问题的最终解决方式现在未有定论，在世界上也是争议的焦点之一。

对于文物建筑我们自然不用担心，但对于宿松老街这样一般性传统建筑应该怎样处理却是争议最大的地方。旧有的房屋居住条件极差，造成很多人毫不犹豫地加以拆除新建。

上图可以看出很多旧有建筑使用的材料和建造手法还是相当精良的，通过对砖石部分进行修补粉刷，对木结构部分进行替换，甚至重建改造，使其符合现代生活需要都是可行的，而不是一味地采用拆除，对一些必须拆除的可以进行系统重建。坐落在老街这样的古文化街区，可以采用徽派传统形式。成功改造的案例比比皆是，对我们是一种激励。对传统街区的保护要注意尺度的把握，合适的街道宽度，恰当的建筑高度塑造一种亲切轻松的环境。笔者建议在宿松老城区改造过程中沿民主西路自老厅街至北门街及北门街南段、南门街至城南沟范围划定为历史文化风貌区，恢复宿松古城风貌并在该区域发展传统特色食品加工，如雪枣、豆腐坊等；传统工艺加工，如竹编、根雕、石雕等；同时开辟传统文化展示区，如戏台、茶馆、鼓书等，规划建设历史文化广场，在民族节日组织龙灯、舞狮、彩船、挑花篮、花鼓灯等活动，在传承历史文化的同时既丰富群众的文化生活又可促进宿松旅游业的发展。

安徽 屯溪港街

2. 县城新区的定位

近年来，宿松县城市化进程飞速发展，特别是东北片区和工业园区的规划建设突飞猛进，为宿松县城带来了前所未有的发展机遇和空间。在东北片区控规和城市设计中，东南大学汪坚强博士（在读）对新城区建筑风格作了深入的研究和有益的探索，并根据宿松老城的历史特质和文化积淀，提炼江南传统建筑的精髓，结合现代风格中所倡导的简约、纯粹的概念，将江南建筑元素加入到现代建筑中去，创造性地提出新江南风格建筑风貌，塑造独具特色的街道景观。笔者认为这是与宿松历史文化及山水交融的自然风貌和谐统一的传统折中主义和现代主义相结合的较好范例，可以成为宿松县新城建设和老城改造过程中一个较长历史时期的特色风貌。

3. 建成区现代建筑的改造与新建

县城通德街区域基本为上世纪 70 年代的低层建筑，亟待改造，同时通德街也是东北片区向老城区衔接过渡的重要街区，应当与东北片区建筑风格相协调一致。

而通德街、龙井路以西人民路两侧及人民路与孚玉路之间均为上世纪 80 年代后兴建的公共建筑，复古主义、传统折中主义、欧陆风、现代主义等各色风格建筑在此街区集中显现，这既表现出改革开放后人们在建筑形式追求上的浮躁和无所适从，也意味着宿松历史文化的巨大包容性。在此区域改造过程中除对一些极其粗糙简陋的建筑进行改造外，大多应当尊重历史，维持现状，同时该区新建建筑也可适度放宽对建筑风格和色彩的限制，形成一个色彩绚丽、丰富多彩的特色街区。

总而言之，无论哪一种方式，笔者认为长期看来，都要渐渐发展为符合时代要求的现代建筑。通过现代的表现手法体现出传统文化精髓才是未来建筑的方向。

参考文献

[1] 刘元．如何看待当前中国建筑文化中的“欧陆风”[J]．安徽建筑．
[2] 夏明．关于“欧陆风格”的思考[J]．建筑学报，1999(11)．
[3] 陈冠宏．“欧陆风”建筑为什么在中国泛滥[J]．华中建筑，2002(2)．
[4] 陈伟．徽州传统聚落与人居的可持续发展[J]．工业建筑，2000(1)．
[5] 李正涛．建筑的地域性因素[J]．山西建筑，31 卷第 8 期．
[6] 宿松县县志．

作者简介：罗浩，男，43 岁，生于安徽省宿松县，现任安庆市第十五届人民代表大会代表、宿松县第八届政协委员会委员，宿松县规划建筑设计院院长。

预应力连体复杂结构的技术研究与应用

孙 苹

(安徽省建筑设计研究院 安徽 230001)

摘 要:阜阳师范学院教学主楼为一幢八层建筑,一层以下为一整体建筑,在一层与四层之间设一28.8米大门洞,四层以上连为一整体。在四层顶设一28.8米预应力大梁,在四层预应力梁上立柱与五、六、七、八四层框架组成预应力多层空腹桁架。为增加结构的抗侧刚度,加大连体结构的整体性,提高抗御侧向力的能力,在梁的两端设置钢筋混凝土筒体,这样由28.8米预应力大梁与上部四层框架组成预应力多层空腹桁架与两端钢筋混凝土筒体组成预应力连体复杂结构受力体系。本次工作的主要内容为:1. 使这种预应力连体复杂结构的预应力有效建立起来;2. 解决了大跨度预应力梁与上面几层普通钢筋混凝土框架共同作用;3. 建立了预应力多层空腹桁架与两端钢筋混凝土筒体组成的预应力连体复杂结构受力体系的理论计算模型。采用PKPM系列软件进行计算,并用弹性时程分析法对弹塑性阶段进行计算。依据以上计算结果综合评估了结构的地震响应和承载性能,各项指标满足规范要求,有关技术指标通过法定检测单位检测。

关键词:阜阳师范学院教学主楼;预应力复杂结构;时程分析;地震响应

0. 前言

2002年3月至8月我们进行了预应力连体复杂结构的技术研究与应用。本课题主要研究内容:

(1)研究使这种预应力连体复杂结构的预应力有效建立起来,并控制好预应力梁的张拉力及如何保证该受力体系的可靠性;(2)研究大跨度预应力梁与上面几层普通钢筋混凝土框架共同作用,并提出预应力多层空腹桁架受力体系的理论计算模型,应用预应力梁与框架共同作用的优越性确保施工阶段和使用阶段的结构安全;(3)研究预应力多层空腹桁架与两端钢筋混凝土筒体组成的预应力连体复杂结构受力体系的理论计算模型。将这一研究课题实际应用于阜阳师范学院教学主楼设计。阜阳师范学院教学主楼,总层数八层,局部九层,在主教学楼中部开一28.8m×13.2m门洞,门洞上有四层建筑,组成了预应力复杂连体结构受力体系。将几种不同的结构组合成一个完整的结构受力体系,使其各自发挥自身的优点,形成一种全新的、合理的、结构受力体系。

1. 主楼设计

安徽阜阳师范学院新区教学主楼,位于阜阳市,建筑面积2.7万平方米,由八层教学主楼和一层弧形阶梯教室所组成,教学主楼坐南朝北成“一”字形布置,阶梯教室以一层弧形布置在主楼南侧,与主楼组合成“鹰”形图案。主楼总高39.2米,总长141.2米。为了力求新校区规划的生态轴线南北贯通,景观视线通透,在主教学楼中部用五层高门廊联结东、西两楼,门廊跨度28.8米,承托上部四层结构,在五层顶设预应力大梁,跨度为28.8米,在每根大梁上立了7根小柱(截面为360×600),六层以上的每层楼面梁、屋面梁和大梁上的小柱及两侧筒体连接形成子框架,刚架在六层由两侧的钢筋混凝土筒体与28.8米跨巨型空腹桁架相连接,组成一个连体结构,其主体是一个28.8米跨的大跨度巨型空腹桁架结构受力体系。在预应力梁两侧设置钢筋混凝土筒体,由于钢筋混凝土筒体具有较强的抗侧刚度,连体结构的整体性较好,抗御侧向力的能力较强,组成预应力复杂连体结构受力体系。设两道抗震缝将两端教室与中间门廊分成三个独立的结构单元。两端教室采用普通混凝土框架结构受力体系。立面详见

图 1。

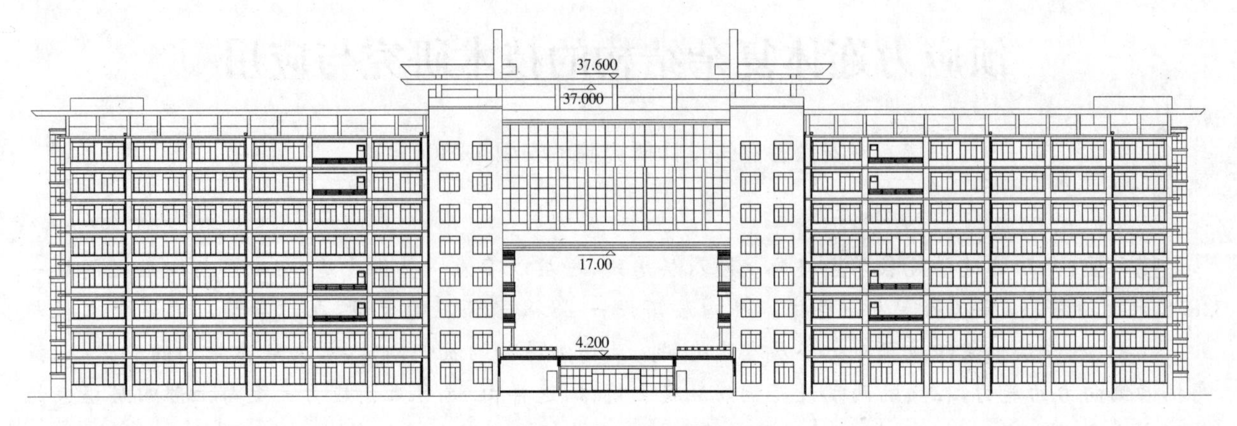

图 1　主教学楼立面图

2. 主楼门廊设计

教学主楼门廊是本工程设计的重点，也是设计难点。门廊部分长 43.6 米，总高 39.2 米，一层顶为学生活动平台，二至五层顶开一 28.8×12.8 米的门洞（立面大开洞），五至八层顶又联为一整体，组成连体结构。门廊五层顶平面图详见图 2。

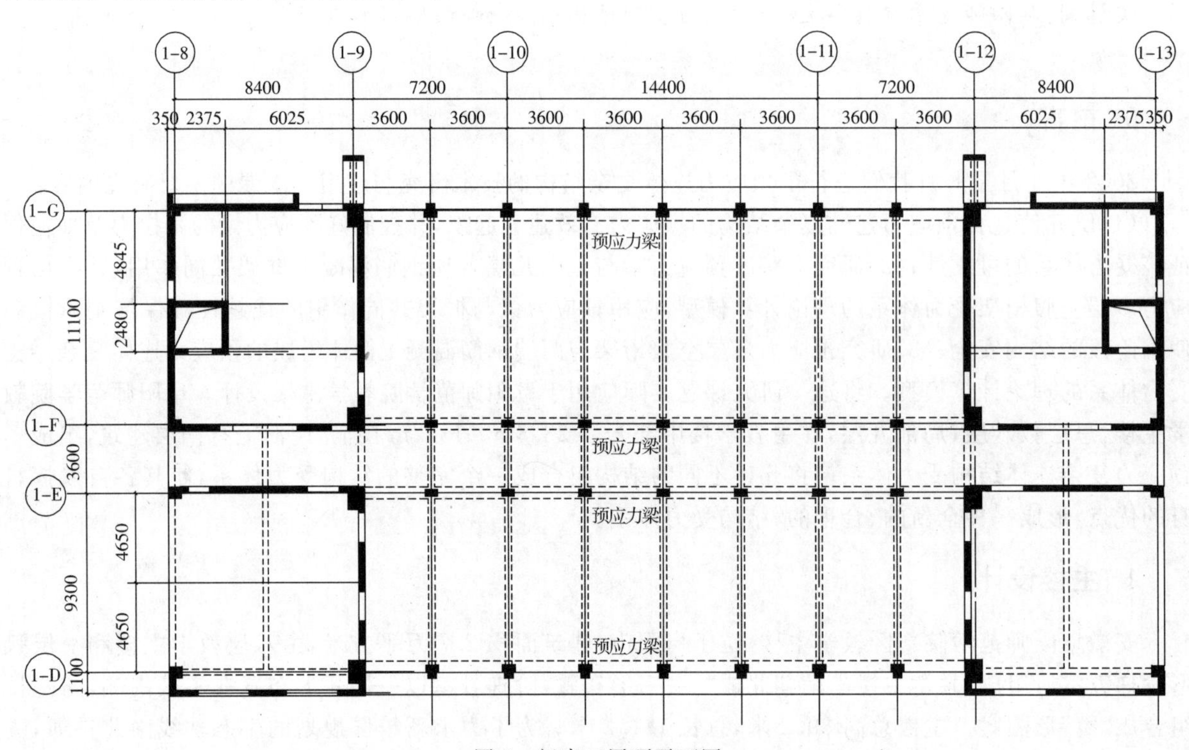

图 2　门廊五层顶平面图

遵照《高层建筑混凝土结构技术规程》[3]，这样立面大开洞连体结构，属复杂结构。为满足抗震设防要求，平面采用两个正交对称轴，两侧主体体型、刚度基本相等。连体与主体连接考虑到阜阳市抗震设防烈度为 7 度，Ⅲ类场地类型，又是大学学校人员集中的建筑，抗震设防分类为丙类，采用刚性连接。在两端楼梯间布置了两个平面为 8.4×25 米钢筋混凝土筒体。一层顶部分在控制好沉降差的前提下，在 1－10、1－11 轴设有八根柱子，使一层顶成普通梁板结构，能够承担本层较大的施工荷载。二至四层顶部分成两个独立的筒体。五至八层顶又连成一整体。在五层顶 1－D、1－E、1－F、1－G 梁上立小开间柱，与八层顶梁组成多层空腹桁架，整体受力。五层顶1—D、1—E、1—F、1—G梁跨度28.8米，上承四层教室。为提高结构安全度，提高抗震性能，限制构件受压区高度和综合配筋指数，增强结构延性使其小震不裂、大震不倒，对于预应力转换梁采用后张有黏结部分预应力梁。

3. 计算结果与分析

根据《高层建筑混凝土结构技术规程》[3]，立面开洞宽度大于两端连体宽度，为增强结构可靠性，将本部分结构定性为复杂高层建筑中的连体结构。在抗震设计时，在预应力梁两侧设置钢筋混凝土筒体，由于钢筋混凝土筒体具有较强的抗侧刚度，连体结构的整体性较好，抗御地震和风载侧向力的能力较强，组成预应力复杂连体结构受力体系。将连接体及连接体相邻的结构构件的抗震等级提高一级。抗震墙抗震等级为一级，框架抗震等级为二级。安全等级为一级。在结构计算时，结构分析采用建研院研制的PKPM系列软件TAT及SATWE[4]空间分析程序，并以SATWE(弹性楼盖)为主，计算为11个结构层，用振型分解反应谱法考虑结构扭转耦联振动的地震分析方法，并将计算结果与弹性时程分析计算结果进行比较。振型分解法取30个振型进行计算，典型的二、三振型出现较迟，SATWE计算周期成果详见表1。

表1 SATWE计算周期成果

振型号	周期	振动方向角	平动系数($X+Y$)	扭转系数
1	0.6556	0.46	0.91(0.91+0.00)	0.09
2	0.6134	0.92	0.85(0.85+0.00)	0.12
3	0.5346	90.50	0.82(0.00+0.82)	0.18
4	0.4155	4.83	0.01(0.01+0.00)	0.99
5	0.3943	90.01	0.49(0.00+0.49)	0.51
6	0.3449	179.54	0.30(0.30+0.00)	0.70
7	0.2836	89.66	0.25(0.00+0.25)	0.75
8	0.2736	179.35	0.11(0.11+0.00)	0.89
9	0.2453	43.18	0.01(0.01+0.01)	0.99
10	0.2368	179.51	0.55(0.55+0.00)	0.45
11	0.1827	89.88	0.29(0.00+0.29)	0.71
12	0.1491	179.80	0.29(0.29+0.00)	0.71
13	0.1358	179.61	0.77(0.77+0.00)	0.23
14	0.1322	80.85	0.00(0.00+0.00)	1.00
15	0.1321	175.73	0.01(0.01+0.00)	0.99
16	0.1141	0.01	0.14(0.14+0.00)	0.86
17	0.1118	89.62	0.83(0.00+0.83)	0.17
18	0.1062	0.61	0.03(0.03+0.00)	0.97
19	0.1033	1.11	0.00(0.00+0.00)	1.00
20	0.1030	9.72	0.00(0.00+0.00)	1.00
21	0.1001	89.06	0.00(0.00+0.00)	1.00
22	0.0999	179.13	0.00(0.00+0.00)	1.00
23	0.0969	165.23	0.00(0.00+0.00)	1.00
24	0.0950	0.83	0.01(0.01+0.00)	0.99

（续表）

振型号	周期	振动方向角	平动系数(X+Y)	扭转系数
25	0.0950	1.35	0.00(0.00+0.00)	1.00
26	0.0949	12.65	0.00(0.00+0.00)	1.00
27	0.0949	169.55	0.00(0.00+0.00)	1.00
28	0.0941	3.95	0.04(0.04+0.00)	0.96
29	0.0937	12.51	0.00(0.00+0.00)	1.00
30	0.0937	170.76	0.00(0.00+0.00)	1.00

T 地震作用最大的方向＝0.591(度)

从结果可以看出：

(1)由于结构基本对称布置，结构扭转影响很小，从地震作用成果表 1 来看，有效质量系数为 92.79%和 91.76%，均大于 90%，振型数合适，周期合适，18 振型及其以后的高振型，均属扭转振型，对地震作用基底剪力贡献很小。从层侧刚度计算成果表 2 可以看出，X 方向的刚度中心和质量中心基本重合，Y 方向的刚度中心和质量中心偏差率在 7%以下，平动为主的第一周期 $T_1=0.6556$s，以结构扭转为主的第一振型是 $T_4=0.4155$s，$T_t/T_1=T_4/T_1=0.4155/0.6556=0.6337<0.7$[1]、0.85[3]，表明结构具有必备扭转刚度，扭转效应较小。

(2)层刚度变化：各楼层侧向刚度比接近 1.0，较均匀，满足《高层建筑混凝土结构技术规程》[3]的第 4.4.2 条的要求和《建筑抗震设计规范》[1]第 3.4.2 条的要求，属竖向不规则结构。转换层刚度未出现突变。层侧刚度计算成果见表 2。

表 2　层侧刚度计算成果

Floor No 层号	Xsitif(m), Ystif(m) 刚心的 X,Y 坐标值	Alf (Degree) 层刚性主 轴的方向	Xmass(m), Ymass(m) 质心的 X, Y 坐标值	Eex,Eey X,Y 方向 的偏心率	Ratx, Raty	Ratx1, Raty1	RJX,RJY,RJZ 结构总体坐标系 中塔的抗侧移刚 度和抗扭转刚度
1	22.4923 12.7210	0.0000	22.7552 11.7718	0.0122 0.0490	1.00 1.00	1.2375 1.2353	5.3928E+07 7.0274E+07 2.6399E+10
2	22.7953 11.7211	0.0000	22.7760 12.2230	0.0009 0.0261	0.9524 0.9524	1.1458 1.1429	5.3928E+07 6.6928E+07 2.4810E+10
3	22.8634 13.5716	0.0000	22.7924 12.5285	0.0031 0.0509	1.0910 1.0937	1.2500 1.2500	5.8833E+07 7.3201E+07 3.0699E+10
4	22.8634 13.5716	0.0000	22.7924 12.5285	0.0031 0.0509	1.0000 1.0000	1.2284 1.2326	5.8833E+07 7.3201E+07 3.0699E+10
5	22.8857 13.9211	0.0000	22.7084 12.4722	0.0077 0.0704	1.0000 1.0000	1.2106 1.2181	5.8833E+07 7.3201E+07 3.1004E+10
6	22.8375 13.3706	0.0000	22.7793 11.9688	0.0024 0.0658	1.0000 1.0000	1.1937 1.2043	5.8833E+07 7.3201E+07 3.3197E+10

（续表）

Floor No 层号	Xsitif(m)，Ystif(m) 刚心的 X,Y 坐标值	Alf (Degree) 层刚性主轴的方向	Xmass(m)，Ymass(m) 质心的 X，Y 坐标值	Eex,Eey X,Y 方向的偏心率	Ratx，Raty	Ratx1，Raty1	RJX,RJY,RJZ 结构总体坐标系中塔的抗侧移刚度和抗扭转刚度
7	22.8544 13.4265	0.0000	22.7182 12.0687	0.0059 0.0648	1.0528 1.0424	1.4393 1.4372	6.1936E+07 7.6305E+07 3.3458E+10
8	22.9277 13.5627	0.0000	22.8026 12.1027	0.0054 0.0698	0.9926 0.9940	1.4301 1.4298	6.1476E+07 7.5845E+07 3.3243E+10
9	22.8248 13.1188	0.0000	22.7568 12.9377	0.0029 0.0087	0.9989 0.9991	3.1135 2.4401	6.1409E+07 7.5779E+07 3.2870E+10
10	22.8595 17.6481	0.0000	22.7942 14.0168	0.0028 0.1935	0.4588 0.5855	11.0922 2.3631	2.8176E+07 4.4365E+07 1.5631E+10
11	22.8000 13.9755	0.0000	22.7710 10.2014	0.0009 0.3189	0.1127 0.5290	1.25 1.25	3.1752E+07 2.3468E+07 3.2869E+10

Ratx,Raty：X,Y 方向本层塔侧移刚度与下一层相应塔侧移刚度的比值。

Ratx1,Raty1：X,Y 方向本层塔侧移刚度与上一层相应塔侧移刚度 70%的比值或上三层平均侧移刚度 80%的比值中之较小者。

其中：第 10、11 层为顶部小塔楼、构架。

（3）地震作用：从基底剪力、基底剪力与重力比、基底弯矩、顶点相对位移和最大层间位移数据来看，正交两向刚度接近，证明了在预应力梁两侧设置钢筋混凝土筒体，钢筋混凝土筒体具有合适的抗侧刚度，连体结构的整体性较好，抗御地震和风载侧向力的能力较强，理论分析主要参数在合理范围内。地震作用成果见表 3。

表 3 地震作用成果

地震作用成果		方向 X	方向 Y
地震作用	有效质量系数 Cmass－x(%)	92.79	91.76
	基底剪力 Q(kN)	5279	5483
	基底剪力与重力比 Q/Ge(%)	3.69	3.84
	基底弯矩 M(kN·m)	153585	155771
	顶点相对位移(U/H)	1/4208	1/3126
	最大层间位移(D/h)	1/2179	1/1116

（4）弹性动力时程分析：由于本工程属于复杂的建筑，《高层建筑混凝土结构技术规程》[3]和《建筑抗震设计规范》[1]的要求，选取了三条地震波进行弹性动力时程分析，地面运动最大加速度取为 35gal，时间间距为 0.02 秒。三条地震波是：

（1）Taft 波，TAF－2，长度＝8.0s，Amax＝176.9gal，Tg＝0.3～0.4s；

（2）Orovil lEarl Broadbe 波，EAR－2，长度＝13.0s，Amax＝143.9gal，Tg＝0.2～0.3s；

(3)Elcentro NS 波，ELC－3，长度＝12.0s，Amax＝341.7gal，Tg＝0.4～0.5s；

位移计算结果见图 3。

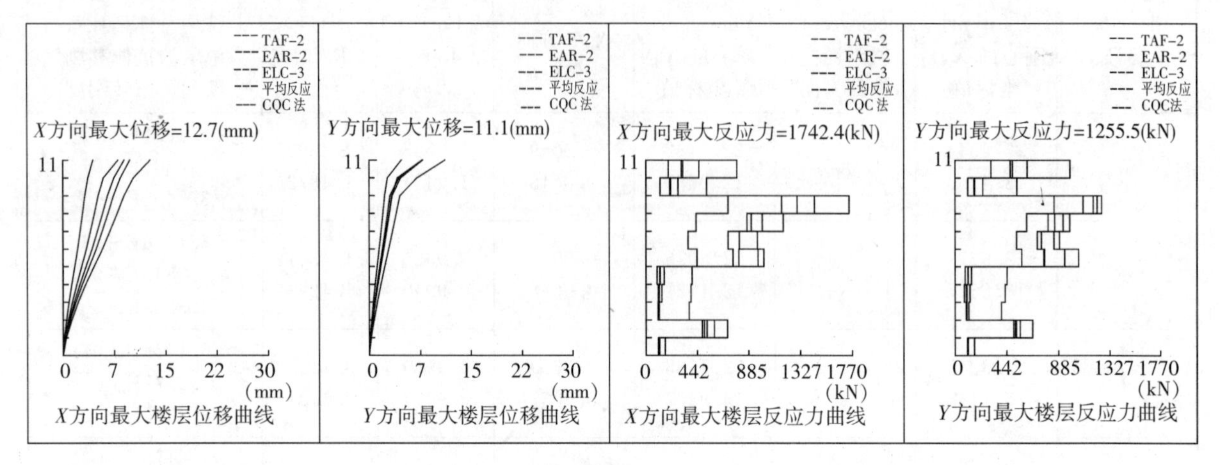

图 3　位移计算结果

从图 3 位移计算结果可看出，在九层顶构架部分位移增大。起控制位移的作用的是 Taft 波。

由图 3 最大反应力曲线图可看出，与地下室顶板相连的一层剪力增大，5～8 层连体相对刚度影响，剪力也随之突变、加大。

楼层剪力及弯矩包络图见图 4。

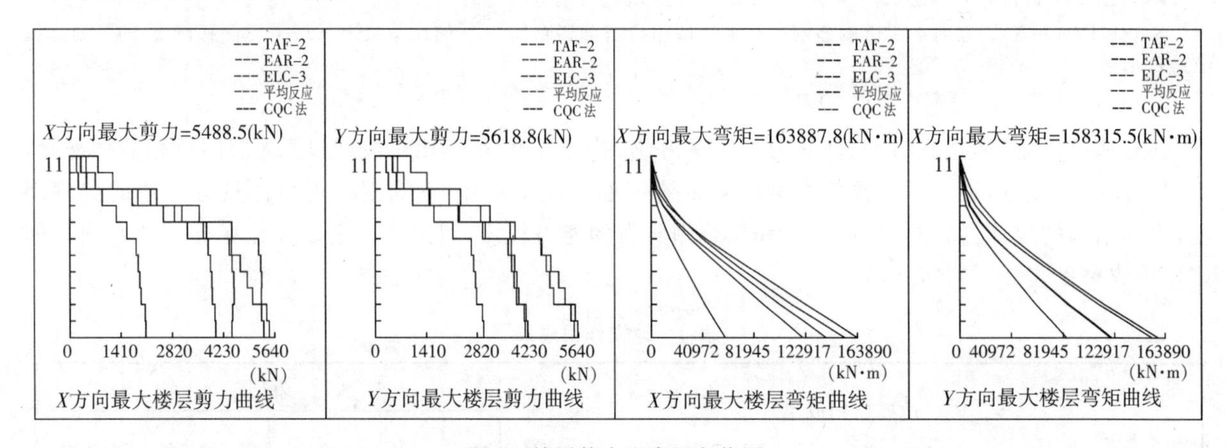

图 4　楼层剪力和弯矩包络图

由图 4 楼层剪力包络图可看出，CQC 法曲线与时程分析曲线相差不大，X 方向最大剪力由 Orovil lEarl Broadbe 波控制，而 Y 方向最大剪力由 CQC 法控制。

由图 4 弯矩包络图可看出，X 方向的弯矩 Orovil lEarl Broadbe 波曲线略大。

4. 主楼门廊预应力梁设计

由于建筑使用功能的需要，在六层楼板下面是一通廊，中间间距为 28.8 米，在六层以上又需要分成小开间。因此，五层顶就作为一个结构转换层。巨型空腹桁架的预应力梁是结构转换的重要支撑构件。我们将五层顶 1－D、1－E、1－F、1－G 梁设计为后张有黏结部分预应力梁。预应力梁结构计算采用建研院研制的 PKPM 系列软件 PREC 三维分析软件进行计算。

为了防止预应力梁张拉时，向上反拱对上部框架产生较大的拉力，在设计预应力大梁时分为两个阶段：第一阶段为上部框架未浇筑，仅有梁自重时，对预应力梁进行张拉的计算；第二阶段为预应力张拉后，上部几层框架浇筑完毕并与两端混凝土筒体连为一整体后的连体结构计算。第一阶段计算预应力梁，仅考虑本层自重和施工荷载等垂直荷载，不考虑水平和地震荷载。计算预应力梁的反拱值为 3.5～5mm，与实测数据吻合。第二阶段整体计算连体结构，此时荷载为结构自重、活载、水平荷载、地震荷载，即各种荷载的组合。根据上述两阶段计算所得内力的不利组合进行配筋计算，在计算时首先确定预应力梁的预应力度 PPR 的大小，对于部分预应力梁来说 0<PPR<1，一级抗震等级结构 PPR<0.5，二级抗震等级结构 PPR<0.7，本工程中的四根预应力梁的预应力度均控制在 0.65～0.7，即满足了抗震要求，又满足了使用阶段的抗裂要求。

预应力梁断面尺寸为 600×2400，梁高宽比控制在 4，由于梁为转换梁，承担荷载较大，梁高取了 1/12L。预应力筋采用高强低松弛钢绞线，强度等级 $f_{ptk}=1860$MPa，规格为 $\Phi^{s}15.2$，锚具采用夹片式锚具，梁端构造见图 5。混凝土强度等级为 C45。混凝土强度达到 100%时两端张拉，张拉控制应力 $\sigma con=0.75f_{ptk}=1395$MPa，超张拉 3%。为使梁获得 95%以上的有效预应力，张拉时梁端与筒体脱开。考虑到该预应力梁为重要的承重构件及构件的耐久性，一旦跨中出现裂缝，这些裂缝将使跨中的竖向位移明显增大，会严重影响使用功能。抗裂设计时，严格按《混凝土结构设计规范》[2]的二级抗裂要求执行，梁跨中混凝土受拉边在长期和短期荷载作用下，均不出现拉应力。并在梁混凝土中添加抗裂防渗聚丙烯纤维，提高混凝土的抗裂度。

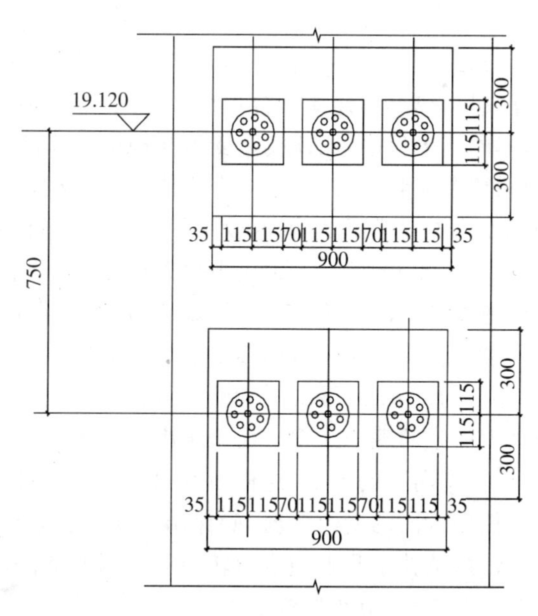

图 5 预应力梁梁端构造图-8

每根预应力梁均配 6 束×8 孔共 48 根有黏预应力筋。梁底配普通钢筋 22Φ25，梁顶支座配普通钢筋 18Φ25，梁顶贯通钢筋 9Φ25，综合配筋指数分别为 0.36、0.28，梁侧横向钢筋为每边 20Φ20。从计算结果来看，梁底最大拉应力为：短期组合时为 -12.39N/mm^2，长期组合时为 -11.12N/mm^2。根据《后张预应力混凝土设计手册》[5]，后张预应力混凝土构件受拉边每增加 1%的普通钢筋，拉应力可减少 4N/mm^2，梁受拉区拉应力可减少 3N/mm^2，这样跨中混凝土受拉边在长期和短期荷载作用下，均不出现拉应力，满足设计要求。从预应力梁的预应力损失计算结果来看，总损失值占初始预应力值的 25%～35%。

5. 预应力转换梁的测试

为了校核预应力转换大梁的设计和指导施工，在预应力张拉过程中，对该预应力大梁进行了测试。测试的主要内容有：预应力梁的反拱值、梁跨中截面混凝土压应变及有效预应力、预应力摩擦损失值、预应力锚固损失值、观察大梁是否出现裂缝等。测试仪器有静态电阻应变仪、压力传感器、机电百分表、应变计和机械百分表等。

测试结论与理论计算的对比：

(1)被测四榀预应力梁反拱值分别为 4.92mm、3.42mm、5.36mm、2.94mm。理论计算为：5.05mm、5.5mm、5.5mm、5.05mm。实测反拱值略小于计算值，误差在 5%以内，满足要求。

(2)被测四榀预应力梁应力应变测试结果表示，跨中截面应力应变图呈梯形分布，截面下部应力应变大于上部，梁底最大压应力 10.5MPa。理论计算最大值为：11.2MPa。实测值略小于计算值，误差在 5%以内。

(3)预应力钢筋摩擦损失测试结果显示，上曲线摩擦损失在 31.9%～34.9%之间，下曲线摩擦损失在 27%～30.3%之间。理论计算为 25%～30%。略大于理论值，说明曲线实际曲率与理论计算有差别，但不影响整体受力计算。

(4)预应力钢筋锚固损失测试结果显示，预应力钢筋在锚固过程中回缩值在 6.24～8.60mm 之间，锚固损失在 180～211MPa 之间。经肉眼仔细观察，在大梁整个张拉过程及完成后，大梁未出现裂缝，证明预应力连体复杂结构、预应力梁的设计理论与实际测试结果是吻合的，满足设计规范的要求。

6. 结论

通过本教学楼的设计我们认识到，对于复杂结构体系，首先要从理论上找到依据，再根据实际情况，建立合理的计算模型，判断计算成果，找出其计算的合理性和与实际结构的差距，通过概念设计采取构造措施弥补计算不足。采取适当的施工程序，保证实际受力与理论计算模型相吻合。

实际检测报告[7]和实际使用情况证明，我们的预应力连体复杂结构的技术研究与应用的研究成果是成功可行的。测试结果说明：1. 预应力梁的反拱值较小，与理论计算相差 5%以内。2. 预应力梁应力应变实测值略小于计算值，误差在 5%以内。3. 预应力损失在 35%以内，经肉眼仔细观察，在大梁整个张拉过程及完成后，大梁未出现裂缝。证明预应力连体复杂结构、预应力梁的设计理论与实际测试结果是吻合的，满足设计规范的要求。解决了预应力连体复杂结构能使预应力梁的预应力有效建立起来，并控制好预应力梁的张拉受力体系的可靠性；解决了大跨度预应力梁与上面几层普通钢筋混凝土框架共同作用，形成多层空腹桁架受力体系的理论计算。由于预应力的施加，大梁及其上面的框架有向上反拱的变形，在垂直的荷载作用下，又有向下的变形，这样无论向上变形和向下变形，是预应力梁与框架共同作用的优越性，解决了施工和使用阶段的受力情况，确保结构安全。该研究成果满足了甲方的要求，取得了良好的经济效益和社会效益；填补了我省预应力转换梁使用的空白；结构的抗震设计完全满足国家标准和使用功能，并能很好地降低造价、节约投资。

参考文献

[1] GB50011－2001 建筑抗震设计规范[S].(GB50011－2001 Code for seismic design of building [S].(in Chinese)).

[2] GB50010－2001 混凝土结构设计规范 [S].(GB50010－2001 Code for design of concrete structures [S].(in Chinese)).

[3] JGJ3－2002 高层建筑混凝土结构技术规程[S].(JGJ3－2002 Technical specification for concrete structures of tall building [S].(in Chinese)).

[4] PKPM 系列 TAT 及 SATWE 2002 版(PKPM series TAT and SATWE. 2002Edition(in Chinese)).

[5] 陶学康．后张预应力混凝土设计手册[M]. 北京：中国建筑工业出版社，1996.

[6] 安徽阜阳师范学院新区教学主楼工程地质勘察报告[R]. 安徽省建设工程勘察院，2002.

[7] 安徽阜阳师范学院新区教学主楼预应力测试报告[R]. 安徽省建筑工程质量第二监督检测站，2003.

大跨度悬索结构的应用与发展

朱兆晴
（安徽省建筑设计研究院）

摘　要：介绍了大跨度悬索结构的应用与发展的进程及各种索结构体系的受力特点和典型工程实例，概括了悬索结构计算的基本要求和计算方法，并对索结构的节点设计要求进行了归纳和总结。

关键词：悬索结构；劲性索结构；张拉梁结构；弦支穹顶结构；预应力网格结构；索穹顶结构；初始状态；荷载状态

一、悬索结构的发展概况

世界上第一个现代悬索屋盖是美国于1953年建成的“雷里”体育馆，它是采用以两个斜放的抛物线拱作为边缘构件的鞍形“正交索网”结构，其圆形平面直径91.5m。嗣后，1962年瑞典工程师贾维斯在斯德哥尔摩滑冰馆中首先采用了“索桁架”结构，这种平面双层索系结构很快在世界各国获得广泛应用。1967年前苏联在列宁格勒建成列宁格勒纪念体育馆，其平面为圆形车辐式索桁架方案，直径达93m，索桁架的高跨比为1/17，这在当时被列入世界上巨型体育建筑之一。为筹办第22届奥运会，前苏联又于1980年建成直径160m圆形车辐式索桁架列宁格勒比赛馆，并在索桁架上弦铺设薄钢板，既作屋面防护，又使其成为与上弦索共同工作的悬膜结构。与此同时，在莫斯科也建成平面为椭圆形，长轴224m，短轴183m，覆盖面积达38800m^2，可容纳观众4.5万人的奥运会中心体育馆。该建筑采用了桁架式劲性索，并与屋面防护钢板组成悬膜结构，是当时世界上几个巨型室内体育建筑之一，结构用钢量为126kg/m^2（其中包括钢筋混凝土外环梁的配筋46kg/m^2），这样大跨度结构屋盖其承重结构自重仅106kg/m^2。

在平行双层悬索体系方面，我国1961年建成的圆形车辐式双层悬索结构北京工人体育馆及1986年建成的索桁架结构吉林滑冰馆，在吸取国外先进技术经验的基础上，有所创新，从规模大小和技术水平来看，在当时都达到国际先进水平，受到国内外工程界的好评。迄今为止，北京工人体育馆仍为我国跨度最大的悬索结构。

自美国于1953年建成“雷里”体育馆，首先创建了预应力鞍形“索网”结构之后，1983年加拿大又建成了卡尔加里滑冰馆，平面为椭圆形，长轴135.3m，短轴129.4m，该体育建筑为世界上目前最大跨度的预应力鞍形“索网”结构。

我国在鞍形“索网”结构方面也有成功的范例。1967年建成的杭州体育馆，平面为椭圆形，其长、短轴尺寸为80m、60m，索的边缘构件为钢筋混凝土空间曲梁，由双向正交抛物面预应力鞍形索网组成屋面，上悬稳定索施加预应力后相当于对下层承重索施加了40kg/m^2的垂直荷载，以抗风并保证稳定，有较好的技术经济指标，达到当时的世界先进水平。

由于双层悬索体系（索桁架、鞍形索网、圆形车辐式双层悬索）是完全柔性结构，结构刚度主要由索体中的张力提供，使其具备承受外荷载和保形能力。但是，通过对索施加预应力使其“刚化”的手段，又会加大边缘支承结构的负担，往往要设置强大的边缘构件以平衡索体的张力，极大地影响了技术经济指标。针对于此，随着悬索结构的应用和发展，又出现了几种新型的悬索结构形式：

1. 劲性索结构。这种结构体系的代表有1964年建成的日本代代木体育馆、前苏联1980年建成的22届奥运会游泳馆和莫斯科奥运会中心体育馆。该结构特点是在全跨荷载作用下，悬挂劲性索的受力以受拉为主，钢材强度得以充分利用；劲性索具有一定的抗弯刚度，在不对称荷载作用下变形、支座反力、挠度都较小，属刚性索梁体系；劲性索无需通过施加预应力提供"刚化"，有良好的结构承载性能，可有效地减少边缘构件的水平拉力；同时，劲性索取材方便，耐久性能良好。

2. 预应力横向加劲单层悬索结构。安徽省体育馆为该结构体系的代表，通过横向搁置在单层悬索上的刚性桁架支座的强迫位移，对索施加预应力，以保持屋面的稳定，同时，利用周边功能用房钢筋混凝土屋面，组成自平衡的边缘支承构件，为世界上首例建成的横向加劲悬索结构建筑，其相关资料多次在国际空间结构会议上交流，获得国内外工程界好评。随后，上海杨浦体育馆、广东潮州体育馆又相继建成，尤其是潮州体育馆在采用该结构方案的同时又在建筑造型上有所创新。相信，这种施工方便，经济适用的结构体系会在今后得到创新和发展。

3. 张弦梁结构。这是近十余年来在大跨度结构中应用发展最为迅速的一种结构体系，是一种力学自平衡的结构。除因温度应力对支承结构产生水平推力外，外荷载不产生推力。我国 1997 年首次在上海浦东国际机场航站楼中采用。设计人员在引进法国技术方案的基础上作了较大改动和创新，建成水平投影跨度 82.6m 的张弦梁；其后，2002 年又在广州国际会展中心建成跨度 126.6m 张弦立体桁架屋盖；2003 年在哈尔滨国际会展中心再次采用，建成跨度达 128m，这是目前我国建成最大跨度的张弦梁结构，为释放温度应力，一侧支承为钢筋混凝土剪力墙，另一侧设人形摇摆柱，形成可水平移动的铰支座，同时，下弦钢索锚固端设在上弦立体桁架支座断面形心处，使上弦立体桁架弦杆一开始就处于均匀受力状态。

根据张弦梁的加工制作、施工及受力特点，设计时将其结构形态定义为"零状态"、"初始状态"和"荷载状态"三种。"零状态"是拉索张拉前的状态，是确定各杆件尺寸的状态，也称为施工放样阶段；"初始状态"即结构竣工后状态，"荷载状态"即外荷载作用在"初始状态"结构上，结构发生变形后的平衡状态，这就是张弦梁结构的受力特点。

与悬索结构不同的是，张弦梁结构中的预应力并不能为结构提供较高的刚度，变形计算应以结构"初始状态"为参照标准。同时，计算表明，张弦梁结构非线性特征并不明显，属半刚性结构。

张弦结构中的钢索与撑杆的连接构造是该结构的重要构成部分，有资料表明，节点造价往往占结构总造价的 3%～5%。目前我国在张弦结构中都采用"索球"与竖杆连接节点，制作工艺复杂，造价昂贵，与前苏联建造的 22 届奥运会列宁格勒比赛馆中采用的"钢索瓦"与竖杆连接节点相比，后者更符合设计假定，制作简便，造价也相应较低。

4. 弦支穹顶结构。这是由日本空间结构权威川口教授首先提出的结构体系，是将"索穹顶"整体张拉结构思路用于刚性网壳结构上，创造出"弦支穹顶"结构体系。众所周知，单层或双层刚性网壳都具有水平推力，对边缘支承构件都有抗水平推力的要求。"弦支穹顶"结构，通过径向拉索、竖向撑杆、环向箍索组成一个完整的自平衡闭合力系，边缘构件不再承受水平推力。该结构传力路径明确，在结构最初建成时通过撑杆上的伸缩套筒使撑杆伸长，在对索施加预应力的同时，对网壳也产生向上减少变形的反力，在外载作用下自相平衡。与此同时，网壳构件内力也有相应调整，部分压杆内力相应减少，从而显著地提高了结构的整体刚度。施加预应力后的弦支穹顶结构非线性特征表现并不明显，可以首先用线性分析计算方法进行初步计算。计算表明，对索施加预应力后的弦支穹顶网壳中的内力得到调整和改善，但更多的是集中在外围杆件中，对内层杆件的影响并不显著。

我国首次在天津保税区商务中心大堂建成直径为 35.4m，矢高为 4.6m 的弦支穹顶屋盖，随后，又相继建成安徽大学体育馆、2008 年奥运会羽毛球馆等工程，都取得了优异的综合效益。

5. 预应力网格结构。现代预应力技术与空间网格结构(网架、网壳)相结合，便构成了预应力网格结构。施加预应力通常有两种方案：一种是在网格下弦杆外设置预应力索，另一种是在下弦杆内设置预应力索，后者应用较多。通过张拉预应力索，在网格结构中建立与外荷载作用相反的内力和挠度，从而提高了整个网格结构的刚度，改善了结构的内力分布。同时对网壳施工加预应力，还可解决水平推力问题,形成自平衡体系。近十年来,我国有多项成功的工程范例,创造了极好的技术经济指标。

从目前工程实践来看,网格中设置预应力拉索的目的主要是降低网格结构的挠度,减少变形。从结构承载能力来看,过高的预应力反而会增加结构负担,其“受益杆件”和“非受益杆件”比例要选择适当,因此,在索中施加预应力取值方面,应根据其目的综合考虑。

6. 索穹顶结构。索网支承式膜结构的典型代表就是“索穹顶”。它是由美国工程师盖格尔创建,并首先于1986年建成直径120m的汉城奥运体育馆,1990年又在美国佛罗里达州建成“雷声穹顶”大型体育馆,直径达210m。1993年我国台湾省桃园再建直径136m体育馆。到目前为止,该类型结构全世界也仅建成十余幢,均由美国人设计,相关资料极其封闭。迄今,我国内地尚无该类项目建成,但近年来我国内地在“索穹顶”结构研究方面,做了大量的工作,有相当的理论储备,即将在济南建成的直径120m的体育馆,将是我国内地索穹顶结构零的突破。

“索穹顶”是一种受力合理、结构效率高的结构体系。该体系由连续的拉索和不连续的承压竖杆组成,“压杆的孤岛悬浮在拉索的海洋之中”;通过张拉径向斜索对结构进行“刚化”,没有索中的预应力就没有结构刚度,就不能承受外荷载;无论在何种状态下,该体系都是压力和拉力有效的自平衡,是一个封闭的平衡体系。“索穹顶”的施工有四种方法:(1)由外向内逐圈张拉径向斜索建立预应力;(2)仅张拉外圈斜索建立预应力;(3)由外向内逐圈伸长竖杆建立预应力;(4)仅伸长外圈竖杆建立预应力。需要强调的是,“索穹顶”建立体系预应力提升施工的过程,就是结构形成的过程,当所有杆件提升到位后,杆件内的预应力也即达到设计要求。

美国工程师李维又在盖格尔体系的基础上作了改进,为提高结构抗变形能力,改进后的体系不同之处在于:将脊索由辐射状布置改为联方网格形式,取消了起稳定作用的谷索;斜索和撑杆也作相应调整;屋面膜单元变为菱形的双曲抛物面形状,可自然地绷紧成形。李维体系的整体空间作用明显加强,在不对称荷载作用下刚度有较大提高。1992年建成的美国亚特兰大佐治亚穹顶采用了李维体系,椭圆形平面长、短轴尺寸为241m和192m,可容纳70000人,是目前世界上最大的室内体育馆,但每平方米耗钢量仅30kg。

二、悬索结构的计算

1. 随着计算机的发展和普及,悬索结构的离散化分析方法,尤其是以离散化理论为基础的节点位移法和相应的各种迭代解法取得了迅速发展。相应的计算机程序也陆续编制成功,特别是近几年来国外一些大型通用程序的引入和应用,使悬索结构获得更加方便的分析手段。上世纪80年代后期建成的重要悬索结构工程大都是由计算机进行分析的,但是,这并不能排除各种解析计算方法的作用。事实上,通过对索建立基本平衡微分方程和变形协调方程求解的解析计算方法,概念清晰,在方案确定和对计算机分析结果进行判断时具有重要作用。

ANSYS有限元计算程序可对结构进行模态分析和地震作用下的时程分析,索网、弦支穹顶、铸钢节点等都可使用该程序。以张弦梁结构计算为例:利用ANSYS程序对单榀桁架进行初始张拉形态及荷载态进行分析;对下部钢筋混凝土结构采用SATWE程序考虑上部屋盖荷载进行分析;再用MIDAS/Gen软件对屋盖下部钢筋混凝土结构进行整体分析,并对上述结果进行复核。

2.“初始状态”和“荷载状态”的定义。悬索结构分析属几何非线性问题,“初始状态”不同,即使荷载增量相同,引起的内力和变形增量也不相同,为此,首先应明确给定其“初始状态”,一般取某种设计或施工状态作为“初始状态”,在此状态下,内力和变形为已知,并以此为标准为求解在附加荷载增量作用下悬索的内力和变形,并将荷载增量作用后的状态称为“荷载状态”。

3. 钢索“设计强度”的可靠性分析。目前钢索“设计强度”的取值是通过安全系数K,从“极限强度”换算成“设计强度”。国内已建成的悬索结构工程设计中采用的安全系数在2.5~4之间(安徽省体育馆取$K=3.5$),取中间值$K=3$,通过换算抗力分项系数$\gamma_R=2.443$,以此求得“设计强度”,其对应的“可靠性指标"β大于6，而我国现行规范规定建筑结构目标可靠度指标$\beta=4.2$，因此，取安全系数$K=3$是偏于安全的。随着今后悬索工程的发展，有足够的试验资料数据来推导统计出抗力分项系数γ_R，更加准确地求得"设计强度"，使结构设计更合理、安全。

三、悬索结构的节点设计

节点设计的原则：(1)节点设计必须符合结构分析的基本假定，在结构分析时往往不考虑节点变形的影响，不考虑次应力的发生；(2)节点设计时要保证传力简捷，传力途径最短；(3)节点设计应构造可靠，强度和变形符合要求，制作方便。

节点设计除满足构造外，还需分析钢绞线在连接夹具中的承压强度，要进行摩擦滑移验算。螺旋钢绞线(裸索)与钢节点夹具间摩擦系数、钢索容许承压强度等均应通过试验取得相应资料，目前我国这方面试验工作尚欠缺，德国作了大量的研究和试验工作，AISI标准规定的摩擦系数取7%，容许承压应力为27.6MPa～41.4MPa。

四、结束语

本人因参与由中国建筑科学研究院组织的《索结构技术规程》的编制工作，将阅读收集的有关资料以及本人的粗浅见解汇集成文，以资同行今后在索结构设计时作为参考，文中不妥之处，请同行们指正。

参考文献

[1] 董石麟．预应力大跨度空间钢结构的应用与展望．空间结构，2001(4)．

[2] 白正仙，刘锡良，李义生．新型空间结构形式——张弦梁结构．空间结构，2001(2)．

[3] 谢永铸，陈其祖．安徽省体育馆"索—桁架"组合结构屋盖设计与施工．建筑结构学报，1989(6)

[4] 钱若军，杨联萍．张力结构的分析·设计·施工．

[5] 沈士钊，符崇宝，赵臣，武岳．悬索结构设计(第二版)．2006．

[6] 张文福．空间结构．

[7] 张其林．索和膜结构．

[8] 董石麟．预应力索穹顶结构的应用和发展．第四届全国预应力学术会议报告，2006(11)．

[9] 沈祖炎．张拉结构及其关键技术．第四届全国预应力学术会议报告，2006(11)．

作者简介：朱兆晴，1986年毕业于清华大学，现任安徽省建筑设计研究院总工程师、高级工程师；安徽省土木建筑学会结构专业委员会主任委员；《索结构技术规程》编写组成员。

现代医院建筑设计探索

——在医院建筑设计中如何提高医院的市场竞争力

高　松
（安徽省建筑设计研究院）

摘　要：随着国民经济的持续增长及医疗科技的迅猛发展，民众对医院的要求也不断提高；本文在分析了现代医院建筑发展趋势的基础上，提出了在我国医院建筑设计中提高医院市场竞争力的几种措施。

关键词：发展趋势；持续竞争力；可持续发展；以人为本；医疗环境

随着医疗科技的迅猛发展以及我国国民经济持续增长，人民群众对医疗设施的要求也越来越高，同时在加入 WTO 的医疗服务开放要求下，我国医疗保障制度、医疗管理体制进行了改革，医疗服务从供给型转向经营型，医疗体制也从单纯的公立医院向民营、合营的多元化方向发展，医院开始面对开放市场的竞争，由此，医院的总体规划、建筑单体设计出现了许多新的概念。如何使医院建筑可持续地适应医疗设备的发展和更新？如何在医院建筑设计中去创造和加强医院在市场上的持续竞争力？将是医院设计所面临的最主要问题之一。

一、现代医院建筑发展趋势

1. 医院的大型化

现代医院担负着治疗和预防、保障职责，大大拓展了服务内容和业务功能范围，它们科室齐全、装备优良，聚集一批高水平的医学专家、高素质的护理人员，有些医院还承担科学研究、教学培训等任务，能够充分利用大型昂贵的医疗设备，从而形成了良性循环，促进了医疗水平提高，以其全面的、高质量的医疗服务成为区域的医疗核心。

2. 现代医院布局的集中化、高效化

现代医疗服务要求能够适应现代社会快节奏的生活方式，现代医疗服务中主张方便病人、提倡高效率。因此，要求有严格的时间安排、紧凑的诊断治疗程序，这就要求相对集中才能做到，以减少病人的行走路线，缩短医护工作人员部门之间的联系距离，从而提高工作效率。集中化使中央空调、水、电、气及网络管线相对集中，易于组织、节省投资，并为物流传输系统创造有利条件。此外，面对城市用地日益紧张及价格上扬的土地，也要求尽可能有效地利用土地。

3. 医疗设备不断发展更新，呈现高科技化

近二十年来是全球医疗技术和生物医学发展最迅猛时期，伴随着电子计算机技术的发展，新型的高、精、尖医疗诊断和治疗仪器设备不断涌现。加之原有仪器设备的小型化、数字化，使整个医疗功能用房的设置发生了重大的变化，这就要求医院不仅要满足严格的工艺布置，而且必须适应改造和发展的要求。

4. 医技科室的重要化和社会化

随着医疗科技的快速发展，一系列的医疗设备被用来作为疾病的诊查和治疗的重要手段，医院对医技科室的依赖性也越来越强，医技设备仪器已作为医院现代化的主要标志。为了充分发挥与利用昂贵的高科技医疗设备仪器，也为了充分发挥医务专门人员的工作效能，医技科室对社会开放，为本区域的中小型医院服务。

5. 医院信息、网络的数字化

快速成长的信息技术、网络技术、数字技术，已经渗透到医疗卫生领域；它们不仅仅融入医疗技术、医疗设备，并推动它们的改革和发展。数字化技术已能将影像诊断的图像通过网络相互传递，实现了远程会诊，使得国内、外医院之间进一步加强合作，对疑难杂病的诊断、治疗水平将有很大的提高。

6. "医疗环境"的人性化

医疗模式从"生物"到"生物—心理—社会"的转变，医院除满足病人的生理需求外，还需要满足病人的心理和社会需求。根据现代医疗理论，病患者接受治疗和康复的过程中，心理和精神状态的表现情况发挥着相当重要的作用。随着环境对心理的作用逐渐被人们所认同，寻求人性化的"医疗环境"，也是必然趋势。优美、愉悦、舒适的医疗环境能调整人的情绪，创造良好的、亲切的、怡人气氛，增强病人战胜疾病的信心，对尽快康复，起到积极的作用。

二、如何在医院建筑设计中提高医院的市场竞争力

在开放的竞争下，医疗市场可能会进入一个战国时代，为不至于淘汰，医院必须不断地改善自己的不足、强化自身的优势，来增强竞争力。事实上，医院的核心竞争力除治疗品质外，医疗软硬件服务品质与运行成本的控制也是最重要的组成部分。因此，在人力资源运用、医疗技术设备、医疗环境、医疗效率、医院管理等方面都是竞争力提升的重点。

1. 可持续发展

任何一个现代医院都不可避免因医疗科学技术的进步、医疗观念的改变及社会需求的变化与原有医院建筑不相适应的矛盾，稳定只是相对而言，变化发展则是根本趋势。因此，医院的可持续发展是医院规划设计中要考虑的关键问题之一。可持续发展具有两层含义：一方面是方案具有一定的前瞻性和先进性，满足医院在一定时期内发展需要；另一方面是方案应保留有发展、改造空间。由于医疗设备的迅速更新，功能科室的社会化、中心化等，同时也由于专家医师驻诊或特殊疗法而造成某些部门的特殊发展，都带来了某些部门的成长性。因此，在设计时应考虑预留其未来的发展空间，为今后发展、改造、更新留有余地，使医院在改扩建过程中，不影响原有医院的正常运行，则是非常关键的。英国迈德斯顿医院采用"十"字形单元，每层约1000 ㎡，跨度15m，用这种单元可分别满足门诊、医技、住院的不同功能要求，内部调整灵活；在总体布局上，可沿两条互相垂直的医街向外拓展，很容易从300床发展到600床或900床的规模。

2. 生态优先，做好"医疗环境"设计

最完善、最亲切的软硬件服务品质是医院的核心竞争力之一。因此，功能完善、舒适便捷、气氛温馨的硬件环境是必要的基础，它能大大加强原有实力。随着各种人工智能系统和医用机器人的开发利用，将大大提高医疗效果和人类的健康水平，但在这些高效、精密的技术装备后面，也隐藏着情感的空虚和冷漠，也存在使医疗失去人性的忧虑。为此，追求高技术与高情感的平衡、人性化和自然化的生活情调，创造一个舒适、愉悦、温馨的医疗环境，就显得十分重要。所谓"医疗环境"是指人们对医院空间所产生的心理、生理和社会意识的综合评判，它包含了对医学意义的深化认识和对整体概念的"人"的关切。

医疗环境体现在室外和室内两个部分，室外环境设计中，要充分利用基地内外的良好景观，在保护好良好生态前提下，创建人工和自然相和谐的绿色花园式医院。室内环境设计中，结合医街、入口大厅设置中庭，让阳光、绿化渗入建筑中，加上色彩艳丽的鲜花、礼品店，气氛亲切自然的茶室、咖啡店、餐厅等等，使室内充满生机。美国UCSD医疗中心新外科门诊楼和新加坡国大医院就运用此种设计方法，完全改变人们印象中的那种混乱拥挤的紧张气氛和传统医院那种冷峻、严肃的形象，营造了一个充满生机、温馨自然、舒适愉悦的室内空间。大大缓解了患者入院前的焦虑情绪，可以使患者以一种轻松平和的心态来面对整个就医过程。

3. 以发展的眼光科学合理地进行总体规划

不论是建设一个新医院还是改建一个医院，整体就医环境的好坏，很大程度上取决于总体布局的优劣，因为它是内部关系的综合，是解决整个医院功能分区、部门联系、交通流线、环境质量、将来发展以及与周围城市环境关系的唯一手段。因此，必须整体规划、分期实施。

A. 功能分区合理、布局紧凑、联系方便，且不相互干扰。现代医院更倾向于把门、急诊、病房、医技组织成一个合理有效的有机整体，来适应现代社会快节奏的生活方式。上海东方医院和广东佛山市第一人民医院均采用集中式布局。

B. 组织好交通流线。医院中的交通流线复杂，包括有人流、物流、车流、污物流等等，这些流线既互相联系，又不能混杂，要迅速地把各种就医人流、车流通过出入口引导到医院的相应部门；同时，也能够把离开医院的人流、车流有效地融入城市整个的交通流之中，否则，就会在医院中形成混乱的现象，既降低医疗效率，又增加患者的心理负担，对病人的情绪造成不良影响。

C. 要考虑医院的成长性，在总体规划中预留发展用地。日本千叶县肿瘤中心在门诊、医技、病房处均预留发展用地，较好地解决了各部门的扩建和发展。

总之，能满足现有需求又能兼顾未来发展的医院整体规划乃是规划设计中的重点。

4.“以人为本”体现以病人为中心

“以人为本”体现在以下三个方面：第一是以病人为中心；第二是医护工作人员，只有为高强度的医护工作人员提供完善便捷的工作、学习、研究与休息环境，才能提高整体的工作品质和效率；第三是经营管理者，节省人力、建筑空间、便于管理。

医院是人类的生、老、病、死情感上悲欢离合发生场所，因此，“以病人为中心”的观念，不仅要体现在生理上还应体现在心理上。医院的建筑和设施，应处处为病人设想，满足病人病理、生理和心理要求：

A. 方便病人，病人使用的公共空间应宽敞、明亮、方便、便捷，有清晰的图案导向标记，病人在少动或不动的前提下，完成一系列挂号、收费、记账、化验、检查、治疗、取药等烦琐的医疗过程，改变那种让病人上下来回走动、排队等候的旧的就诊模式。

B. 室内外环境要优美怡人，塑造亲切、温馨和谐的氛围，促进病人痊愈。

C. 完善为病人服务项目，包括餐厅、商店、康复中心、花店、网络查询及病人交流、活动空间。

5. 完善医院相关功能、突出医院特色，提高“医疗效率”、降低运行成本

在市场环境中，运行成本的控制是医院的核心竞争力之一，而提高“医疗效率”，既能降低运行成本，又能提高服务质量。设计中应重点考虑以下几点：

A. 以满足医疗使用为前提，土地、建筑面积最经济的运用，避免浪费。

B. 部门的配置，需同时兼顾医疗流程与经营管理效率，并突出自身的特色。

C. 以医疗活动最合理、顺畅的流程设计。

D. 最精简的人、物流动线的安排，提高服务效率，节省体力和时间。

E. 平面科室的安排，需满足医疗功能使用与各种设备安装的要求。

F. 利用现代化输送系统将相关部门紧密结合。

6. 建立智能化的医院

为改善病人就诊环境，提高医院内部管理技术手段，医院建筑对空调、供热设备和自控管理、安保及计算机网络等诸多方面都提出了要求。智能化医院建筑通常由三大系统组成，即信息、通信、办公自动化，楼宇设备自动化，医疗设备自动化，并将这三大功能结合起来，实施系统集成。在医院的智能化设计中应较多地考虑到病人需求，使“智能”化的功能最大限度地为病人、医护人员、经营管理者提供优良的服务。

数字技术、网络技术必然要渗透到城市生活的各个方面，数字化城市会给人类带来深刻的变化，数字化城市会改变人们习惯的工作方式与生活方式，也会深刻改变医疗服务体系；数字化网络技术，使得运程会诊、远程诊治、远程放射影像、远程手术治疗都相继实施，拓展了医疗服务的空间和时间，从根本上推出了完全崭新的医疗服务概念。

现代化医院是医学、医学技术与管理的大结合，是最复杂的民用建筑之一，建筑师必须对医院的管理模式、流程、医疗设备等有全面系统的研究，才能做好设计；同时，医院设计的好坏，与医院的管理水平有很大关系，可以说医院的管理水平越高，其医院建筑的设计水平就越高，只有建筑师与医院紧密合作，才能设计出好的医院建筑，两者缺一不可。

科学分析市场环境　积极实施发展举措

——安徽省交通勘察设计院学习实践科学发展观调研报告

吴立人　薛幼森

（安徽省交通勘察设计院　安徽合肥　230011）

摘　要：文章对我省交通设计市场现状和省外设计市场现状进行阐述，采用问卷调查、数据统计分析、征求意见等方式对省交通勘察设计院市场经营管理等内容进行分析，深入查找影响省交通勘察设计院科学发展的问题和原因，提出了解决问题的基本思路。

关键词：设计市场；省交通勘察设计院；经营管理；分析原因；基本思路

一、引言

安徽省交通勘察设计院始建于1960年，1985年起实行自收自支、事业单位企业化管理，2001年事转企并加入交通集团公司，2008年12月更名为安徽省交通勘察设计院（原名安徽省港航勘测设计院）。上世纪90年代初，开始从单一的水运工程勘测设计拓展到公路、桥梁和市政工程等设计领域。现具有水运行业设计和咨询甲级、公路行业（道路）设计和咨询甲级、市政工程设计乙级、工程勘察和工程测量甲级，公路、水运和特大桥工程建设监理甲级，设计施工总承包乙级等资质。主要经营港口、船闸、航道、公路、桥梁和市政等工程建设项目的规划、设计、勘察，以及相应的工程监理、咨询、检测、设计施工总承包等业务。

转企8年来，我院在省交通集团公司正确领导下，紧紧抓住我省交通大发展的历史机遇，以生产经营为中心，不断深化改革，积极拓展市场，加快技术进步，健全质量和服务保证体系，各项工作取得了显著成就。主要经营指标见表1：

表1

指标 年度	主营业务 收入（万元）	税前利润 （万元）	总资产 （万元）	净资产 （万元）
2000年	1267	41.54	999	438
2008年	5592	761	4000	2468
年均增长	20.4%	43.8%	18.9%	24.1%

虽然产值、利润、资产等指标保持年年增长，但因底子薄弱，与省级兄弟设计院相比，我院还存在着规模偏小、开拓市场能力偏弱、综合效益偏低、发展偏慢等现象，还没有形成规模和品牌效应。随着金融危机对实体经济的影响加大，市场形势不容乐观，市场竞争将更趋激烈。为此，我院抓住深入开展学习实践科学发展观活动的契机，成立由吴立人院长任组长、院班子成员和各部门负责人为成员的“科学分析市场环境，积极实施发展举措”课题组，于4月8日起，对院市场经营现状、市场环境等要素进行了深入、全面的调研。

调研采取问卷调查、召开座谈会、征求用户意见、数据统计分析等方式进行。经过对院市场经营管理等内容的全方位调查诊断，用数据说话，暴露出我院在市场经营管理中存在的一些问题，研究提出了促进加快发展，提高市场竞争能力的基本思路和要求。

二、我省交通设计市场现状

【水运方面】

1. 市场规模：受地产市场繁荣以及交通运输结构优化调整等因素影响，2005年起，内河水运市场开始有了较快增长，但与公路和市政道路相比，其市场规模仍然偏小，投资有限，且多集中在长江流域。受经济大形势影响，企业投资热情今年开始下降，预计企业投资增幅趋缓。

2. 投资主体：投资主体趋向多元化，除省港航局、省港航投资集团两大投资主体外，煤、电、化工、水泥、冶金等大中型企业投资建港较多。

3. 设计队伍：长江上游武汉市有4家设计单位长期驻扎我省沿江城市，下游江苏、上海的设计院也开始沿江而上，还有私人挂靠设计单位承接项目，这些人社会活动能量大，对中小型码头的勘察设计任务构成压力。

4. 市场经营特点：一是项目投资主体多元化，增加了信息来源和项目经营的难度。二是从业队伍众多，加剧了市场竞争。不当竞争的结果导致价格走低，设计周期变短，业主要求更高。三是近几年我院取得的水运项目和产值虽大幅增长，但市场份额增长不多，市场竞争力没有明显提高。四是积极开拓外省水运市场，取得了一定成绩。

【公路方面】

1. 市场规模：国家为保持经济平稳态势，公路建设又迎来一波高潮。据媒体报道，未来3～5年我省有2万多千米城乡公路和千余千米高速公路要建，公路年投资额将保持较高水平。

2. 投资主体：高速公路集中在交通集团公司和高速公路总公司两家；低等级公路主要是地方政府投资，集中在省公路局和地市公路局。

3. 设计队伍：高速公路设计几乎由省交通规划设计研究院独家完成，绝对垄断。低等级公路设计市场呈现百花齐放、百家争鸣的局面，截至2008年底，全省17个地市已有阜阳、宿州、亳州、蚌埠、滁州、合肥、安庆、铜陵8家地市组建了公路设计队伍，在合肥的省级院中，就有6家具有公路乙级资质。外省也有多家队伍进入我省公路测设市场。

4. 市场经营特点：一是我院虽然有公路(道路)甲级资质，但因为业绩、前期工作难介入等原因，在高速公路项目设计上仍未取得实质性进展；二是地市组建测设队伍后，则市场相对封闭，项目“自产自销”，其他设计队伍很难进入；三是我院正处于高速公路项目争不到，低等级公路市场范围在缩小的两难境地，调整经营策略迫在眉睫。

【市政道路方面】

1. 市场规模：“中部崛起”战略和城市化进程，使我省市政建设将有较大、较快、较长时间的发展，市政道路的等级、规模、交通方式在不断创新、升级，投资总额持续增长。

2. 投资主体：市政道路由各市政府负责融资建设管理。

3. 设计队伍：全国知名的市政设计院纷纷以派驻设计人员或设立分院等方式进入我省各市，我省17个地市几乎都有自己的设计队伍。

4. 市场经营特点：一是市场规模大，参与队伍多，竞争激烈，低价中标；二是对设计思想、配套专业、后续服务要求高，设计周期短；三是我院与深圳市政院合作成效显著。四是我院良好的后续服务、踏实的工作作风，赢得市政业主认可。

三、省外设计市场现状

随着我国经济体制改革的不断深入，部级设计院多数已完成向工程公司转型工作，他们目前承担着各地投资总额在5～10亿元以上的大型重点工程和国际性工程，成绩优良。一些省级设计院已经开始介入工程总承包市场，做得好的，工程总承包的收入已经接近或超过了设计费的收入。外商工程公司最近几年加快了进入中国市场的步伐。

工程总承包这种先进的项目建设方式，其运用范围在最近几年不断地从国家投资的重点项目扩大到中小型项目，并且在实践中产生了BT、BOT、EPC、EP、EPCM、EPCS、EPCA、PCM、CM等多种类型的项目管理模式。大型设计院向工程公司转型是一种趋势。如不及时进入这个市场，不下决心通过工程总承包或项目管理的运作来提高设计水平，提升设计院的市场地位，那么随着国家经济调整政策的逐步到位，单纯的设计业务有可能随之萎缩，设计院的生存空间将被压缩。

工程总承包始终是我院努力方向，经过主动耐心向业主介绍和宣传工程总承包的优越性，院发挥专业优势，在水运工程前期工作总承包上取得进展。但真正意义上的设计施工总承包，因为体制及观念等原因，暂时难以取得实质性突破。

四、我院经营管理情况分析

1. 采用问卷形式，对院人力资源、专业技术、产品质量、生产经营、业务资质、思想观念、市场环境、内部管理、开拓创新、外界评价等内容，开展问卷调查研究。共向员工发放调查问卷50份，实收有效问卷44份。调查结果见图1～图6(部分)。

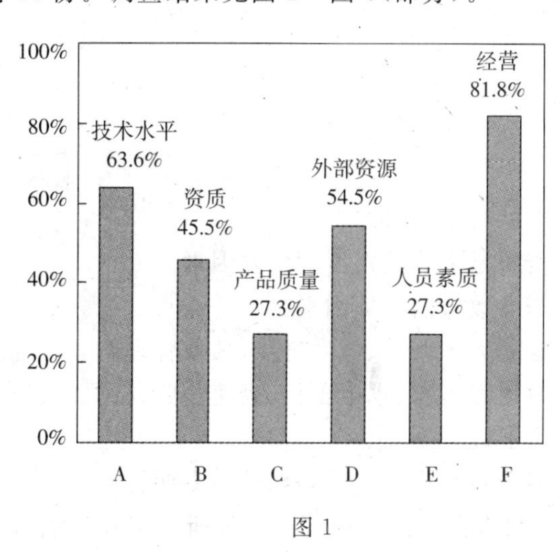

图1

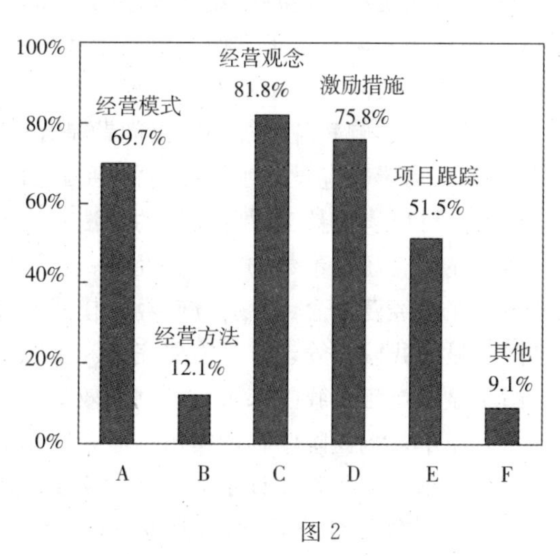

图2

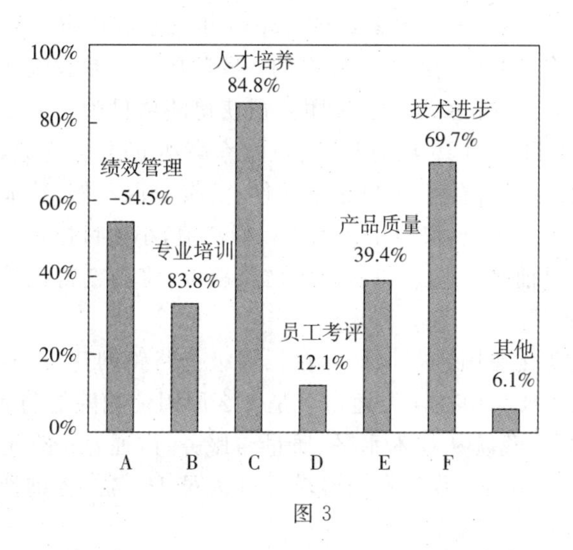

图3

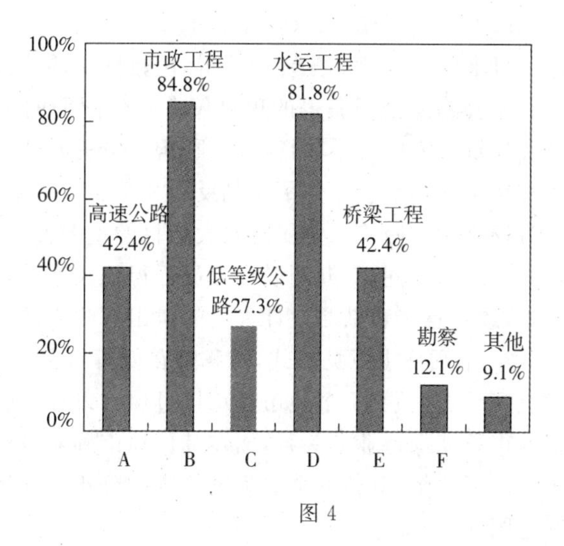

图4

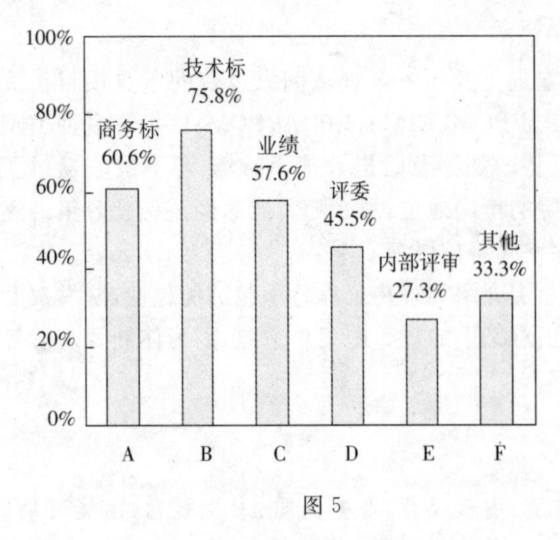

图 5

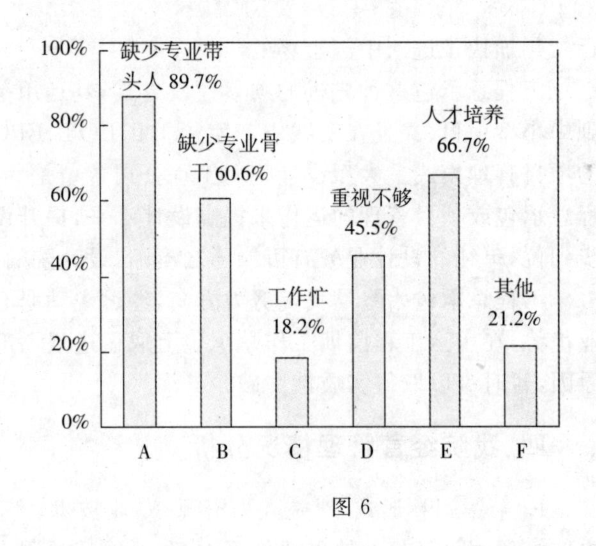

图 6

(1)您认为影响我院发展的因素是什么?

(2)您对我院项目经营中需要改进的方面是什么?

(3)您认为我院在管理方面需要完善和加强的是什么?

(4)您预测我院未来市场较好的专业是什么?

(5)您认为影响我院中标的突出问题是什么?

(6)您认为影响院设计水平提高的原因是什么?

从图中可以看出员工对院发展的看法和思想认识:

图 1 显示有超过半数的人认为经营、技术水平、外部资源是影响院发展的主要因素。

图 2 显示经营观念、激励措施、经营模式是我院经营需要改进的主要因素。

图 3 显示我院在管理方面需要完善和加强的主要因素是人才培养、技术进步、绩效管理。

图 4 显示员工对我院未来市场预期较好的专业是市政道路工程、水运工程、高速公路、桥梁工程。

图 5 显示影响我院中标的突出问题是技术标、商务标、业绩。

图 6 显示影响我院设计水平提高的主要原因是缺少专业带头人、人才培养、缺少专业骨干。

2. 采用数据统计分析方式,对近三年我院勘测设计项目来源及产值情况进行分析。将我院项目来源分为 11 个计算单位,将项目产值分为 50 万元以下、50 万～100 万元、100 万元

以上三个规模层级(详见表 1、表 2、图 7、图 8)。通过对 2006 年、2007 年、2008 年三年我院勘测设计项目来源及产值情况统计分析,用数据说话,反映出我院在市场经营中存在的一些问题。一是我院在省高速公路总公司获得的项目仅占我院同期的 1.6%,近三年在省交通集团公司获得的项目为零。二是我院每年完成大小项目近百项,但 100 万以上的大项目仅约 10 项,但产值贡献率高达 65%。为此,我院在生产例会上已作了深刻反思和检讨。主要原因:一是我院工作缺乏主动性,汇报争取不够,造成了市场相对空白。二是我院对大项目的重要性程度认识不到位,仅停留在大项目挣产值,小项目挣人气层面上。大合同少,勘测设计人员干得比较辛苦,保持目前主营收入和利润年增长幅度,将会变得比较困难,或者意味着勘测设计人员的付出与收入的比例将下降。

3. 采用征求意见方式,对我院在低等级公路市场变化原因进行调研。在低等级公路路网建设中,我院几乎在安徽 17 个地市都承接过项目设计,现市场主要集中在 4 个地市。是什么原因使我院能与 4 个地市长期保持业务关系,而在其他地市确实没能做到。我院从技术水平、质量与服务、沟通、情感、地市组建了队伍、其他 6 个要素进行咨询分析。共咨询客户 8 个、我院参与经营设计人员 16 名。咨询情况见图 9。

表 1 近三年签订合同的勘测设计项目产值统计分析表

年度	项目产值	项目合计	产值合计	50万元以下				50万～100万元				100万元以上				备注
				项目	与年度项目百分比	产值	与年度产值百分比	项目	与年度项目百分比	产值	与年度产值百分比	项目	与年度项目百分比	产值	与年度产值百分比	
2006	水运	43	1561.09	35		510.4		4		262		4		788.69		
	路、桥	28	1463.00	18		215.8		6		407.3		4		839.9		
	合计	71	3024.09	53	74.65%	726.2	24.01%	10	14.08%	669.3	22.13%	8	11.27%	1628.6	53.85%	
2007	水运	41	1748.29	30		392.29		7		503		4		853		
	路、桥	39	2817.61	26		362.58		4		318.53		9		2136.5		
	合计	80	4565.90	56	70.00%	754.87	16.53%	11	13.75%	821.53	17.99%	13	16.25%	2989.5	65.47%	
2008	水运	62	3819.58	50		788.78		5		333		7		2697.8		
	路、桥	26	990.05	22		307.21		2		145		2		537.84		
	合计	88	4809.63	72	81.82%	1096	22.79%	7	7.95%	478	9.94%	9	10.23%	3235.6	67.27%	

表 2 近三年签订合同的勘测设计项目来源统计分析表

年度	项目来源	交投	高速	港投	省海事局	省公路局	合肥市政	地方海事局（港口）	地方公路局（交通）	其他市政	其他企业	外省项目	合计
2006	50万元以下	/	/	/	/	/	/	13	6	/	34	/	53
	50万～100万元	/	/	/	/	/	3	1	1	/	4	1	10
	100万元以上	/	/	/	/	/	4	2	/	/	2	/	8
	合计	/	/	/	/	/	7	16	7	/	40	1	71
2007	50万元以下	/	/	/	1	/	2	5	9	4	35	/	56
	50万～100万元	/	1	/	/	1	1	2	/	/	4	2	11
	100万元以上	/	1	1	2	6	2	1	/	/	/	/	13
	合计	/	2	1	3	7	5	8	9	4	39	2	80
2008	50万元以下	/	2	/	/	/	1	7	9	/	53	/	72
	50万～100万元	/	/	/	/	/	/	1	/	/	6	/	7
	100万元以上	/	/	1	1	/	1	1	1	/	3	1	9
	合计	/	2	1	1	/	2	9	10	/	62	1	88

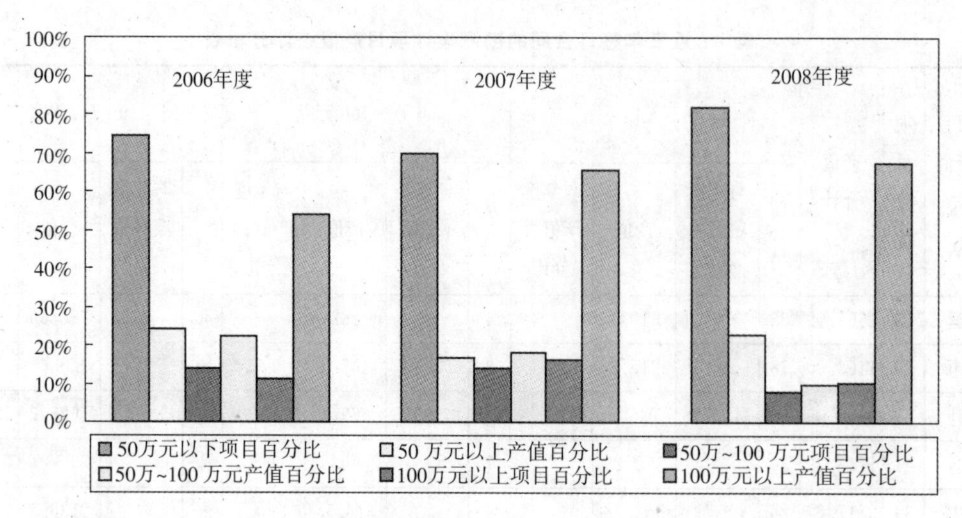

图 7　最近三年我院勘测设计项目产值统计分析图

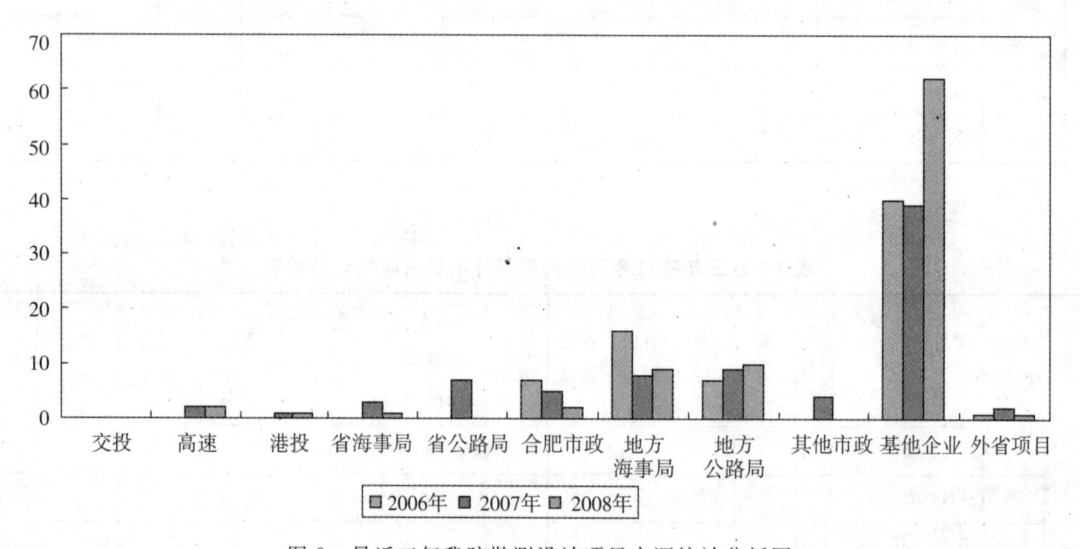

图 8　最近三年我院勘测设计项目来源统计分析图

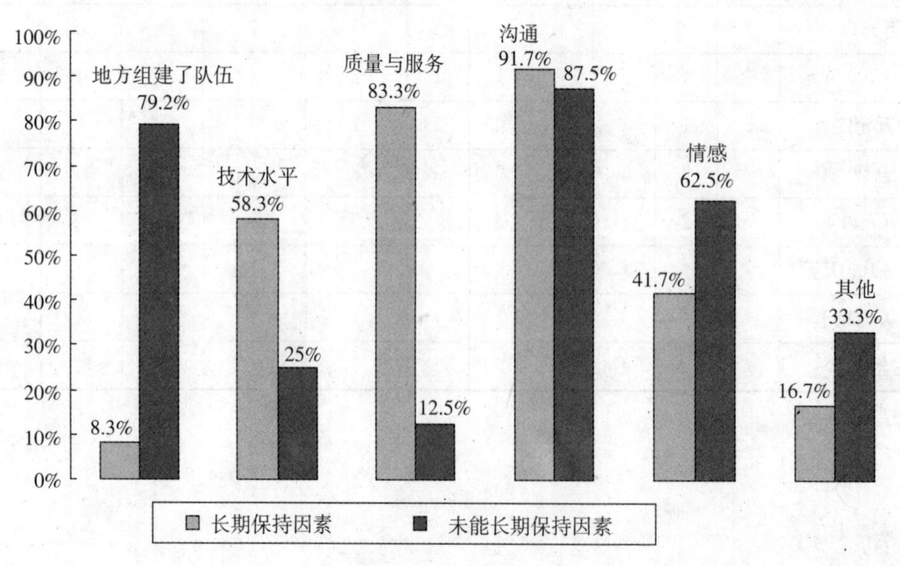

图 9　影响我院在低等级公路市场的因素

从图 9 可以看出沟通、质量与服务、技术水平是长期保持业务关系的主要原因;而沟通、地市组建了队伍、情感是未能长期保持业务关系的主要原因。

五、我院管理体制和经营模式的四个发展阶段

第一阶段:1985 年以前,院生产任务全部是上级下达,经费是上级划拨,院仅需按照上级计划和规范要求组织完成任务,不存在市场经营问题。

第二阶段:1985 年—1993 年(8 年),上级对我院的管理政策是自收自支、自负盈亏,实行事业单位企业化管理。上级下达任务与事业经费逐年减少,自主经营的项目逐年增多。1990 年,面对我省内河水运投资增幅小、任务匮乏的局面,全院形势严峻。在省交通厅、省公路局的大力支持下,我院及时做出依托水运市场,开拓公路市场。并和省交通规划设计研究院合作,选派优秀员工赴广东省开展监理工作。事实证明,这是一条正确的发展道路。

第三阶段:1993 年—2001 年(8 年),随着社会主义市场经济体制的建立,指令性任务全部取消,事业经费全部停拨。除人事管理外,院生产经营管理已完全按企业化运作。推行经济技术责任制,充分调动职工积极性。把握市场机遇,主动参与市场竞争,开拓市政道路设计市场。为做大监理市场,于 1997 年组建中兴监理所。

第四阶段:2001 年至今(8 年),在交通集团公司领导下,全面落实科学发展观,迎来了我院发展史上的最好时期。通过三项制度改革,单位管理体制、职工观念发生了彻底改变,市场意识深入人心;按企业性质申报确认水运工程设计、咨询甲级,工程勘察甲级资质,取得公路(道路)工程设计、咨询甲级,市政工程设计乙级等资质,大大增强了院整体实力;紧紧抓住交通大发展的机遇,主动应对竞争激烈的市场和复杂多变的市场环境,对适应市场环境的经营思路和方法大胆探索和实践,使经济效益快速提高,员工收入逐年增加。

以上是按管理体制和经营模式把我院分为 4 个发展阶段,从 1985 年开始,院管理体制每 8 年就有一次大的变化。按 8 年的时间周期,今明两年又到政府推动改革关键期。"政策推动,上级支持,依靠职工,群策群力"是我院完成每次体制改革的法宝。每次体制改革都激发了我院的活力和动力,推动了生产力的发展、生产效益的提升。

六、产业政策对我院的影响

在市场经济中,产业政策具有导向性作用。

1. 我国工程勘察设计行业将逐步实施注册工程师制度。注册工程师制度是一把政策剑,达到要求助推发展,反之,则严重影响进入相应行业市场。我院现具有相应专业注册工程师的数量尚未满足甲级资质的要求,所以注册工程师制度的实施对我院的资质将产生较大影响。

2. 国家实施的燃油税政策。燃油税政策或改变公路水路建设、投资和管理模式,旧有的市场格局、竞争格局或将产生变化。

3. 国有资产逐步从竞争激烈行业和中小型企业退出。这项政策是以产权制度改革为核心,以企业经营机制转换和职工身份置换为重点,实现企业制度创新、机制创新和管理创新。按照政策我院属国资退出单位,改制是时间早迟的问题,主要看上级的时间表。

4. 为克服金融危机影响,国家实施扩内需、保增长政策,对交通基础设施建设投资将保持平稳增长态势。这对我院来说是机遇、更是挑战。

七、影响我院科学发展的问题

1. 资质方面。现有注册工程师人数未达到相应业务资质需求,对现有资质和申报新资质构成潜在风险。

2. 体制方面。按照体制改革的时间周期，我院极有可能进入政策推动改革关键期。

3. 市场方面。交通基础设施建设宏观面向好，但我院面临企业投资港区热度降温，面临高速公路难上去，低等级公路市场在缩小的两难局面，面临同业队伍和人员持续增加。

4. 人才方面。缺少专业带头人和专业骨干，特别是配套专业人才，专业设计水平和一流的大院相比，还有差距。

5. 经营方面。存在经营模式未跟上现实环境的变化，经营手段单一，经营思路、经营策略模糊等现象。经营、技术水平和外部资源是影响当前发展的主要因素。

6. 管理方面。人才培养、技术进步、绩效管理，以及与主管部门、业主之间的沟通等方面内容急需加强，队伍能力提高跟不上发展需要，发展缺少活力、动力。

7. 存在问题的主要成因：一是思想观念滞后。不少员工思想观念未能与现实环境同步化，还习惯于用过去的发展理念和发展方式，不善于解放思想，发展缺少活力、动力。二是创新精神不足。在具体工作中，特别是主营业务专业上，缺乏核心技术，没有创新，还是按老套路来办事情，只求过得去，不求过得硬。三是科学发展不到位。虽然认识到科学发展的重要性、必要性，但在学习实践科学发展观上下工夫不够，直接影响到科学发展能力、解决实际问题能力的提高。

八、解决问题的基本思路和要求

牢牢把握深入学习实践科学发展观这一有利时机，用科学发展观理念来寻求解决问题的办法。

1. 深入学习实践科学发展观，切实领会科学发展理念，提高科学发展、和谐发展、率先发展的能力和本领。

2. 明确责任。对存在的问题和努力的目标具体落实到责任部门、责任人，拿出解决问题和实现目标的方案，强化落实，务求实效。

3. 突出重点。对影响院发展的关键问题，成立相应小组或课题组，理清思路，破解难题，力求重点突破，带动全局。

作者简介：吴立人(1957—)，男，江苏宜兴人，安徽省交通勘察设计院院长、总工程师；
薛幼森(1964—)男，安徽庐江人，安徽省交通勘察设计院人事部主任。

某高层建筑沉降观测数据处理与分析

程为青
(安徽建设工程勘察设计院 安徽合肥 230001)

摘 要:本文从引起沉降的因素出发,参照理论并结合实例,对沉降观测的数据处理与分析及沉降趋势的预测方法进行了探讨。

关键词:沉降观测;数据处理;预测性评估

1. 概述

随着经济的发展,高层建筑如雨后春笋。由于各种因素的影响,建筑物在运营过程中,都会产生变形。这种变形在一定限度之内,应认为是正常现象,但如果超过了规定的限度,就会影响建筑物的正常使用,严重的还可危及建筑物的安全。根据沉降观测资料,运用数理统计方法,对建筑物的沉降进行均匀性(不均匀性)分析,探讨出建筑物变形的成因及对沉降趋势的预测方法。

2. 沉降引起的因素及观测的必要性

引起建筑物沉降有内部和外部因素。其中内部因素引起的沉降有合理沉降、施工误差沉降;而外部因素有基础形变、地质构造不均匀、季节性、周期性的温度和地下水的变化以及风力等。从大量的实测资料来看,沉降在时间一空间上与建筑过程有密切的关系,为掌握沉降的大小及规律,沉降观测具有必要性。

3. 观测点的布设及观测成果稳定性分析

按设计及《建筑变形观测规范》要求,在建筑物上布设观测点,并定期观测这些点高程,从而获得各点变化量及累计量,根据《建筑变形观测规范》,建筑物的下沉速度小于0.04mm/d时,达到稳定阶段即可停止观测。

观测点稳定性分析:设观测点沉降为 d_i,点位沉降中误差为 m_i。

(1)当 $|d_i| \leqslant |m_i|$,由测量误差引起,则观测点稳定;

(2)当 $|d_i| \leqslant |2m_i|$,基本上属于测量误差引起,基本稳定;

(3)当 $|d_i| > |2m_i|$,不稳定,下沉量为 d_i。

4. 观测数据的处理及使用

某中心的主楼32层,基础为人工挖孔灌注桩,置于白垩纪泥质砂岩、泥岩中风化带上,于2006年9月开始施工,至2007年7月结构封顶,共作了9次沉降观测。计算表如表1所示。

作为施工阶段的沉降观测,观测值的大小反映了地基土的强度及其建筑物荷载情况。按照数理统计的观点,沉降量受地基强度和荷载(或称母体)制约,明显不同的地基土强度和荷载反映了不同的总体,而不同总体才是造成建筑物不均匀沉降的内在因素。我们可以运用数理分析方法对沉降值作统计分析,显然可以对成对数据进行 t 检验,从而判断它们之间的差异是否属于同一总体。按 t 分布理论,偶然误差的存在不改变所属总体的子样分布,而不同总体的子样分布必然与 t 分布存在显著性差异。

表 1　沉降观测沉降量计算表

观测点	第1次	第2次		第3次		第4次		第5次		第6次		第7次		第8次		第9次	
	2006.9.28	2006.10.29		2007.1.20		2007.1.30		2007.2.17		2007.3.3		2007.4.17		2007.5.9		2007.6.25	
	高程(mm)	沉降量(mm)	累计(mm)	沉降量(mm)	累计(mm)	沉降量(mm)	累计(mm)	沉降量(mm)	累计(mm)	沉降量(mm)	累计(mm)	沉降量(mm)	累计(mm)	沉降量(mm)	累计(mm)	沉降量(mm)	累计(mm)
1	2007.1.9开始观测是高程20.2528			-0.7	-0.7	+0.3	-0.4	-0.3	-0.3	-0.7	-1.0	-1.5	-2.5	-2.2	-4.7	-2.1	-6.8
2	20.2467	-1.5	-1.5	-5.5	-7.0	+0.1	-6.9	-0.3	-7.2	+0.6	-6.6	-1.2	-7.8	-0.9	-8.7	-1.9	-10.6
3	20.2164	-1.6	-1.6	-4.2	-5.8	+0.1	-5.7	-0.4	-6.1	+0.2	-5.9	-1.2	-7.1	-0.3	-7.4	-2.0	-9.4
4	20.2225	-1.1	-1.1	-4.8	-5.9	-0.1	-6.0	-0.5	-6.5	+0.4	-6.1	-1.2	-7.3	0	-7.3	-2.3	-9.6
5	20.2644	-0.6	-0.6	-5.0	-5.6	+0.1	-5.5	-0.3	-5.8	+0.3	-5.5	-1.5	-7.0	0	-7.0	-2.0	-9.0
6	20.2168	-1.2	-1.2	-4.4	-5.6	-0.3	-5.9	-0.1	-6.0	+0.5	-5.5	-1.7	-7.2	-0.2	-7.4	-2.0	-9.4
7	20.2858	-1.0	-1.0	-4.6	-5.6	-0.1	-5.7	+0.1	-5.6	+0.4	-5.2	-1.6	-6.8	0	-6.8	-0.9	-7.7
8	20.2734	-1.1	-1.1	-5.0	-6.1	0	-6.1	-0.3	-6.4	+0.3	-6.1	-1.6	-7.7	-0.3	-8.0	-2.1	-10.1

设成对数据的差为 X_i，其总体平均值为 u。如成对数据之间无异的话，则平均值 X 应是总体平均值 $u=0$ 的无偏估计量。即：$H:u=0$

则

$$t=|X-0|\cdot\sqrt{n-1}/S_x^-=|X|\cdot\sqrt{n-1}/S_x^- \tag{1}$$

X 为每对数据之差 X_i 的平均值，S_x^- 是其样本标准差。

$$X=(\sum_{t=1}^{n}X_i/n)$$

$$S_x^-=\sqrt{(1/n)\cdot\sum_{t=1}^{n}(X_i-X)^2}\quad(n\text{ 为成对数})$$

当由(1)式计算得到 $t>$ 理论值 $t(n-1,a)$ 时，则拒绝假设，$H:u=0$ 被否定，X 和 u 有显著差异，这一推断的概率为 $1-a$。反之，当 $tt(n-1,a)$ 时，接受原假设，X 和 $u=0$ 无显著差异。下面就某主楼沉降观测列表作数据的统计分析。

表 2　主楼 2007 年元月 30 日作第四次观测的数据

成对观测点	5(5.5)	6(8.8)	7(5.7)	5(5.5)
	3(5.7)	2(10.6)	8(6.1)	4(6.0)
沉降差 X_i(mm)	0.2	1.0	0.4	0.5

注：因 1 号点第一次观测后破坏，2007.1.9 才重新观测，不分析。

$X=0.525$，$n=4$，$S_x^-=0.295$ 得 $t=3.082$；

按自由度 $n-1=3$、$a=0.05$ 查 t 分布表，$t(3,0.05)=3.182$。

所以 $tt(3,0.05)$ 表明主楼两侧沉降值无显著差异，由此判断为均匀沉降。

$X=1.150$，$n=4$，$S_x^-=0.779$ 得 $t=2.557$；

按自由度 $n-1=3$、$a=0.05$ 查 t 分布表，$t(3,0.05)=3.182$，很明显 $tt(3,0.05)$，说明主体沉降均匀。

除利用 t 检验，我们还可以用 F 检验对此例作统计分析，以便比较最后分析结果。

表 3 主楼 2007 年 6 月 25 日第 9 次结构封顶观测数据

成对观测点	5(9.0)	6(9.4)	7(7.7)	5(9.0)
	3(9.4)	2(10.6)	8(10.1)	4(9.6)
沉降差 X_i(mm)	0.4	1.2	2.4	0.6

具体检验步骤如下：

1. 作原假设 $H_0: a_1=a_3=a_4=a_5=a_6=a_7=a_8=a$

2. 计算统计量　各观测点沉降量的平均值 $X_i=(1/k)\sum X_{ij}$（k 为观测次数）；总平均值 $X=(1/m.k)\sum_{i=1}^{m}(\sum_{j=1}^{k}X_{ij})$（$m$ 为观测点个数），则

3. 内部平方和　$S_k^2=\sum_{i=1}^{m}\sum_{j=1}^{k}(\bar{X}_{ij}-\overline{X_i})^2$

4. 外部平方和　$S_i^2=\sum_{i=1}^{m}(\overline{X_i}-\bar{X})^2$

$$F=\frac{S_i^2/(m-1)}{S_k^2/m(k-1)}=\frac{S_{外}^2}{S_{内}^2}$$

全部计算用表 4 进行。

表 4 统计量的计算(mm)

观测点号	沉降量个数								
	一	二	三	四	五	六	七	八	平均值$\overline{X_i}$
2	−1.5	−5.5	+0.1	−0.3	+0.6	−1.2	−0.9	−1.9	−1.325
3	−1.6	−4.2	+0.1	−0.4	+0.2	−1.2	−0.3	−2.0	−1.175
4	−1.1	−4.8	−0.1	−0.5	+0.4	−1.2	0	−2.3	−1.200
5	−0.6	−5.0	+0.1	−0.3	+0.3	−1.5	0	−2.0	−1.125
6	−1.2	−4.4	−0.3	−0.1	+0.5	−1.7	−0.2	−2.0	−1.175
7	−1.0	−4.6	−0.1	+0.1	+0.4	−1.6	0	−0.9	−0.962
8	−1.1	−5.0	0	−0.3	+0.3	−1.6	−0.3	−2.1	−1.262
总平均值									−1.175

外部平方和 $S_i^2=0.629$，自由度 $7-1=6$，$S_{外}^2=0.105$

内部平方和 $S_k^2=137.258$，自由度 $7(8-1)=49$，$S_{内}^2=2.801$

$F=S_{外}^2/S_{内}^2=0.037$

$F<F0.05,6,49=2.32$，接受原假设，说明主楼沉降均匀，此检验结果与 t 检验一致。

5. 沉降趋势预测

设自变量 t 为观测时间周期，则沉降量为自变量函数 H，其近似函数关系式 $H=f(t)$。

所要求的函数 $H=f(t)$ 的 n 次代数多项式为

$$H=f(t)=a_0+a_1t+a_2t^2+\cdots+a_it^i=\sum_{j=0}^{i}a_jt^j \tag{2}$$

为确定多项式的值，只要求解(2)式的系数值 a_i，并且使多项式(2)对给定数据(t_i, H_i)与实测数据

相拟合。从而得出变形规律函数 $H=f(t)$。

若对观测点定期进行了 n 次观测，可得以下 n 个方程式($i<n$)：

$$
\begin{aligned}
&a_0+a_1t_1+a_2t_1{}^2+\cdots+a_it_1{}^i-H_1=V_1\\
&a_0+a_1t_2+a_2t_2{}^2+\cdots+a_it_2{}^i-H_2=V_2\\
&\cdots\\
&a_0+a_1t_n+a_2t_n{}^2+\cdots+a_it_n{}^i-H_n=V_n
\end{aligned}
\tag{3}
$$

由于实际观测数据不一定全部落在 $H=f(t)$ 函数曲线上，V_i 不完全都等于 0，则 $\sum_{j=0}^{i}a_jt_k^j-H_k$ 称之为误差，用 V_k 表示。根据 n 个误差方程式(3)，按最小二乘法求解系数 a_j，有

$$\sum_{k=1}^{N}V_k^2=\sum_{k=1}^{N}(\sum_{j=0}^{i}a_jt_k^j-H_k)^2=Y(a_0,a_1,a_2,\cdots,a_i) \tag{4}$$

为最小值。进行微分并令其等于 0，即

$$\delta y/\delta\alpha_l=2\sum_{k=1}^{N}(\sum_{j=0}^{i}a_jt_i^j-H_i)t_i{}^l=0 \quad (l=0,1,2,\cdots,i) \tag{5}$$

令

$$\sum_{k=1}^{N}t_k^l=R_l \qquad \sum_{k=1}^{N}H_kt_k^l=S_l \tag{6}$$

则(5) 式变为

$$\sum_{j=0}^{i}a_jR_{l+j}=S_l \tag{7}$$

(7)式为解算系数 $a_j(i+1)$个方程式，将解算的系数代入(2)，即求出预报方程 $H=f(t)$。

结合上例，用 8 号观测点为例预测沉降规律。选用函数式为：$H_i=a+bt_i+ct_i{}^2$，由表 1 数据可得

$$
\begin{aligned}
&8a+36b+204c=162.1694\\
&36a+204b+1296c=729.7362\\
&204a+1296b+8772c=4135.0886
\end{aligned}
$$

解方程组得预报方程为

$$H_i=20.274311-0.000825t_i+2.261905\times10^{-5}t_i{}^2 \tag{8}$$

由式(8)的预测模型，预测了后 3 个月的情况，如下表：

观测时间	实测值	预测值
97.06	20.2689	20.2688
97.07	20.2686	20.2683
97.08	20.2683	20.2680

需注意的问题：

(1)选取曲线要与实际变化趋势相似，否则会影响拟合精度；

(3)用于拟合的观测数据不能太少；

(3)预测周期不宜过长。

6. 结论

沉降观测的方法与观测精度要求，对于反映微小变形来说，是观测方案首先要顾及的问题，否则，测量误差将掩盖这些微小变化而使观测结果不仅无用，还会得出错误结论。在这些条件下，将观测阶段的结果运用统计分析方法，结合工程特点对均匀性及沉降趋势作出预报性评估，在确保工程安全的前提下，充分挖掘桩基工程的潜力(如提高桩基承载力等)，以产生更大的经济效益和工程价值。

预埋载荷箱桩基静载荷试验的开发与应用

曹光暄
(安徽省建设工程勘察设计院　合肥　230001)

摘　要:本文介绍了近年来改进的 Osterberg 试桩法——预埋载荷箱桩基静载荷法的基本原理和特点,以及在合肥地区桩基静载荷试验中的应用及其取得的成果,充分说明该方法对于合肥及软岩地区的嵌岩桩的试验和性状研究是特别适宜的。

关键词:O 氏试桩法;载荷箱;桩基静载荷试验

1. 前言

静载荷试验是桩基承载力检测最可靠的方法。但传统地面静载荷试验由于需要庞大、笨重的反力设备或堆重物,因而是一种费时、费力、费钱的检测方法。上世纪 80 年代中期,Osterberg[1] 发明了一种把载荷箱置于桩身或桩底部,利用桩身的侧摩阻作为反力的桩基承载力检测方法(简称 O 氏试桩法)。由于该方法不需要庞大反力系统,需要加载量小,省时、省力,对场地要求小,所以大吨位桩基承载力检测中广泛应用。随着文献的不断介绍[2][3][4],国内也在开展类似的试验,如"自平衡试验"就是其中一种,同时国外公司也已进入中国市场。本文主要介绍 O 氏试桩法的基本原理、优点和我院改进开发与应用的情况。

2. O 氏试桩法基本原理和特点

2.1　基本原理

图 1 为 O 氏试桩法改进后预埋载荷箱法桩基试验的基本原理。该试验荷载箱的下承压板直接置于持力层上,位移和液压管全部引出地面,并由计算机统一控制和检测,整个试验设备自动化程度高。由于位移计采用高精度数值位移计,压力是通过变频闭环控制,稳压效果好,测试系统精度高。荷载箱的下载荷板的面积为 $0.5m^2$,由此得到的桩端极限阻力为极限桩端阻力标准值。当荷载箱的下载荷板的面积与桩端一致时,本试验方法可作为原型桩试验。

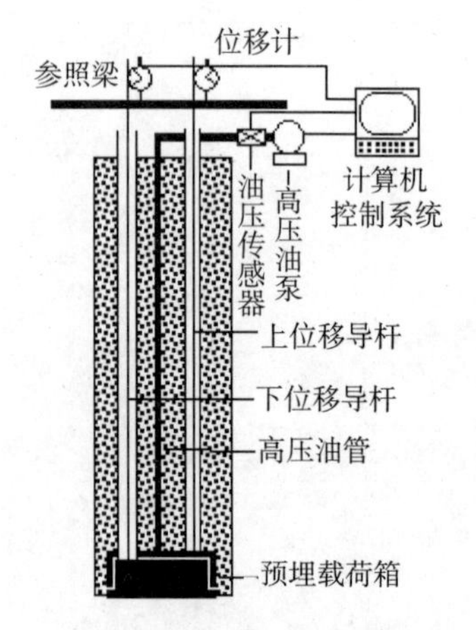

图 1　预埋荷载箱法静载荷试验原理示意图

2.2　主要改进

O 氏试桩法需要采用 O 氏载荷箱,本身它是专利产品,其价格对于国内市场大多不可承受,同时系统本身也存在一些缺点。

首先我们通过计算机模拟计算和优化设计及大量试验,应用多种材料组合及阀门控制原理开发了成本较低、性能好、技术含量高的具有自我专利的载荷箱,这种载荷箱在用于工程桩检测方面更加便利。采用这种载荷箱,试验后通过一根位移护管就可以对载荷箱及周围的孔隙进行灌浆补强,消除安全隐患,确保工程安全可靠。

在长桩甚至 20 米桩中利用位移导杆测试载荷箱上下位移,对于国内规范而言显得过于粗略,甚至由于误差太大导致试验失败。为此,在沉降检测方面,我们还提供了一种柔细钢绳沉降检测方法。这种方法不仅消除长桩中位移导杆的误差,而且使设备的装配更加方便、可靠。

在利用预埋载荷箱法试验的测试数据,拟合等效桩顶 Q～S 曲线时,我们考虑了桩身压缩,采用了有限单元和差分原理的计算公式(1)[5],使数据更接近真实情况。

$$\begin{cases} s_{n-1}=\dfrac{Q_n}{\alpha_n}\sinh(\alpha_n\Delta l)+\dfrac{q_n}{q'_n}\operatorname{conh}(\alpha_n\Delta l)+s_n-\dfrac{q_n}{q'_n} \\ Q_{n-1}=Q_n\operatorname{conh}(\alpha_n\Delta l)-\dfrac{q_n}{q'_n}\alpha_n\sinh(\alpha_n\Delta l) \\ S_N=S_l\ Q_N=Q_l \end{cases} \tag{1}$$

$$q_n=\frac{s}{A_n+B_ns}、q'_n=\frac{A_n}{(A_n+B_ns)^2}、\alpha_n=\sqrt{\frac{q'_nU}{A_pE_p}}$$

其中,S_n、Q_n、q_n、q'_n 第 n 单元的沉降、轴力、侧阻力、侧阻力对沉降的微分。S_l、Q_l 为桩端部分沉降、桩端阻力,U、A_p、E_p 为桩的周长、截面积、弹性模量。

对于具有分段侧摩阻数据的试验,采用此法的结果会更加合理。

3. 预埋载荷箱法的应用

合肥地区位于江淮丘陵地带江淮分水岭南侧,第四纪地貌单元主要为二级阶地和部分狭长形分布的一级阶地和河漫滩组成。场地土层主要为晚更新世超固结的黏土、粉质黏土和粉土,基岩绝大多数为白垩纪的泥质砂岩和砂质泥岩,埋深一般为15～30m。其平均天然单轴抗压强度小于3MPa,见水立即软化,属于极软岩。在本方法未问世以前,缺乏有试验支持的桩端阻、侧阻参数资料。以往采用常规的地面桩基静载荷试验,由于加载设备能力有限,所加荷载绝大部分被侧阻平衡,因此无法取得泥质砂岩的桩端阻的参数。采用预埋载荷箱法的桩基静载荷试验,对于合肥地区的人工挖孔桩不仅容易地得到单桩承载力,而且容易同时取得桩端阻和平均侧阻的参数。

图2为2根典型的人工挖孔桩预埋载荷箱法静载荷试验,图3为相应的等效桩顶Q～S曲线。2个试验场地地质条件相似:二级阶地,土层为硬塑至坚硬状态的黏土、粉质黏土。其中(a)图为桩径900mm,桩长17m,桩底直径1.13m,持力层为黏土,载荷箱埋置于桩底,试验加载3600kN,桩端沉降达196mm,超过了极限要求,桩身上拔为14mm,侧阻力基本得到了全部发挥。该桩测试结果总极限桩端阻力2450kN,总侧阻力3600kN,单桩极限承载力6500kN,相应的桩端极限承载力2450kPa,平均极限侧阻力大于64kPa,O氏法与本文方法合成的等效桩顶 Q～S 十分相近。(b)图试桩的桩径900mm,桩长20m,桩底直径0.8m,持力层为中风化白垩纪的泥质砂岩,载荷箱埋置于桩底。试验最大加载4500kN,桩端沉降达159mm,超过了极限要求,桩身上拔为仅有3.4mm,侧阻力远没有达到充分发挥,这是因为部分嵌岩段侧阻特别大的原因。该桩测试结果总极限桩端阻力3700kN,总侧阻力4500kN,单桩极限承载力14000kN,相应的桩端极限承载力7400kPa,平均极限侧阻力125kPa,O氏法与本文方法合成的等效桩顶Q～S有一定差异,主要原因是前者没有考虑桩身的压缩量。

从许多合肥地区预埋载荷箱试验结果看,人工挖孔桩的坚硬黏土桩端阻力极限值为埋深10m～20m时为1800～2500kPa范围,基本呈现与埋深正比的关系,平均侧阻力为60～90kPa。而中风化泥质砂岩的桩端极限阻力试验值十分独特。表1为合肥地区近年软岩桩端阻试验的统计值[6],从中看出,软岩的桩端阻表现的特性间于土与岩石之间,既有高的承载能力,又有很大的变形能力。同时软岩的桩端极限端阻力 q_{pk} 的离散性大,有时对于统一场地,情况也是这样。采用常规的地面试验是很难得到这样的结果的。说明该方法对于持力层为软岩或此类持力层的桩基承载力检测是非常适宜的。

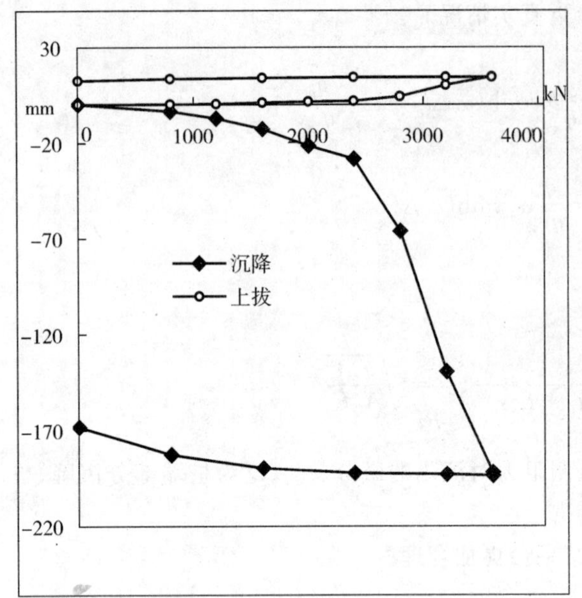

(a)持力层为黏土层试桩

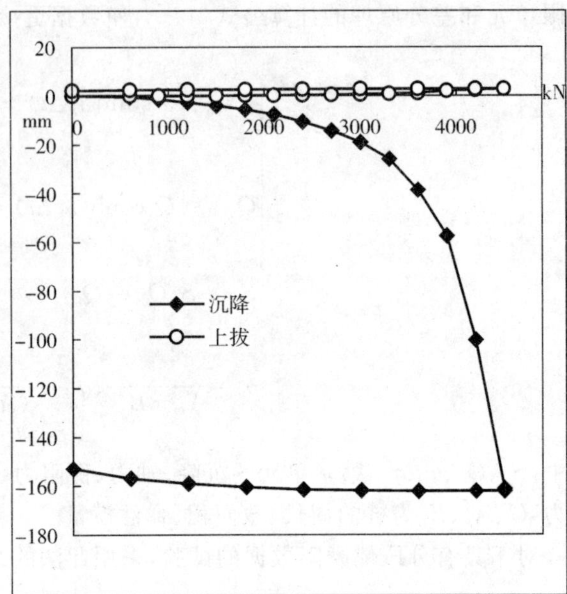

(b)持力层为中风化泥质砂岩的试桩

图 2　合肥地区典型的 2 根预埋载荷箱桩基静载荷试验

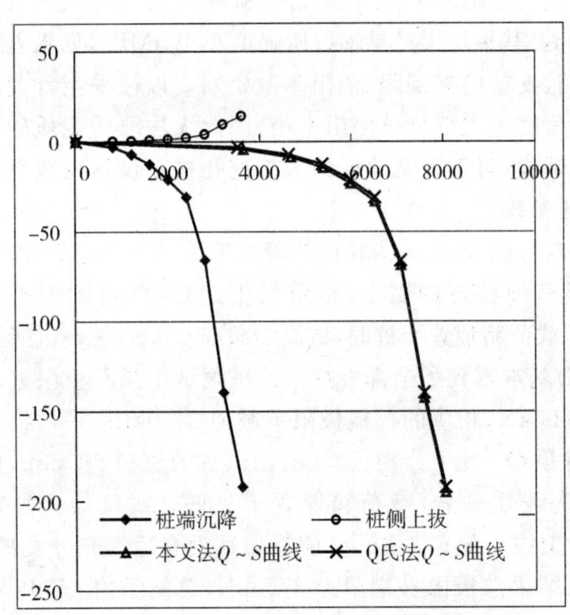

(a)持力层在黏土中的试验

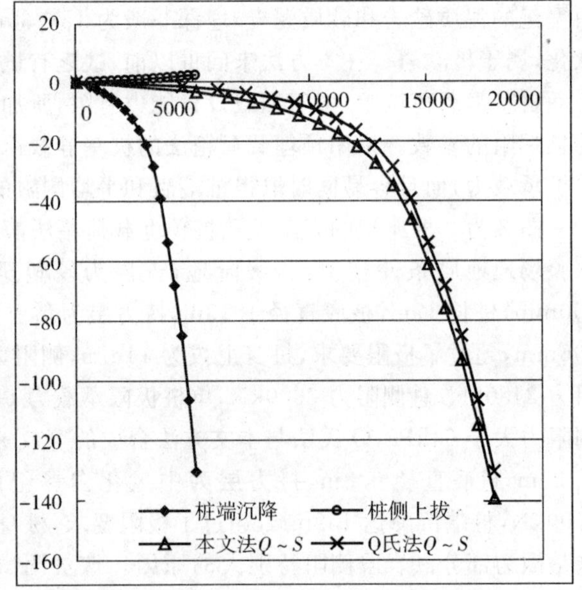

(b)持力层中泥质砂岩中的试验

图 3　合肥地区典型的预埋载荷箱法桩基静载荷试验桩顶 $Q\sim S$ 曲线合成

表 1　软岩桩端阻有关岩土工程参数特性

q_{pk} 平均值 (kPa)	q_{pk} 最小值 (kPa)	q_{pk} 最大值 (kPa)	方差 (kPa)	最大极差 (%)	最小沉降 (mm)	最大沉降 (mm)
7326	5070	12000	1728	95	＞16	40

在合肥地区开展软岩嵌岩桩的预埋载荷箱的桩底载荷试验对于充分发挥软岩桩端承载能力，节约

工程造价和规避工程风险都是有利和必要的。大部分场合通过这种新的试验，结果提供的桩端极限端阻力 q_{pk} 都有很大的提高，为业主节约了不少工程造价。

4. 结论

通过试验表明，在改进 Osterberg 试桩法的基础上，开发的预埋载荷箱法桩基静载荷试验，除了省时、省力、省钱的基本特点外，载荷箱的成本和技术、性能可靠性更适于我们的实际状况，在合成等效桩顶的 Q～S 曲线采用线性化有限单元方法，也更加合理。在安徽省特别是合肥地区的推广试验中，体现了该方法的优点。同时也取得了以往传统地面载荷试验方法不能取得的有关桩基的岩土参数。特别是在软岩地区的嵌岩桩预埋载荷箱法桩基静载荷试验是十分适宜的，它取得的数据对于合理优化桩基础设计方案也是十分有利的。

参 考 文 献

[1] J. O. Osterberg. 1984, "A New Simplified Method for Load Testing Drilled Shafts", FOUNDATION DRILLING, Vol. XXIII, No. 6 (July/August, 1984), ADSC, p. 9.

[2] 李彪译．钻孔桩载荷试验的一种新方法．华东建工勘察．1994(2).

[3] 黄锋，郭瑞平，李广信，吕禾．桩侧摩阻力和桩尖端承力确定方法的探讨．岩土工程师．1996，8(3).

[4] 江苏省技术监督局、江苏省建设委员会联合发布．桩承载力自平衡测试技术规程(DB32/T291－1999).

[5] 曹光暄等．Osterberg 试验中等效桩顶 Q～S 曲线．河海大学学报(自然科学版)[J]，2005，4(33)：15－17.

[6] 曹光暄，李彪，马金龙．合肥地区软岩大直径嵌岩桩桩端阻检测方法及特性．地基处理理论与实践新进展．合肥：合肥工业大学出版社，2004：327－329.

浅谈合肥市地下空间资源保护

左丽华
（合肥市勘察院有限责任公司）

摘　要：城市地下空间的开发利用已成为世界性的发展趋势，然而由于人们认识的局限性，在现有工程建设中的诸多手段都不同程度地影响着地下岩土体的质量。本文从合肥市城市地下空间资源的利用出发，阐述了地下空间资源保护的重要性和具体措施。

1. 引言

随着城市的快速发展，各大城市特别是中心城区地面和地上空间开发利用逐渐饱和，城市地下空间的开发利用已成为世界性的发展趋势。合理地地下空间开发利用能够缓解城市空间发展的突出矛盾与问题，增强城市的总体防灾减灾能力，节约城市能耗，提高城市环境质量，是实施城市可持续发展的重要途径。

城市地下空间作为一种土地资源是不可再生的，特别是优质的地质条件、地层结构是人类宝贵的财富。地下空间资源利用具有相当强的不可逆性和难以更改的特点，一经改造利用，所在区域的地下岩土体的赋存状态将发生变化且一般不可恢复。

然而由于人们认识上的局限性及现今社会经济、应用技术发展所达到的高度所限，人们对地下空间的资源性、不可逆性及珍贵性认识不足，在现有工程建设中，对岩土体欲取欲舍，率性而为，从规划到施工都不同程度地影响了地下空间岩土体的质量，并最终造成了地下空间资源的浪费与破坏。随着社会经济、科技及应用技术的发展，利用地下空间的方式、方法及可利用的范围必将扩大，如何在现有较低水平（与未来相比）工程建设的基础上，有效地保护地下资源质量与数量是我们这一代岩土工作者的责任之一，也是维护我们城市生命力，实施城市可持续发展的重要途径。

本文将从合肥市城市地下空间资源分布出发，针对城市建设中可能存在的没有利用的地下空间资源后续利用的现象，阐述了应对地下资源质量与数量进行有效保护的观点及具体的措施。

2. 合肥市城市地下空间资源分布及利用状况

2.1　合肥市城市地下空间资源分布

从客观上看，城市所有的地下空间都是资源，都是可以利用的，而如果考虑建设成本及施工难度，有的城市地下空间资源就很难使用或不可用，即地下空间资源是有优劣之分的。

合肥市城市地下空间资源的优劣是与合肥市城市用地适用性分类紧密相连的。

合肥市城市用地适用性主要为一类和二类：

一类为适于修建的用地。这类用地一般具有地形平坦、规整、地质条件良好，没有被洪水淹没的危险。从地貌单元划分主要为河流的二级阶地及江淮丘陵地貌，分布于合肥老城区周边广泛的范围内，是最主要的用地类型，其地层主要为稳定分布、厚度大、状态好的黏性土层及基岩风化带，地下水含量一般不丰富（北城部分较丰富），地下空间资源优良，可利用范围广，潜力较大，改造利用的造价相对较低。

二类为基本上可以修建的用地。这类用地由于受某种或某几种不利条件（如土质较差、地下水水位较高等）的影响，需要采取一定的工程措施改善其条件后才适于修建的用地。从地貌单元划分主要为河流（如南淝河及其支流四里河、板桥河等）的一级阶地及部分漫滩，主要分布于合肥老城区及河道两侧，其地层相对变化较大，特别是河漫滩及其两侧，上部多分布有新近沉积的状态较差的黏性土层，下部通常分布有砂层、粉土层等含水层，地下水含量普遍较丰富，地下空间资源改造利用的造价相对较高。

2.2 合肥市城市地下空间利用发展状况

合肥市地下空间大规模开发利用始于人防工程，近几年有了较大的发展，但也多限于单体的地下停车、设备系统设置及部分市政工程，多为分散开发，形不成规模，利用水平低。随着合肥市轨道交通1号线(沿线穿越老城区中心地段建设为地下轨道交通)的正式实施，合肥市城市地下空间规划利用走出了新的一步，正式走向了以地铁规划为主，地下商业规划为辅的专项规划阶段，其每一条交通骨干线路的设置均结合了城市整体发展战略及现代化目标。

根据《合肥市城市快速轨道交通建设规划》，合肥轨道交通分近期、远期和远景三个建设阶段。近期规划到2016年，建设分别贯穿城市南北和东西轴向的轨道交通1、2号线，线路总长55.95千米，共设置45个车站和1座换乘车站，总投资240.54亿元；远期规划到2020年，再建设4条轨道交通线路，总长增加到181.1千米，形成城市轨道交通骨干线路；远景规划轨道线网322.5千米，对“141”组团形成网络覆盖。同时，合肥市的地铁规划也正式提上了议事日程。

地铁规划的实施使整个城市的地下空间综合利用成为可能。地下岩土体作为一种空间资源，而不仅仅作为地上构筑物及人类活动的载体的价值正日益突显。合肥市地下地质资源的数量与质量也成了城市建设者最关注的问题之一。

3. 合肥地区城市建设中存在不利于地下资源保护的问题

3.1 城市规划研究中关于地下空间开发利用的部分不足

我国综合性的城市地下空间规划尚在起步阶段，缺乏经验，特别是协调处理地上、地下两个空间的关系，还需要在实践中摸索。

受城市发展阶段及个体认知能力所限，城市的总体规划研究中前瞻性不足，缺乏地下空间建设规划的土地使用性质分类、土地使用强度和容量控制、建筑布局控制等规划技术指标和标准规范。

对地下空间资源性认识不足，缺乏研究土地利用限制性措施、相关建设措施、环境管理措施等，不便于政府的宏观调控和管理，以达到保护地下环境资源的目的。

缺乏整体的地下空间开发利用的发展战略和全面规划，也缺乏地下和地面之间的协调，以至于在实际的开发利用中，各行其是，分散开发，前后失调，利用水平低，造成了地下资源的极大浪费。

3.2 桩基础复合桩基础等高强度基础的大量使用

随着合肥市城市建设的发展，大跨度、高荷载的高架桥、立交桥，高层、超高层建构筑物大量涌现，桩基础、复合桩基础等高强度深基础使用量快速增长。对每一幢单体建筑物及建设方来讲，每一次桩基础、复合桩基础的使用可能都是必须的，带来的都是高强度的地基、施工的方便快捷、经济成本的下降、工期的缩短，但正是这些“外加筋”的植入，改变了岩土体自身结构、性质和均匀性，造成了不可逆转和难以更改的后果，特别是桩基础的使用对地下空间竖向分层利用问题的影响，严重制约了地下空间资源的后续使用。

目前，合肥地区高层建筑物所采用的地基基础形式及对地下空间的使用情况见表1。

表1中所列一类城市建设用地，在合肥地区广泛分布。如：瑶海区、新站区、滨湖新区大部、包河区大部、经济开发区、高新区、蜀山区等，其地层主要为稳定分布、厚度较大、状态好的黏性土层及基岩风化带，基岩埋深大多在15～45m。据已有设计施工经验，利用土层的天然状态地基承载能力，可承受的地上建筑物(以一般住宅计)层数普遍认为在25层，最高已达27层。根据已有沉降观测资料，其沉降量及沉降差均较小，能满足设计及规范要求。在实际设计施工过程中，26层以上建筑物基本采取桩基础或复合桩基础(如CFG桩、静压桩等)。对26～30层的高层建筑而言，地上增加的可利用空间非常有限，其优良的地下空间资源则受到完全的破坏且不可逆转，特别是各开发小区的高层、超高层建筑布置多仅

从本小区的特点出发，考虑的也多是使用中的必须条件及标准，未从整个城市发展的角度进行统一布置、规划设计，必将与整个城市地下空间后续的综合利用与发展相矛盾，为后期土地的重复使用及城市地下工程的建设设置了重重障碍，造成了地下资源的极大浪费。

表 1

城市用地类别	位于的地段	建筑物层数	基础形式	地下空间地质状况	未来地下空间使用状况
Ⅰ类	二级阶地、江淮丘陵	18层以下、部分20～26层建筑	天然地基	岩土状况良好，未遭破坏	未来可使用
		部分20～26层，27层以上建筑	桩基础、复合桩基础	岩土状况良好施工后遭破坏	基本不能使用
Ⅱ类（主要位于老城区）	河漫滩及部分一级阶地	多层及高层	桩基础	完全改变	基本不能使用
	一级阶地	12层以下，部分12～18层	天然地基	未遭破坏	未来可使用
		18层以上高层	桩基础、复合地基	完全改变	基本不能使用

3.3 缺乏地方标准，勘探工作量不能因地制宜，对分布稳定的优良地层扰动大

合肥地区地层结构规律性较强，特别是河流二级阶地及江淮丘陵地貌单元处，地层强度高，分布稳定，各岩土层有其自身特点，易于识别，不良地质现象一般不发育。由于对合肥土质结构特点不了解，又缺乏地方性标准及技术规定的指导，部分建设、设计单位提出的勘探要求过高，钻探取芯工作量大，岩土工程勘察工作中深孔、入岩钻孔数量多、孔深大，甚至会出现同一场地，由于不同建设单位建设项目的需要，多次重复钻进的现象。虽然每一只钻孔的孔径都很小，影响的范围很有限，但由于凭借自身能力难以恢复其原始应力、水土联系状态，它们对地表岩土体、岩土环境的缓慢、累计的伤害不可小视。

集腋成裘，水滴石穿。在建筑密度高、建设周期短的快速发展的城市，如何工作既能满足工程建设的需要，又不损坏地下空间资源质量是我们每一位岩土工作者需钻研的事。

4. 加强地下资源保护的措施

4.1 利用已有资料，多方配合，为城市规划建设服务

勘探企业应积极配合规划、地调等相关单位做好地下资源调查分类、城市用地规划工作。

合肥地区地质勘探工作起步于20世纪五六十年代，各勘探企业积累了广泛、丰富、遍布合肥城市及周边地区的工程地质钻探及原位测试资料，这些地质资料可以让我们相当精确地掌握该地区工程建设层和基岩岩性、结构、空间分布规律，建立三维地质结构模型，提取地质信息，进行工程地质区划，并直接服务于城市规划和建设，为地质环境改善和优质地质资源的合理利用创造条件。

4.2 建立健全地方标准及技术规定，充分发挥注册土木工程师的作用

前面已经说过，合肥市地层结构规律性较强，各岩土层有其自身特点，高强度地层分布稳定，不良地质现象一般不发育。特别是膨胀性岩土的工程特性及极软岩的强度，若依国家现行规范的相关办法进行计算，其结果与合肥市多年积累的经验严重不符，急需有自己的地方规范与标准，做到有据可依，杜绝不必要的浪费和不合理的施工方式对优良地质资源的破坏。

注册土木工程师一般都是在岩土工程勘探设计、施工岗位上工作多年的专业技术人员，在长期的实践工作中积累了丰富的经验。实际工作中，要充分发挥他们的主观能动性，运用他们的才智和经验，依据地方规范及标准，采用分析咨询的手段，结合物探及地质勘探工作，为工程建设提供较详细的岩土工

程资料，减少不必要的深孔钻探对分布稳定、强度高、基本无不良结构层的优质地质资源的扰动，保护地质资源，保护环境。

4.3 勘察设计应为建设单位当好参谋

勘察工作者提供的勘探资料应能准确反应场地的地层结构及强度指标，并根据土质情况，建议合适的基础方案；当上部建筑物布置与场地地质情况相左，在不影响项目总体规划及使用要求的前提下，应积极建议建设、设计单位对部分建筑物位置进行调整，并报规划部门批准，使合适的建筑物建在合适的位置。

设计人员在确保建筑安全使用的基础上，应用足岩土体自身的承载能力，尽量减少桩基的使用，特别要注意高层建筑的桩基对城市地下空间竖向分层使用问题的影响，能采用天然地基不使用桩基础，能使用短桩基础尽量使用短桩基础。在基础方案的选择和调整中即要考虑到投资方的利益追求，还要最大限度地保持地下土体、空间资源的原有状态，在自己力所能及的范围内，尽量做好城市建设与地质环境保护工作。

4.4 城市规划力求最大限度地顺应自然

笔者认为，在今后的城市地下空间开发利用规划中，应尽快研制地下空间建设规划的土地使用性质分类、土地使用强度和容量控制、建筑布局控制等规划技术指标，并注意研究地下空间竖向分层问题、土地利用限制性措施、相关建设及环境管理控制措施等，便于政府的宏观调控和管理。

大城市、现代化城市的建设发展，离不开大型、高层超高层城市标志性建筑物的建设，受城市发展历史、城市文化命脉的影响，城市建设不可避免构筑于不良地质体上，如合肥市老城区（属老河道及河漫滩地貌单元），利用各种手段改善土质及桩基的使用均不可避免。如何协调好城市建设与地质环境保护两者之间的关系，做到“鱼”与“熊掌”兼得，规划部门应充分发挥自己的作用，根据城市的发展方向、城市布局，合理规划及调控这些重点建筑物的位置、走向，为各开发小区设置合适的容积率，并积极快速地配合建设单位，做好规划调整。

我们认为，对规划的正确态度是力求最大限度地顺应自然，按自然规律办事，使环境资源效用达到最大化，做到好的优用，劣的巧用，而不应过分强调改造自然，这既可节省投资，又可减少经济损失和环境破坏。

5. 结语

城市是有生命的，生命是需要尽心呵护和竭力培养的。

城市土地利用和土地管理要与时俱进，各开发单位即不能囿于固有观念和认识，也不能仅仅是从经济效益角度考虑，使土地使用强度过大，要兼顾社会效益和环境效益；岩土工程勘探设计工程师也要不断更新观念，要积极配合相关单位，做好工程地质环境评价，为新老城市的规划建设提供地质依据，在不影响地面开发及满足使用功能的前提下，最大限度地保持地下资源的原有状态，为后续建设预留空间，减少障碍，调整布局和结构，以获得地尽其利、物尽其用的最大经济效益和保持良好的生态环境，做到既满足现代人的需求，又不损害后代人满足需求的能力，真正做到可持续发展。

参 考 文 献

[1] 专家谈城市地下空间规划利用．中国建设报，2008(10).
[2] 孙卫无．城市地下空间规划综述．CUAD期刊库，2008(4).
[3] 城市用地评价．建设部．
[4] 张陟．地质科学与可持续发展．学习时报，2009(2).

作者简介：左丽华，1967年12月出生，1989年7月毕业于合肥工业大学岩土工程专业，现任合肥市勘察院有限责任公司副总工程师

太阳能热水集中供应系统的仿真研究

张维薇　洪　峰
（安徽安德建筑设计有限公司　安徽合肥　230022）

摘　要:为了使太阳能热水集中供应系统可以在合肥地区充分发挥潜力,本文采用 Matlab/Simulink 仿真技术对该系统进行建模,通过仿真来分析预测系统的运行情况,可以使设计人员在设计阶段对系统的动态特性有一个较全面的了解。最后利用本文所建立的仿真模型对合肥市的某一实例进行动态仿真,并对仿真结果进行分析,得出了一些对合肥地区太阳能热水集中供应系统运行的一般性结论。

关键词:太阳能;热水集中供应系统;仿真

1. 前言

目前,太阳能热水集中供应系统在住宅工程中已有较大规模的应用,尽管热水系统以及某些部件已有较高的技术水平,但是在与建筑的一体化设计方面还很不成熟,在实际工程应用中也出现了许多问题。如何使太阳能热水系统与建筑设计实现完美的结合,并达到节能、环保、高品质供应热水的最终目的,如何在建筑设计中解决应用太阳能热水系统带来的一系列构造变化,为太阳能热水系统的使用提供条件,是目前急需解决的问题。本文所研究的合肥地区,太阳能资源丰富,且利用率较高。考虑合肥地区的气候特征,经济发达程度,为了充分利用合肥地区的太阳能资源,本文对太阳能热水集中供应系统的运行情况进行仿真,得出了一些对合肥地区太阳能热水集中供应系统运行的一般性结论。

2. 系统数学模型

太阳能热水集中供应系统是由太阳能集热器、蓄热装置、控制系统及完善的循环管路、辅助装置等有机地组合在一起的。在阳光的照射下,使太阳的光能充分转化为热能,辅以电力和燃气能源,就成为非常稳定的能源设备,提供中温热水供人们使用。系统的运行方式有很多种,设计人员可参照国家标准图集。本文所研究的系统为温差控制直接强迫循环系统,该系统结构简单,水箱内无换热器,成本较低,可以得到较高温度的热水。其工作流程为:在晴朗的白天,太阳辐射的作用下,集热器吸收太阳能加热集热器中的水,使水温不断升高,当水温高于蓄热水箱底部水温若干度时,控制装置启动水泵使水流动,集热器中的热水与蓄热水箱中的水发生剧烈的掺混,使水箱里水温不断上升,当阴雨天或太阳能不足时,用辅助热源加热补充热水。

2.1　太阳能集热器的数学模型

太阳能集热器将选用热管真空管集热器。其工作原理为:投射到真空管上的太阳辐射能,一部分被真空管外管壁吸收和反射,剩下的将到达带涂层的真空管内管外表面,其中的大部分被涂层吸收,加热真空管内管壁,使热管蒸发段内的传热介质气化。蒸汽上升到热管冷凝段后,再经热管的冷凝段将热量传递给集热器联箱内的工质,成为有用能量收益,工质凝结成液体,依靠重力流回蒸发段,集热器表面向环境散失的热量为热损失。设定集热器联箱内进口水温为 $T_{f,i}$,出口水温为 $T_{f,o}$,真空管内管的平均温度为 T_p,联箱内局部水温为 $T_{f,m}$。

假设集热器的有效热容由真空管内管(吸热管)负担,且真空管内管与联箱内流体间的对流换热系数很大,则可认为真空管内管的平均温度与流体的平均温度几乎相等。这时,集热器在输出有用收益情

况下，非稳态能量平衡方程为

$$Q_A = Q_u + Q_t + Q_s \tag{1}$$

其中：Q_A 为单位时间内热管吸收到的太阳辐射能量，Q_u 为单位时间内集热器的有用输出能量，Q_t 为单位时间内集热器的热损失，Q_s 为单位时间内集热器储存的能量。

$$Q_A = A_r \eta_{op} I_i \tag{2}$$

$$Qu = mC_p(T_{f,o} - T_{f,i}) \tag{3}$$

$$Q_t = A_r U_L (T_p - T_a) \tag{4}$$

$$Q_s = C_c \frac{dt}{d\tau} \tag{5}$$

式(2)～(5)中：η_{op} 为集热器的光学效率；I_i 为集热器单位采光面积上接收的太阳辐射能，J/m^2；C_p 为水的定压比热容，4198.6J/(kg·℃)；T_a 为室外气温，℃；A_r 为集热器的采光面积；m 为水的质量流量；U_L 为集热器总热损失系数，$W/(m^2 \cdot ℃)$。

式(5)中稳定工作时，$\frac{dt}{d\tau}=0$，所以 $Q_s=0$，即集热器本身各部分即不吸热也不放热；非稳定工作时，当$\frac{dt}{d\tau}>0$，即集热器本身各部分在不断地吸热，所以 $Q_s>0$；当$\frac{dt}{d\tau}<0$，即集热器本身在不断地放热，所以 $Q_s<0$。

根据上述方程可以得出其微分方程：

$$C_e \frac{dT_{f,m}}{dt} = F'S - F'U_L(T_{f,m} - T_a) + Gc_p(T_{f,i} - T_{f,o}) \tag{6}$$

式中：C_e 为集热器单位面积的有效热容，$kJ/m^2 \cdot ℃$；F' 为集热器的效率因子，其值在 0.90～1.0 的范围内；G 为集热器单位面积的质量流量，$kg/m^2 \cdot s$。

真空管内管的平均温度难以通过简单的计算和实测来确定，因此集热器的热损失用联箱内流体的进口水温来表示，式(6)可由下式代替：

$$C_e \frac{dT_{f,m}}{dt} = F_R S - F_R U_L (T_{f,i} - T_a) + G(T_{f,i} - T_{f,o}) \tag{7}$$

式中：F_R 为集热器的热迁移因子。

在集热器联箱内流体进口水温不变时，可以近似地将流体沿流动方向的温度分布看成是线性分布，则有

$$\frac{dT_{f,m}}{dt} \approx K \frac{dT_{f,o}}{dt} \tag{8}$$

$$K = \frac{mc_p}{2mc_p - A_r F' U_L} \tag{9}$$

现讨论太阳能集热器作准稳态运行过程中，集热器吸收的太阳辐射强度 S 或集热器联箱内流体进口水温 $T_{f,i}$ 发生突变后又恢复恒定的工况。这时集热器必然会产生由一个工况向另一个新的工况过渡的响应过程。假设在该过渡过程中，环境温度、风速、工质的进口水温和流量等维持不变，求解可知联箱内流体出口水温的变化。可得

$$C_e K \frac{dT_{f,o}}{dt} = F_R S - F_R U_L (T_{f,i} - T_a) + Gc_p (T_{f,i} - T_{f,o}) = I_i F_R \eta_{op} - U_L F_R (T_{f,i} - T_a) + Gc_p (T_{f,i} - T_{f,o}) \tag{10}$$

上式中太阳辐射强度 I_i 的计算公式可参考相关书籍，这里就不做详细介绍。下面给出一天中，任意时刻的室外气温计算式：

$$T_a = T_{a,p} + (T_{a,\min} - T_{a,p}) \cos\left[\frac{2\pi}{N}(\tau_o - 3)\right] \tag{11}$$

式中：$T_{a,p}$ 为室外计算日平均温度，℃；$(T_{a,\min} - T_{a,p})$ 为设计日室外气温的波动波幅值，℃；N 为 1 天的时间，h；τ_o 为每个指定时间间隔距的中值时刻（太阳时），h。

2.2 蓄热水箱的数学模型

蓄热水箱的进水温度为 $T_{f,o}$，由于泵的运行，系统以固定大流量进行循环，在水箱内引起剧烈的掺混，水箱内温度视为均匀的 T_S。

单位时间内蓄热水箱本身的热容量变化率等于热管真空管集热器传给水箱的热量减去系统的热负荷和水箱的热损失，写成数学形式为

$$(Mc_p)_S \frac{dT_S}{d\tau} = F(mc_p)_G (T_{f,o} - T_S) - (UA)_S (T_S - T_a) - Q_l \tag{12}$$

式中：F 为集热器控制函数；M 为水箱的水量，kg；m 为集热器的质量流量，kg/m² · s；U 为水箱的热损失系数，W/(m² · ℃)；$(A)_S$ 为水箱的表面积，m²；$T_{f,o}$ 为水箱的进口温度（集热器的出口温度），℃；T_S 为水箱温度，℃；Q_l 为单位时间内蓄热水箱的热负荷。

如果忽略管道的热损失，热管真空管集热器吸收的热量等于集热器传给水箱的热量即

$$(Mc_p)_S (T_{f,o} - T_S) = (mc_p)_G (T_{f,o} - T_{f,i}) = Q_u \tag{13}$$

则蓄热水箱水温 T_S 即为集热器联箱内水的进口水温 $T_{f,i}$，式(12)变为

$$(MC_p)_S \frac{dT_s}{d\tau} = FF_R A_r [\eta_{op} I_i - U_L (T_s - T_a)] - (UA)_s (T_s - T_a) - (mC_p)_l (T_l - T_s) \tag{14}$$

式(14)中：T_l 为热负荷所需水温，℃。

2.3 集热器的控制函数 F 模型

公式(14)的右边第一项为单位时间内热管真空管集热器传给蓄热水箱的热量，第二项为水箱的热损失，第三项为蓄热水箱的热负荷。当水泵工作时 F 为 1，集热器将热量传给蓄热水箱。在集热器不工作时，水泵也不运转，此时 F 为零，即集热器没有热量传给蓄热水箱。所以 F 是表示水泵“通”和“断”的函数。要使太阳能完全合理应用，集热器控制方式 F 为：

(1)当太阳能辐射 $I_i > 0$ 时，集热器水泵正转开启给集热器上水，当太阳能辐射 $I_i < 0$ 时，集热器水泵反转给集热器放水；

(2)当集热器提供给蓄热水箱的热量为正值时集热器循环使用，即 $Q_u > 0$ 时，启动太阳能集热器。然而由于集热器受到真空管内管的性能限制，集热温度有个上限，超过此温度，传热性能下降，因此集热温度超过此温度时，水泵停止运转，太阳能集热器停止工作。当 $Q_u > 0$ 且 $T_s < \Delta$ 时，$F = 1$；当 $Q_u > 0$ 且 $T_s > \Delta$ 时或者 $I_i = 0$ 时，$F = 0$。Δ 为设定太阳能集热器真空管内管最高耐热温度。

综上所述，为了尽量利用太阳能，选择 $Q_u > 0$ 为开关加集热器水温上限的方式进行集热器控制。因为 $Q_u = mc_p (T_{f,o} - T_{f,i})$，所以要实现 $Q_u > 0$ 的控制，只要实现 $T_{f,o} - T_{f,i} < 0$ 即可。

3 仿真模型的建立

3.1 太阳能集热器子系统仿真模型

热管真空管集热器的模块图根据其数学模型式(9)建模，模型图如图 1 所示。其中有如下变量：状态变量 $T_{f,o}$；输出变量 $T_{f,o}$；输入变量 I_i，T_a，$T_{f,i}$；已知参数 S_A，F_R，η_{op}，U_L，C_p，K，C_e。

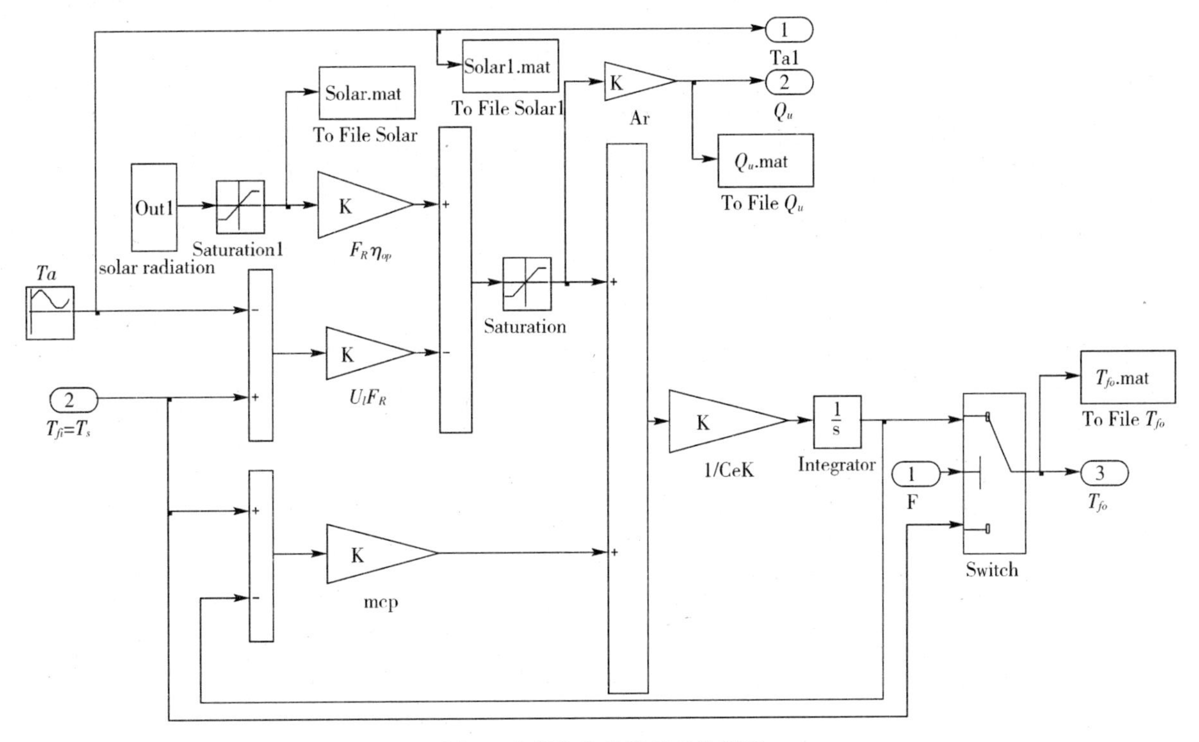

图 1 太阳能集热器子系统模型

下面对图 1 中的模块及仿真步骤做一些说明：

(1)solar radiation 模块

图 2 中 clock 为时钟模块，主要作用是将仿真运行的时间作为函数模块 solar 的输入；常数模块中变量 d 代表日期序号，l 为当地纬度，p 为大气质量，q 为集热器的倾角；Declination 模块实质上是一个函数，它根据输入的日期序号来计算太阳赤纬角；Solar Radiation Function 模块是利用太阳辐射强度的常规计算公式编写的 M 文件。

(2)Saturation 模块

主要是限制单位时间内太阳辐射能量、集热器有效输出热量保持非负值。

(3)仿真步骤说明

如图 1 所示，仿真运行时，子系统 T_a 计算输出室外温度逐时值，子系统 solar 计算输出太阳辐射强度的逐时值，两者分别经过一定的比例环节后通过求和模块作差，所得差值经饱和模块滤去负值后即为集热器逐时的有用能量输出，其数据保存在 Q_u. mat 文件中；同时，这部分差值与集热器逐时蓄热量求和，通过比例积分模块后得到集热器联箱内流体的出口温度 $T_{f,o}$，结果保存在 $T_{f,o}$. mat 文件中。

3.2 蓄热水箱子系统仿真模型

蓄热水箱的模块图根据其数学模型式(14)建模，模型图如图 3 所示。有如下变量：状态变量 $T_s=T_{f,i}$；输出变量 $T_s=T_{f,i}$；输入变量 I_i，T_a，Q_u；已知参数$(UA)_S$，UA，m，C_p。

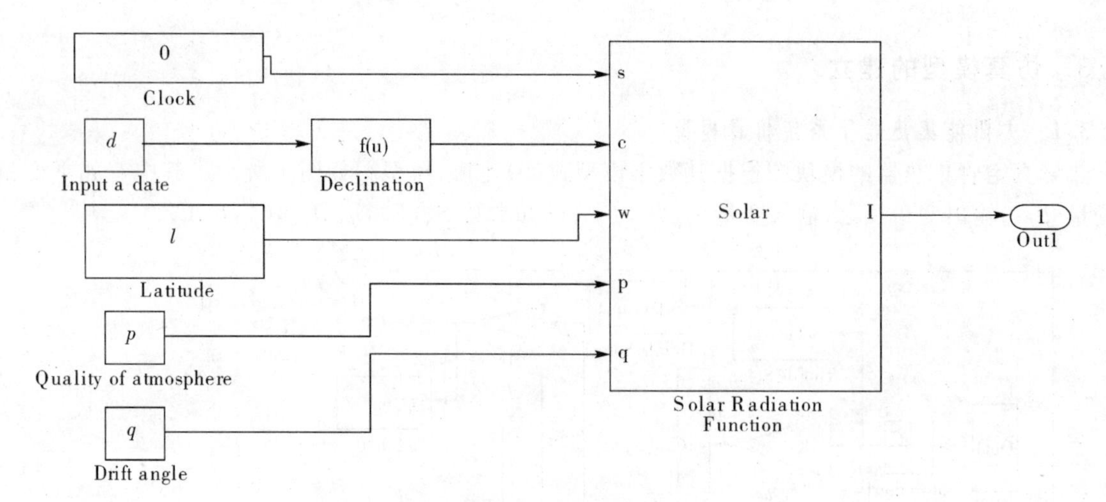

图 2　太阳能辐射强度逐时仿真模型

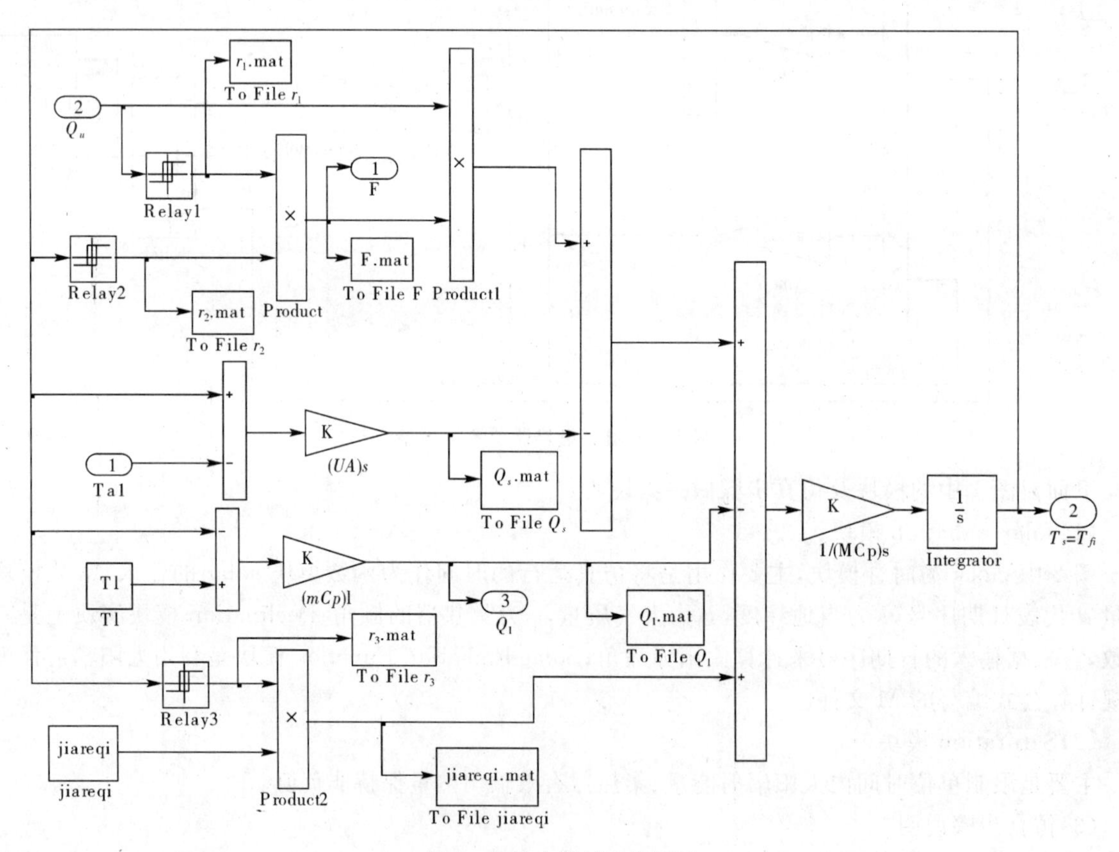

图 3　蓄热水箱子系统模型

下面对图 3 中的模块及仿真步骤做一些说明：

① 继电器控制模块 Relay1 为 Q_u 正值控制，正值时输出为 1，负值时输出为 0；Relay2 为最高供水温度控制，低于设定值时输出为 1，继电器状态为 off，高于设定值时，输出为 0，继电器状态为 on，设定最高供水温度值为 60℃；Relay3 为最低供水温度控制，低于设定值时输出为 1，继电器状态为 on，即使用辅助热源加热蓄热水箱，高于设定值时，输出为 0，继电器状态为 off，设定最低供水温度为 40℃。

② 辅助热源模块 jiareqi：当 Relay3 为 on 时，输出单位时间的辅助热源。

3.3　太阳能热水集中供应系统仿真模型

其模型如图 4 所示：在仿真运行时，jireqi 子系统和 shuixiang 子系统之间的参数相互耦合，jireqi 子

系统的输入值 $T_{f,i}$ 和 F 由 shuixiang 子系统给定，其输出值 Q_u 和 T_a 同时也是 shuixiang 子系统的输入值；最后的仿真结果保存在 T. mat 和 Q. mat 中，其中 T. mat 中保存的是集热器出口温度和蓄热水箱水温值，而 Q. mat 中保存的是单位时间内热管真空管集热器的有效输出能量 Q_u 和蓄热水箱热负荷 Q_l 的值。

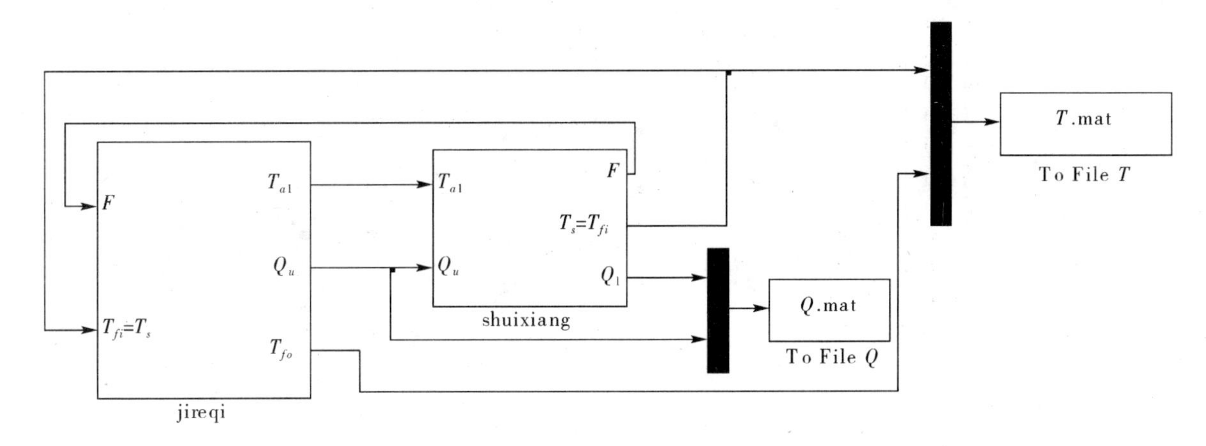

图 4　太阳能热水集中供热系统模型

4. 仿真结果分析

4.1　仿真条件

(1)仿真对象：合肥地区某宾馆 30 个标准间，每个标准间按 2 个床位计算，供 60 个床位。每床位按每日用热水定额 60℃计算，取 150L/人·d。设计小时热水量 2153.35L/h，全日供应热水系统的热水循环流量为 849.4L/h，热水供水管设计流量为 1.5L/s。

(2)气候参数：合肥地区，纬度为北纬 31.5°，冬至日的日子数为 356，太阳赤纬角为－23.44°，集热器倾角为 55°，标准天的平均温度为 2℃，设计日室外气温的波动波幅值为－9℃，仿真时间为 7:00～17:00，晴天，大气情况为正常(p=0.75)，面向正南方向放置(γ=0)。

(3)集热器参数：选用 BT－Z2 型热管真空管集热器，面积为 120m²，单位面积有效热容为 65.3291kJ/m²·℃；$F_R\eta_{op}$ 值为 0.682；F_RU_L 值为 2.32；集热器单位面积的流量为 18L/h·m²；集热器介质水的定压比容为 4.1968kJ/kg·℃。

(4)蓄热水箱参数：蓄热水箱水量为 4500kg；水箱热损失系数为 0.7W/m²·℃；水箱的表面积为 5.2m²。

4.2　仿真结果

根据仿真条件对模型中的模块进行参数设定，得出在该条件下的标准天太阳能热水集中供应系统单位时间内的太阳辐射能量、集热器有效输出能量、蓄热水箱热负荷变化曲线如图 5 所示，室外气温、集热器联箱出口水温、蓄热水箱水温的逐时变化曲线如图 6 所示。

根据图 5 和图 6 两图，做如下分析：

(1)如图 5 所示，热管真空管集热器在单位时间内的有效输出能量的变化趋势与单位时间内的太阳辐射能量变化趋势相同，逐渐增大至最大值后减小，两者之差为集热器的单位时间内的热损失能量。且随着蓄热水箱水温的升高，集热器的有效输出能量有所降低，这是因为蓄热水箱水温越高，集热器的热损失越大。单位时间内蓄热水箱的热负荷随着水箱水温的增大而减小，且在水温低于 40℃，绝大部分热负荷由辅助热源承担，当水温高于 40℃时，辅助热源将停止运行，当水温升高到 60℃时，蓄热水箱的热负荷为 0。

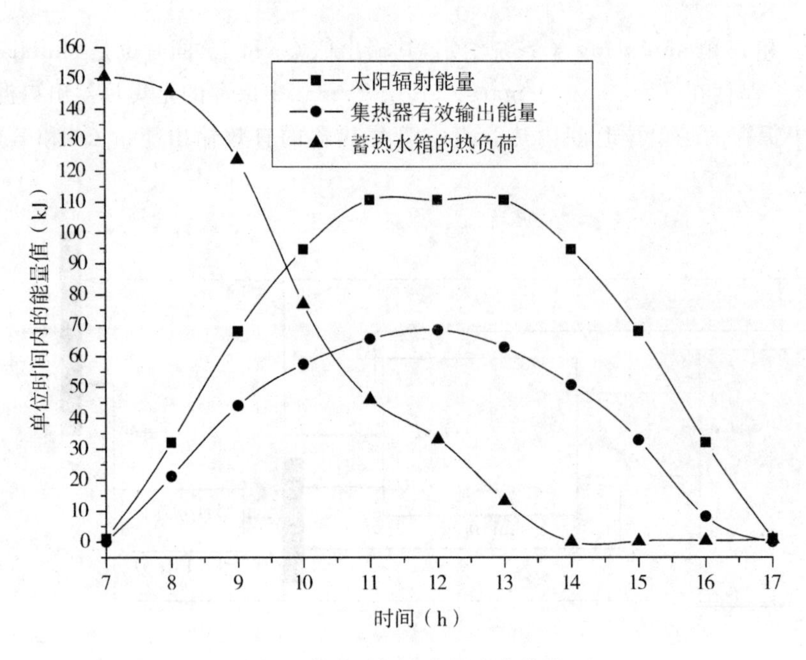

图 5　单位时间内能量变化曲线

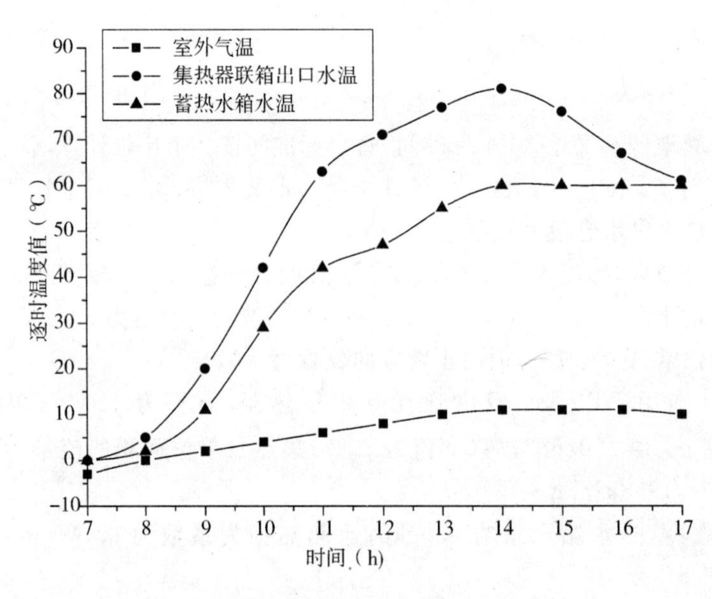

图 6　逐时温度变化曲线

(2)如图 6 所示，热管真空管集热器联箱的出口水温逐渐升到最大值后降低。而蓄热水箱水温在 7:00～14:00 内逐渐升高到 60℃，且在 14:00～17:00 内一直保持 60℃，表明这段时间内系统将完全靠太阳能提供能量，已达到稳定运行状态。

(3)由于模拟的时间只是系统第一天运行时间的 7:00～17:00，从集热器上水到蓄热水箱温度达到太阳能热水集中供应系统的要求需要一定的时间，但是通过以上分析可以预测，随着系统运行时间的推移，比如在标准天内连续运行几天，集热器联箱出口水温和蓄热水箱水温在每天的变化趋势也应该类似，只是蓄热水箱水温升高到 40℃的时间要比前一天提前，辅助热源将提前停止运行，系统将更节能。

5. 结论

建立了太阳能热水集中供应系统中主要部件的数学模型，并采用 Matlab/Simulink 仿真技术对该系统进行建模，通过动态仿真来分析预测系统的运行情况。得出在仿真条件下标准天系统单位时间内的太阳辐射能量、集热器有效输出能量、蓄热水箱热负荷变化曲线，同时也得出了室外气温、集热器联箱出口水温、蓄热水箱水温的逐时变化曲线，可以使设计人员在设计阶段对系统的动态特性有一个较全面的了解，从而设计出更节能、更完善的系统，进而推广太阳能热水集中供应系统在合肥地区的应用。

参考文献

[1]张鹤飞．太阳能热利用原理与计算机模拟[M]．西安：西北工业大学出版社，1990：104－105.

[2]罗俊运，陶桢．太阳能热水器及系统[M]．北京：化学工业出版社，2006.

[3]何梓年，蒋富林，葛洪川，等．热管式真空管集热器的热性能研究[J]．太阳能学报，1994，1(15)：73－82.

[4]余驰，王磊，李泽荣．太阳能低温水源热泵辅助供暖系统模拟研究[J]．制冷与空调，2006(1)：1－7.

[5]田琦，张于峰，李新宇等．空调用太阳能集热器实用性分析[J]．暖通空调，2005，32(5)：89－92.

[6]孙崎，吴磊等．Simulink 通信仿真开发手册[M]．北京：国防工业出版社，2004.

[7]王晋．基于 MATLAB/Simulink 的建筑环境控制系统的计算机辅助设计与仿真分析：[硕士论文][D]．天津：天津大学，2003：48－51.

[8]黄忠霖，周向明．控制系统 MATLAB 仿真及仿真实训[M]．北京：国防工业出版社，2006：41－74.

[9]李颖，朱伯立，张威．Simulink 动态系统建模与仿真[M]．西安：西安电子科技大学出版社，2004：53－128.

作者简介：张维薇(1984－)，女，汉族，安徽寿县人，助理工程师，主要从事暖通空调设计方面的工作。

浅谈设计院如何实现可持续发展

焦福建

（安徽省纺织工业设计院）

摘　要：设计院贯彻落实科学发展观、实现可持续发展，人才是重要保证，市场是根本前提，解放思想、实事求是动力之源。

胡锦涛同志在党的十七大报告中指出："科学发展观，第一要义是发展，核心是以人为本，基本要求是全面协调可持续，根本方法是统筹兼顾。"科学发展观是党的十七大精神的灵魂，是关于发展的本质、目的、内涵和要求的总体看法和根本观点。有什么样的发展观，就会有什么样的发展道路、发展模式和发展战略，就会对发展的实践产生根本性、全局性的重大影响。因此，如何贯彻落实科学发展观，如何实现可持续发展，对设计院来说是一个十分严峻的课题。下面，笔者试从人才、市场、思想观念等几个层面来谈谈设计院的可持续发展。

一、人才是可持续发展的重要保证

说到人才，我们都会感到，设计院本身就是一个人才相对集中的地方，相关专业人才都有。但这只是个前提，要把人才优势转化为推动企业可持续发展的动力，还有一个长期的过程。

1. 要建立有效的人才激励机制。"能者上、平者让、庸者下"，这口号我们喊了多少年，可真正落到实处并不容易。一直以来，论资排辈的观念在人们的头脑中根深蒂固，尤其是设计院，年轻人稍一冒尖，往往就会招致非议，甚至受到排挤，长此以往，必然会挫伤年轻同志的工作积极性。"重用庸才就等于蔑视人才"，针对这一现象，我们在行政职务全员聘用制的基础上，积极探索专业技术职务全员聘用制，聘用时可不受专业技术职务任职资格的限制，主要依据各人的工作能力和工作业绩，对毕业时间短但工作能力强、工作业绩突出的年轻人破格聘用，不拘一格降人才，有效激励了工程技术人员的工作积极性。

2. 要健全完善的薪酬分配机制。要感情留人、事业留人，更要待遇留人，对积极工作、辛勤付出的工程技术人员，完全应该获得应得的待遇。对此，我们早在2001年就大胆改革过去的分配形式，取消固定工资、奖金、津贴等，大幅提高项目分配提成比例，将设计人员的收入全部与工作业绩挂起钩来，多劳多得，不劳不得。同时，在全院进一步强化"经济目标责任制"和"岗位目标责任制"，真正使责、权、利三位一体，紧密结合，有效激发了工程技术人员的工作热情。

3. 要有针对性地加强人才培训工作。要实现设计院的可持续发展，首先就要实现人才的可持续发展，人才的可持续发展是设计院可持续发展的重要保证。当今世界，科技创新与知识更新正以异常迅猛的速度发展前进着，工程技术人员如果不继续学习，三年内就会被社会淘汰。所以，加强对工程技术人员的培训和设计队伍建设，很重要也很有必要。近年来，行业主管部门省建设厅和省工程勘察设计协会定期组织对注册执业人员进行继续教育，为他们"充电"，很好，我们要大力支持。但这还不够，设计院还要注意对全体工程技术人员进行培训"充电"。要积极探索多种形式的培训教育，如专业研讨、学术报告等，让工程技术人员紧紧把握本专业的学术动态，紧跟时代潮流。

二、市场是可持续发展的根本前提

大家知道，企业的发展离不开资本、市场、人才及满足客户需求的产品和服务。设计院作为科技型企业，本身具有人才优势，对资本的依赖性也不强，但设计院的产品与其他工、农业产品不同，完全不能自我消费，完全依赖市场。所以，能否不断地开拓与占有市场，就成为设计院能否可持续发展的根本前提。

1. 要不断推出市场所需的、特色鲜明的产品和服务。要充分研究和了解客户对市场的需求，加强技术创新、加大产品多样化的研发力度，并把研究成果转换定位为某类具体产品，为客户量身定做，以满足客户及市场的个性化要求。要建立产品库、竞争对手资料库、合作伙伴资料库等，真正做到“知己知彼”。同时，要不断提高对新材料、新技术、新工艺的应用能力和成本控制能力。既要降低成本，又要提升产品品质，这在市场经济条件下是一个两难的选题。当前，随着科学技术不断进步，新材料、新技术、新工艺的推广应用，为提高产品质量、降低生产成本提供了广阔的空间。设计院应充分利用发达的资讯条件，密切跟踪、及时掌握吸纳并快速应用这些新东西。追求新，不是为新而新，不是制造噱头，而是为了创造高品质、个性化的产品。

2. 要善于运用现代营销手段积极开拓与占有市场。随着社会主义市场经济的不断深入，“酒香不怕巷子深”的观念已越来越不合时宜了。“货好还要会吆喝”，在设计产品同质化趋势愈演愈烈的今天，企业的营销能力在市场竞争中的作用日益突出。对设计院来讲，一是要清楚地认识到营销能力是企业必须着力培养的核心竞争力，否则你的产品淹没在信息的海洋里，再好的产品也会找不到好婆家。二是要善于学习和运用现代营销手段，细分自己的营销对象，将传统的漫天撒网式的宣传改变为对目标对象的直接诉求，有针对性地传播自己的产品信息。要敢于创新，善于将“情景营销”、“链式营销”、“网络全息营销”等现代营销手段糅合在一起，因地制宜、综合运用，积极有效地开拓与占领市场。三是要依法经营，诚实守信。营销的生命是质量、是真实、是信用，恪守信用既是尊重客户、对客户负责，同时也维护了自身的利益。离开了信用，以牺牲企业信用为代价而攫取眼前利益的行为无异于杀鸡取卵的自杀行为，是极其愚蠢的。

3. 要不断提高个性化服务和全程服务的能力。服务是企业产品的延伸，服务不好，产品就缺少了竞争优势。设计院作为科技型企业，为客户进行工业(民用)项目建设的工程设计，提供的产品一般都是针对客户需求而量身定做的个性化产品，那么，个性化服务和全程服务就必然成为其中的一个有机组成部分、成为一个系统工程而贯穿于项目建设的设计、施工、竣工投产(使用)的全过程。由于工业(民用)项目是一种使用期长达50～70年的产品，它对全程服务的要求是很高的。所以，设计院一定要不断增强服务意识，不仅是工程建设过程中的服务，还应包括工程使用期内的各种技术服务，可以通过“意见征求函”、“定期回访”、“承诺制”等多种形式，不断完善服务体系，塑造企业形象，打造企业品牌。“金杯银杯不如客户的口碑”，设计院就是要通过完善、细致、周到的个性化服务和全程服务，不断地巩固老客户、招徕新客源，不断地开拓与占有市场。

三、解放思想、实事求是是可持续发展的动力之源

“解放思想、实事求是”、“发展才是硬道理”是邓小平理论的精髓，也是我们在重大转折点时走上成功的关键。当出现习惯的、传统的做法不能适应时代发展的苗头时，就必须解放思想、实事求是、转变观念、与时俱进，就必须进行体制机制创新。所以，解放思想、实事求是是设计院可持续发展的动力之源。

1. 要明确企业的发展目标。没有目标或目标不明确，会使企业陷入无序和沉闷的状态，而明确的发展目标不仅给企业指明了努力的方向，还能激励员工奋勇向前。一个正确的企业发展目标，既要有气魄、有号召力，又要贴合实际、持之以恒；既要方便操作实现，又要方便检验考核。不能含糊不清，不能口号化。当前我们纺织设计院的总体目标定位是，用10年左右的时间打造名牌设计院。“名牌设计院”的目标不仅意味着有雄厚的实力，每个员工获得更好的待遇，更重要的是可以在设计行业有更大的发言权，有更强的核心竞争力。这个目标前景美好、明确具体，不仅有号召力而且可行，既能凝聚人心、激励士气，又是经过不懈努力可以争取实现的，决不是可以一蹴而就的。

2. 要加强企业文化的建设。企业文化是一种无形的生产力，是企业战略目标能否实现的重要保

证。企业文化包括四个层次:最表层的是物质文化,即表象的产品、服务、外部形象等,中间层次是行为文化和制度文化,最核心、最重要的是企业价值观念,即精神文化。企业文化是四个层次的同心圆,既相互联系,又相互促进,是企业在长期的生产经营活动中提倡、培育、遵守和形成的企业价值观、企业精神、道德规范、行为准则、企业制度、企业形象等。美国兰德公司、麦肯锡公司的研究显示,世界500强胜过其他企业的根本原因,就在于这些企业善于为自己的企业文化注入活力,特别注重团队协作精神、以客户为中心、平等对待员工、激励与创新等企业核心价值观的培育和改善,以保证企业长盛不衰。由此可见,设计院不断加强和完善企业文化建设,就是要确立以市场和客户需求为自己的行为导向,激发每一个员工的责任感和主动性,把设计院建设成为一个上下同心、行动协调的团队,把员工的个人追求同企业的战略目标结合起来,在企业达到自己目标的同时,员工也实现了个人的抱负。

3. 要解放思想、调整心态、扩大视野,在加速崛起的进程中实现可持续发展。首先,解放思想是一个永恒的课题。实践无止境,解放思想也永无止境,不可能一劳永逸。当前,在国际金融危机的压力之下,面对着愈加激烈的市场竞争,设计行业的生存和发展受到了前所未有的挑战。我们要把解放思想作为打开工作新局面的制胜法宝,大胆地试、大胆地闯,敢于走前人没有走过的路。其次,要调整心态,及时解决影响和制约改革与发展的突出问题。设计院是刚刚事改企的科技型企业,长期的计划经济体制使我们许多同志的思想观念因循守旧、僵化保守,官本位、机关作风等不良习气严重束缚着我们的手脚。因此,我们一定要振奋精神,牢固确立市场意识和发展意识,以观念更新带动工作创新,“心弱则志衰,志衰则不达”,良好的精神状态对身处激烈竞争环境中的设计院来说,尤其重要。第三,要扩大视野。要善于发现自己与先进设计院的差距,要敢于正视自己的不足,要在纷繁复杂的环境下把握大势,要看到问题的本质,找出解决问题的办法。要以开阔的视野、创新的观念和永不自满的忧患意识抢抓机遇、奋起直追,想干事、会干事、干成事,尽快把纺织设计院建设好、发展好,一步一个脚印前进,一步一个台阶攀登,在设计院加速崛起的进程中实现可持续发展。

参考文献

[1] 新经济时代房地产企业的核心竞争力 . 合肥晚报,2002.11.13.

2. 王崇屹 . 什么是企业可持续发展的动力之源 . 中国农村金融网[2007—01—23].

作者简介: 焦福建,男,安徽合肥人,中共党员,大专学历,1957年7月出生,1975年8月参加工作,1982年8月调至安徽省纺织工业设计院工作至今,先后担任过政办科副科长、技术服务部经理、院长助理,1997年4月至1999年3月在安徽省无为县牛埠镇挂职任党委副书记,2000年3月起担任省纺织工业设计院党支部副书记,目前已在省、市各类报刊上发表文艺评论及思政类文章60余篇,1999年3月被安徽省扶贫开发领导小组评为“省直第二期定点扶贫工作先进个人”,2001年6月被省经贸委机关党委评为“优秀共产党员”。

工程设计项目负责人制与全过程质量控制探索

唐世华
（马鞍山市汇华建筑设计有限公司）

摘　要：本文对马鞍山汇华建筑设计有限公司改制后，积极探索项目负责人制在工程设计全过程中的质量控制方法、手段。通过设计团队内部定位、细化分工、明确职责，过程监控，使设计产品投资效益最大化，质量服务最优。

为了适应日益激烈的市场竞争，合理配置资源，强化责任，提高设计质量、服务质量，确保客户满意，我们于2005年开始推进工程设计项目负责人制，改变传统上工程项目不论大小均由所长负责的管理模式，由所长根据工程规模、复杂程度，分配给相应的技术骨干担当项目负责人。所长起监督、协调作用，同时有更多的时间抓大型项目设计管理，组织结构发生了极大变化。运行5年以来，各方面均较满意，既优化了专业技术力量，大大提高了服务质量，促进了公司整体设计质量提高，又培养了一批既懂技术也懂管理的优秀项目负责人，催生了人才队伍的升级。

1. 项目负责人的作用

1.1　项目负责人的定义

项目负责人是工程设计单位法人（或所长）在该工程项目上的全权委托代理人，是负责项目组织、计划及实施过程，处理有关内外关系，保证项目目标实现，是项目的直接领导者与组织者。

1.2　项目负责人应具备的条件

首先是决策能力。许多问题没有足够时间讨论、征求意见，项目负责人必须当机立断做出决策。

其次是领导能力。主要表现在组织、指挥、协调、监督、激励等方面。项目负责人是整个设计团队的领导者，基本上需要独立地带领设计团队完成项目任务。

第三是社交和谈判能力。项目设计不可能是完全封闭在团队内部，有时要与团队外部甚至是单位外部发生各种业务上的联系，包括接触、谈判和合作等。

第四是应变能力。设计过程中变化是不断发生的，虽然事先制订了比较细致、周密的计划，但可能由于业主的需要或专业之间发生变化，要求计划和方案随时进行调整。

第五是业务能力和知识面。项目负责人是工程项目目标完成的领导者，具有一定的业务技术能力是基本要求，但不一定是技术权威。同时应具有一定的工程技术、经济知识和较丰富的工程实践经验。

1.3　项目负责人的素质

1. 良好的社会道德。项目负责人所完成的项目大都是以社会公众为最终消费对象，没有良好的社会道德作基础，很难在利益面前进行正确的选择。

2. 高尚的职业道德。项目负责人在一定时期和范围内掌握一定权力，这种权力的行使将会对项目的成败至关重要，这就要求项目负责人必须正直、诚实、有较强责任心和敬业精神。

3. 性格素质。设计团队内人与人的协调工作，要求项目负责人性格开朗、自信、有主见、反应敏捷，易于与各种人相处。

4. 学习的素质。工程项目涉及各专业知识，要求项目负责人具备中级以上技术职称，有较好的知识储备，而且相当一部分知识要在设计过程中学习掌握，因此，必须善于学习，具有正确的思维方式，独立的见解等。

1.4 项目负责人的作用

1. 保证项目目标的实现。在项目进行中,项目负责人要根据项目进度情况,及时与客户沟通,调整工作内容、工作进度等,确保项目实施成果满足客户的需要,保证项目的实现。

2. 项目有效的日常管理。项目负责人是被授权人,对项目各种事务进行全面、细致而有效的管理者。工作计划周密筹划后,日常管理中,充分发挥团队成员的主观能动性,加强在工作中的指导、协调,对可能出现的问题做出准确判断和预测。

3. 项目事务的决策支持。项目负责人对运行中出现的矛盾要及时处理和决策,必要时要请示上级决策者,以便使项目顺利进行。一般有计划进度调整、项目工作方案的变更、团队人员分工的改变和充实、项目技术方案的修改和确定等。

2. 项目负责人工作与全过程质量关系

2.1 建立工作基础

项目负责人接到任务后首先了解项目情况、研究工作内容、拟定工作思路。其次是分析项目的利益相关人员,包括客户、主管部门、社会大众、内部职能部门、团队成员等,对项目所涉及的各方面关系心中有数,以利以后的协调,突出工作重点。三是编制工作计划,统一项目名称格式,收集项目基本情况,编写团队工作目标与任务、进度计划、团队人员名单和分工、项目费用计划、成果提交形式、数量及方式。

2.2 正式启动项目

1. 组建项目团队。根据项目团队任务,经过多方案的商讨,项目负责人确定了团队成员后,与所长商定同意后,项目团队将正式成立。同时,立即与总师商定各专业审核人员。

2. 召开首次会议。宣布项目正式开始工作,介绍项目基本情况,传达合同对质量、进度及投资控制等要求,明确工作计划与各专业负责人,公布工作程序与工作规则,明确各专业产值分配原则。大型项目首次会议,必须邀请各专业审核人员参加,了解项目内容,帮助指导确定各专业方案,以免设计成果返工,确保设计文件质量一次性合格。

3. 组织制订项目团队各项具体实施计划。包括费用计划、进度计划、质量计划、信息管理计划、培训考察计划等。

2.3 项目管理团队工作

团队组建后,项目工作正式开始,管理的计划、执行、检查、调整与处理的过程将贯穿在每一项工作中,项目负责人要注意跟踪和预测项目变化,对项目全过程进行有效的控制,并协调好相关关系,以确保项目的最终成果满足项目预定的目标。

1. 开展项目实施中的指导。通过各专业负责人对项目团队中每个成员的工作提出具体要求,包括进度、质量和投资控制等,以及各专业之间的衔接配合关系,解决项目团队工作中的困难与问题,同时培养项目团队精神。

2. 对项目全过程进行全面控制。即对项目进度、质量和投资进行控制,项目负责人应做到合理地分工与适度地授权,发挥专业负责人的作用,建立和保持有效、畅通的信息通道,经常性地检查,根据具体情况及时进行必要的调整。

3. 做好内外关系的协调。同业主进行及时有效的沟通,同上级主管部门保持信息的畅通,同相关职能部门保持适当的互动关系,在项目团队内部形成统一、有序、有效的工作氛围。同时,应及时将项目团队面临的困难和取得的进展传递给有关方面,以便取得支持与配合。

2.4 结束项目

1. 项目成果提交。根据合同要求,及时提供项目成果,如:蓝图、白图、彩图、电子文档等。

2. 项目资料整理归档。在项目完成后一定时间内,将相关资料(如业主委托书、规划设计条件、有关批文、地质报告、计算书等)整理提交相关部门存档。

3. 项目部总结与考评。项目完成后,项目负责人应及时召开项目总结会议,每个成员根据各自的工作情况,做自我评价,找出不足,分析原因,提出预防纠正措施。同时,项目部要接受上级主管部门组织的综合考评。

4. 产值分配。项目负责人根据综合考评结果和首次会议上确定的产值分配原则,及时对各专业产值进行分配。

5. 布置项目施工阶段的人员分工与工作规则。项目负责人根据项目的重要性、施工期的长短及项目所在区域等因素,安排项目施工阶段的设计服务人员,明确工作规则和专业条款分配原则。

3. 项目内部综合考核

3.1 考核的作用

1. 有利于加强成员的团队意识。团队作为集体必须有自己的行为准则与规章制度。

2. 时刻提醒团队成员任务完成情况的考核,提醒团队成员任务在身,要抓紧工作,保证工作进度与工作质量的完成。

3. 调动成员积极性。考核的成效之一是激励效果,使团队成员之间有竞争感和压力感。同时,考核的结果又是奖惩的重要依据,奖励先进,鞭策后进,进一步提高团队成员奋进的积极性。

4. 提高成员工作效率。考核会促使团队成员科学安排自己的工作,克服工作中的困难,合理地解决工作中的问题,提高工作效率。

5. 保证项目目标的实现。对团队成员的考核是保证项目按进度计划和设计质量标准完成工作任务的重要途径,是保证项目目标实现的有效手段。

3.2 考核的内容

1. 工作效率。工作效率考核主要是考核成员在规定的时间内完成工作任务的情况,考核的主要目的是为了保证项目进度计划的顺利完成。

2. 工作纪律。工作纪律考核主要是考核成员遵守团队工作纪律的情况,其目的是为团队工作任务的完成提供保障,同时保证团队良好的精神面貌与工作热情,促进团队精神形成。

3. 工作质量。主要是为保证项目工作、质量目标的良好完成,通过平时的质量考核,消除和纠正项目工作质量方面的问题,避免由于平时的疏忽而影响项目的整体质量。

4. 工作成本。考核的主要目的是为了促使成员尽量降低费用支出,保证项目尽可能在规定的成本预算内完成,达到预期的经济效益。

3.3 考核的方式

对团队成员考核的方式有许多,但在实际工作中通常采用以下方式:

1. 任务跟踪。每个项目都有自己的进度计划,在某时刻每个团队成员应完成哪些任务,团队项目进展应达到哪一阶段,项目负责人要经常进行进度跟踪、质量跟踪和成本费用跟踪,以便掌握动态,发现问题及时调整。

2. 平时抽查。在项目前期阶段,项目负责人要注意项目情况的抽查,主要是进度、质量和纪律等,以掌握第一手信息,抽查可采用项目例会、情况磋商会、个别询问、现场观察等方式。

3. 阶段总结汇报。是督促项目成员将项目一段时期的工作成果全面认真地进行总结分析的一种方法,既可使各专业发现问题,总结经验,又可通过相互交流使大家取长补短,相互促进。

4. 征求客户意见。项目团队的目的就是为了完成业主所委托的任务,项目团队的工作质量,最后必须经得起业主的检查,因此,经常与业主进行有效的沟通,可以从另一个角度了解成员的工作情况,征求其对项目成员的意见,是组织项目目标完成的重要手段。

参考文献

[1] ISO9001:2000《质量管理体系》.

作者简介：唐世华，男，1964 年 5 月出生，1987 年 7 月毕业于安徽建筑工业学院，建筑学专业，2006 年 12 月南京大学工商管理专业结业；国家一级注册建筑师、香港建筑师学会会员。现任马鞍山汇华建筑设计有限公司董事长、总经理。

包容，变通，发展

——当代徽州建筑设计现状与趋势的批判审视

杨 俊

（黄山市建筑设计研究院 安徽黄山 245000）

摘 要：当代徽州建筑设计已经走进符号拼贴，形式单一的困窘境地，从事新徽派建筑设计的从业者该如何突破，寻找新的生存空间是本文的关注焦点。本文通过对批判地域主义理论，建构文化理论的研究，并结合古今中外的成功的建筑作品，从建造的本质上，对当代徽州建筑的努力方向做出理性的分析和深入的思考。

关键词：批判地域主义；建构文化；弗兰姆普顿；建造；文化；当代徽州建筑

20世纪20年代的建筑界，在世界范围内刮起了现代主义革命的风潮，新技术、新材料的大规模使用，批量生产房屋，模数化控制建筑生产的理念的普及导致了国际风格的遍地开花。尽管历经一轮又一轮的批判或是改进，现代主义革命精神的精髓至今依旧影响深远。面对国际化风格扩张的潮流，民族特色、地域特色的风格建筑的生存环境受到了不同程度的压制。在全球化的20世纪，刚刚新生并起步的新中国也无法避免这样的潮流。当时的中国建筑师们已经意识到了在潮流不可阻挡的时代，如何不抛弃民族特性，设计出新的民族建筑与其共存共荣是中国新建筑的出路之一。对于地域文化特色强烈的徽州地区，又何尝不是呢？

上世纪八九十年代的徽州地区开始了城市化的过程，建设量渐增，但信息的滞后、技术的相对落后导致了整个地区的建筑理论和市场接受能力存在一定程度的延后性。然而逐渐地在学者和领导坚持走“新徽派”的建筑大环境下，越来越多的建筑作品呈现出了强烈的地域特色和现代风格糅合的特点。但是，这样的策略从学术以及市场看来，是否是唯一选择或者说最佳选择呢？本文将从当代建筑历史、建筑理论出发，结合一些优秀建筑设计案例，批判地审视当今徽州地区的建筑设计现状，并对未来可能存在的研究以及设计方向做出分析。

后现代背景下的当代地域主义

讨论地域风格特色的建筑，即乡土建筑，免不了探讨和定义何谓地域风格的建筑。肯尼斯·弗兰姆普顿(Kenneth Frampton)在其著作中提及了“批判的地域主义”(Critical Regionalism)这一概念。这一术语并非单纯的解释在特定地区、气候文化背景以及特殊民间工艺的综合反应下产生的乡土建筑，而是来识别或定义在20世纪七八十年代及以后的世界建筑浪潮中的地域性学派，

他们的主要目的是反应和服务于那些他们所置身其中的有限机体。在促使此类地域主义得以兴起的诸多因素中，不仅是它所处的某种程度的繁华，同时还有一种反对中心主义的共识——一种至少是寻求某种形式的文化独立的愿望。

先置“新徽派”是否“批判地域主义”一旁不谈。我们来看看一些所谓地域主义的典型代表。曾经设计了悉尼歌剧院的丹麦著名建筑师伍重(Jorn Utzon)在哥本哈根附近有过一个很有意思的作品，巴格斯瓦德教堂。熟悉徽州建筑的人看到这样的剖面恐怕都会觉得惊奇，还有比这更地道的典型的东方式的错落的院落结构、马头墙吗？反过来想，一个有着东方文化气息的建筑出现在欧洲，这能算得上是当地的地域文化的体现吗？实际上，一个地方或民族的文化的特色体现却是一个悖论，不仅是因为当前全球化背景下所谓固有文化与普世文明之间的对立，更是因为无论何种文化，不论古老或现代，其发展都

是建立在与其他文化的充分交融上的,其正反例证不胜枚举。保罗里克(Paul Ricoeur)的著作告知世人,地域和民族文化在今天比往常更必须成为"世界文化"的地方性折射。地域文化绝非一种既定的,相对固定的事物,恰恰相反,它应当是自我培植的。回到伍重的教堂设计,其中标准尺寸的预制混凝土填充砌块以一种特别的表现方式与覆盖主要公共领域的现场浇倒的钢筋混凝土薄壳拱顶相结合。这样的结合让我们回到了本文开头所述,模数组合不仅符合普世文明的价值而且代表了规范应用的能力,而现浇拱顶则反应了使用于特定场地的"单一"结构创造。用里克的观点来解释就是,两者之一诠释了当代的普世文明,而另一则宣布了特殊文化的价值。另一方面,跨越中堂上空的现浇架构和壳顶相比之,钢桁架是相对不经济的结构体系,然后因其象征作用而被有意识地采用。拱是西方文化体系中神圣的符号,但反观其高构筑形体又难言之彻底的西方,反而如前文所言,其似东方的空间和结构形式更甚。这样的"跨文化"的设计是让人折服的,更是让人深信这是一个根植本土的建筑,文化的大同并没有成为成就这样一个接触建筑的桎梏,其中的深层意义是值得我们当代中国徽州的青年建筑师深思的。单纯的套用符号或是运用变形符号的确在新徽派的道路上有过或有着它特殊的地位和作用,然而一代又一代的建筑师在成长,我们应当用新的理论、新的态度来看待问题。如何将现代文明巧妙地融会贯通到一个普通的地域建筑中去,如何将它们(普世的建造文明)和当地的,特殊文化的体现整合在一个建筑里,也许将是未来"新徽派"的一个方向。

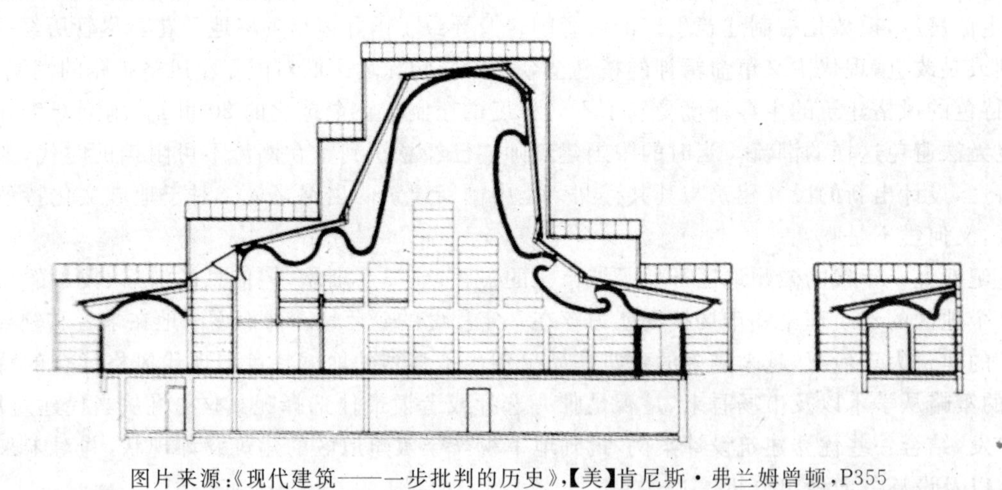

图片来源:《现代建筑——一步批判的历史》,【美】肯尼斯·弗兰姆曾顿,P355

建构文化与中国建筑、徽州建筑

通过粗略的了解当代的地域主义的定义,我们再将目光聚焦在特定的文化区域——徽州地区。事实上,仅就黄山市而言,近些年来很多建筑师在建筑设计方面做出相当多的大胆尝试。比如烟草办公楼,简洁的点抓玻璃幕墙作为现代化建筑构件与白色的大片山墙、红色的门楼这样的传统元素激烈碰撞在一起,体现了强烈的文化冲击以及融合。尽管设计手法仍然停留在元素的拼贴上,不折中的态度却让人眼前一亮。另一方面,节点处理的不够精致作为当代中国建筑的一大诟病同样在此建筑上有所体现。建筑的本质便是建造,建造的过程体现出的技术、艺术才是表达普世文明和地域乡土文化结合的关键所在。一个优秀的建筑设计作品必然需要优秀的构造设计加上优秀的施工,融合了当代精神和地域文化的建造设计和精良的建造过程才能让这样一个已经在形式上有所表现的地方建筑更加焕发光彩。

再比如,由我院设计的财政局大楼也是"新徽派"探索路上很有意义的一笔,正在所有的建筑师将小小屯溪城变成完全的"粉墙黛瓦"的世界的时候,这样一个高层建筑却全身着黛,亭亭玉立在安东路口。不同于千篇一律的白墙,乍看若青石的材质被选作了整栋建筑的"皮肤"。且不论传统意义的审美认知如何,用深色的干挂石材饰面来替代早已充斥满目的粉墙,批判的设计态度和勇气就是值得思考的:符号化的、物质化的简单地从先人留给我们的造型、色彩进行复制拷贝,难道是我们徽州人面对当代徽州建筑的唯一态度吗？怎样在建造技术、建造精神上创新地走出新的道路，恐怕才是更深层次的、值得挖掘的。

图片来源：网络，黄山市工程建设集团网页

无论是青年建筑师的勇敢实践，还是大量的生产模式化的“新徽派”建筑，且不论是否要坚持马头墙等传统符号在新建筑上的使用，设计与施工质量的欠缺，最后导致设计产品的相对质量不高在我看来也是“新徽派”需要厚积薄发的一个地方。作为建筑生产，其核心在建构和建造。建造好理解，何为建构？建构(tectonic)源自希腊语(tekton)，有木匠或者建造者之意，在希腊语的语境里多有工艺、诗意的倾向。随着时代发展，工匠的地位和作用极大提高，最终出现了建筑师(architekton，希腊语)，这就已经超出了纯技术的范畴，上升到技艺的境界，包含了审美。在阿道夫·海因里希·波拜恩(Adolf Heinrich Borbein)的一篇哲学研究论文中曾提及建构，归纳得其主旨便是：建构是连接的艺术，其不仅仅是建筑部件的组合，也是物体的组合。波拜恩把建筑的设计以及营建看做是一个狭义的艺术作品的创造。能正确地运用手艺的规则，或者更大程度的满足使用需求，同时满足实用和审美的需求便是这样一个建构的工程。这样的学术观点，也最契合中国历史与现状，最可能成为为地方建筑注入蓬勃活力、建造出优秀地域建筑的原动力之一的思想理论。

中国自古就无建筑师一词以及职业，作为建筑的营建者，都是以各种工匠的身份出现的。作为中国建筑史重要著作《营造法式》也是以介绍建造规则、工艺、技艺为主。中国人直到20世纪国门打开，才逐渐了解何谓建筑学，才有一代又一代的建筑师成长起来。时过境迁，中国的建设市场激增，思想开放，越来越多的建筑思想传入或萌发，越来越多的各种风格类型的建筑在华夏大地伫立。无论理论有多玄妙，建筑形体有多新颖，归根结底，最后的目的都是将文字、将图纸转换成实实在在的物体，其中最重要的转换工具就是建造。建造的工艺、营建的技术和艺术便是建构。设计如何在建造的过程中灌入自己的理论思想、审美情趣，或者巧妙地用最经济的方法成就与众不同的形体，让结构的美感融入建筑，便是建构的价值。这样的优秀范例在当代中国有很多，王澍先生的中国美院象山校区就是令人称道的作品。同样是精妙的建造，象山校区采用的是截然不同的策略，不是那样的大张旗鼓，很是文人气质的用青砖黛瓦竹篾给人们带来一个现代的，但骨子里透着传统气息的建筑群落。最让人耳目一新的是各种元素的重组，恰到好处并不让人觉得造作，处处带着诗人的儒雅气质，这可能才是适合中国建筑土壤的同时也最契合当代徽州建筑建构文化的路线之一了。

前景与展望

离杭州不过两百公里的徽州地区，自古以来就是江南文化的重要部分之一，粉墙黛瓦的建筑风格同样体现在徽州建筑和江南水乡建筑上。但在当代建筑的设计上，徽州建筑仍然没有迈出实质性的超越自我的步伐。这当然与市场的接受程度有着密不可分的关系，但从另一方面来看，青年建筑师并未深刻地接受当代建筑理论、挖掘建筑历史，并将自我的建筑理念融入普世文明中去形成创新的地方建筑，这也是久未突破的重要原因。出路在哪里，前景会怎样，答案在每个有志的徽州青年建筑师的心中。文至末处，不妨给出几点个人看法：

1. 包容。世界大同不可挡，西方的先进思想理念的涌入和普及也无法阻挡。鉴于各方面的原因，现阶段我们能做的更多的是接受、学习和包容，无论是前文提及的主流的建造文化，还是现在越来越成为关注焦点的参数化，我们都应该尽可能地带着批判的态度去接纳新事物。

2. 变通。市场的接受能力是有限的，在当代中国的绝大部分市场还是无法接受超出时代的理念和作品。怎样将先进的思潮和技术融入市场，并与当地的各种文化结合，只能用变通来逐渐地让理性和激情趋于稳定的统一。

3. 发展。这里的发展不只是指对外来精神的融入的发展，更是对本土文化的延伸。每当提及地域文化、乡土精神，我们总是联系传统，传统固然重要，但是生活在当代的我们是生活在现在，并且生活在将来的。去粗存精地审视传统，扎根于本土的发展的建筑理论通过精良的建构去创造建筑才是值得推崇的。

总而言之，具体到操作层面上，无论从前文提及的地域主义思想，还是建构文化思想看来，挖掘当地的传统建造工艺，和当代建筑文明的契合点并加以强调，同时兼顾当地风俗人情，文化审美，是创造出真正属于当代徽州地区的现代建筑的切入点。这是需要我们当代徽州地区的建筑从业者和所有未来建筑师们需要共同努力的方向。

参考文献

[1] (美)肯尼斯·弗兰姆普顿．现代建筑——一部批判的历史．张钦楠等译．
[2] (美)肯尼斯·弗兰姆普顿．建构文化研究——论19世纪和20世纪建筑中的建造诗学．王骏阳译．

作者简介：杨俊(1959年4月)，男，河北晋州人，黄山市建筑设计研究院副院长，工程师。

CFG 桩复合地基在高层建筑中的应用

李 强 王 猛 吴国保 石檀林
（安徽寰宇建筑设计院）

摘 要：CFG 桩复合地基是由素混凝土桩、桩间土和褥垫层组成的新型复合地基形式，上部结构的荷载可以通过基础下的褥垫层传递给 CFG 桩和桩间土，使其共同受力，能充分利用原天然地基的承载能力。和普通桩基相比可减少桩的数量，且 CFG 桩本身不配筋，其综合造价较低，同等条件下一般 CFG 桩复合地基的综合造价仅为灌筑桩的 50%～70%，尤其用于高层建筑地基加固，经济效益比较明显。该技术为国家级重点推广项目。

关键词：CFG 桩；复合地基；地基加固；褥垫层；承载力；沉降

一、工程简介

寰宇上都位于合肥市望江路与当涂路交叉口，由安徽东昌置业有限责任公司和安徽寰宇物业发展有限公司共同开发建设，总建筑面积 43727m^2，钢筋混凝土框架一剪力墙结构，建筑物总高度 99.6m，设 1 层人防地下室，地上为 31 层综合楼，局部 7 层裙房。该建筑物抗震设防类别为丙类，抗震设防烈度为 7 度，设计地震分组为第一组，建筑场地类别为Ⅱ类，场地属稳定的建筑场地（见附图 1）。本工程基础总尺寸 88m×55m，地下室连为整体，荷载差异很大，地基基础设计等级为甲级。根据工程勘察报告提供的资料，基底以下各层土的物理力学性能指标见表 1。

表 1 土层的物理力学性质指标

土层	层厚(m)	γ(kN/m^3)	E_s(MPa)	f_{ak}(kPa)	q_{sa}(kPa)	q_{pa}(kPa)
①层杂填土	0.50～3.10	—	—	—	—	
②$_1$层黏土	0.00～6.30	19.6	13	270	40	
②$_2$层黏土	20.40～21.40	19.8	16	320	42	
③层粉质黏土夹粉土	2.10～4.20		15	300	38	
④层细砂	2.40～3.60		16	320	35	
⑤层强风化泥质砂岩	4.50～3.70		20	380	60	900
⑥层中风化泥岩	未钻穿	21.9	压缩性微小	800	85	2200

表中桩参数为钻孔桩设计参数

二、CFG 桩复合地基的设计与计算

本工程主楼为 31 层，裙房为 7 层，地下室外扩形成了单层，各部分荷载相差悬殊，采用天然地基无法满足设计要求。如采用普通桩基础，由于场地土承载力较高，不利用原天然地基的承载能力经济性较差。因此我们经过充分比较后，采用了中国建筑科学研究院地基基础研究所国家级科技成果重点推广项目，水泥粉煤灰碎石桩（CFG 桩）复合地基技术。CFG 桩复合地基是由素混凝土桩、桩间土和褥垫层组成的新型复合地基形式，上部结构的荷载可以通过筏板下的褥垫层传递给 CFG 桩和桩间土，使其共同受力，能充分利用原天然地基的承载能力，和普通桩基相比可减少桩的数量，且 CFG 桩本身不配筋，

其综合造价较低，同等条件下一般 CFG 桩复合地基的综合造价仅为灌筑桩的 50%～70%，尤其用于高层建筑地基加固，经济效益比较明显。

为了提高地下室的防水性能，31 层主楼和 7 层裙房之间未设沉降缝，仅设一道 800mm 宽沉降后浇带调整沉降，并要求沉降后浇带等到主体结构施工结束，且沉降稳定后封闭。裙房部分由于荷载较小，天然地基可满足设计要求，故裙房采用普通筏板基础；主楼由于荷载较大，天然地基无法满足设计要求，故主楼部分采用了复合地基，桩顶和筏板间设 200 厚褥垫层有效调整桩土应力分担比，使复合地基桩体和桩间土的承载力充分发挥，CFG 桩根据上部荷载的大小，沿核心筒和柱下集中布桩，充分发挥桩的承载力，有效减少筏板的内力，减少筏板的钢筋用量，降低造价。CFG 桩布置见附图 2。

根据工程勘察报告提供的数据，水泥粉煤灰碎石桩(CFG 桩)桩径选用 400，桩端持力层为⑤层强风化泥质砂岩，入岩深度要求不小于 1m，有效桩长约 26m，筏板基础持力层为$②_2$层黏土层。

CFG 桩单桩承载力特征值(取平均层厚)：

$$R_a = u_p \sum q_{si} l_i + q_p A_p$$

$$= \pi \times 0.40 \times (60 \times 1.0 + 35 \times 3.5 + 38 \times 4.0 + 42 \times 17) + 1/4 \times \pi \times 0.40^2 \times 900$$

$$= 1430\text{kN}$$

平均取 $R_a = 1000\text{kN}$。

桩身混凝土强度计算：(混凝土强度等级 C30)

$$f_{cu} = 30\text{N/mm}^2 \geqslant 3R_a/A_p = 3 \times 1 \times 10^6/(1/4 \times \pi \times 400^2) = 23.87\text{N/mm}^2$$

复合地基承载力特征值：　按 1.5m×1.5m 桩距计算

$$m = A_p/l^2 = 1/4 \times \pi \times 0.40^2/1.5^2 = 0.0558 \qquad \beta \text{取} 0.95$$

$$f_{spk} = mR_a/A_p + \beta(1-m) f_{sk}$$

$$= 0.0558 \times 1000/(1/4 \times \pi \times 0.40^2) + 0.95 \times (1-0.0558) \times 320$$

$$= 731\text{kPa}$$

取 $f_{spk} = 700\text{kPa}$。

上部结构分析采用中国建筑科学研究院高层建筑结构空间有限元分析与设计软件(SATWE)，基础计算采用基础设计软件(JCCAD)，计算采用桩筏有限元法，基础计算采用了复合地基和复合桩基两种计算模型。复合地基模型计算，基底最大反力为 512kPa，复合地基可满足设计要求。复合桩基模型计算，桩顶最大反力为 985kN，桩承载力可满足设计要求，计算结果见附图 3。建筑物的沉降分析采用分层总和法，按地质勘察报告实际输入土层参数，建筑物最大沉降为 34.0mm，可满足规范要求，计算结果见附图 4。

三、复合地基的施工

本工程 CFG 桩施工采用长螺旋钻孔，管内泵压混合料成桩工艺。普通锤击和震动灌筑桩噪音污染严重，随着社会的不断进步，对文明施工的要求越来越高，震动和噪音污染导致扰民使施工无法正常进行，并且因为是非排土成桩工艺，在饱和黏性土中成桩，会造成地表隆起拉断已打桩，成桩质量不稳定，在高灵敏度土中施工可导致桩间土强度的降低；传统的泥浆护壁灌筑桩，由于采用泥浆护壁，灌筑桩身混凝土排出的大量泥浆易造成现场泥浆污染，与现场的文明施工要求相悖，且桩周泥皮和桩底沉渣使得单桩承载力降低。而长螺旋水下成桩工艺施工简洁、无泥浆污染、噪音小、效率高、成本低，成桩质量稳定，是一种很好的灌筑桩施工方法，该施工方法已通过建设部专家鉴定，并已申请专利。

施工时首先钻孔至预定标高，混凝土泵将搅拌好的混凝土通过钻杆内管压至钻头底端，边压混凝土边拔管直至成桩，设计要求桩顶超浇0.5m，桩位偏差不得大于0.4倍桩径，垂直度偏差不大于1%。CFG桩施工完毕后，经检测合格后，安排施工人员将设计标高以上桩头截断，铺设褥垫层，要求褥垫层厚度200mm，每边需超出基础外不小于200mm，褥垫层采用材料为硬质岩破碎碎石，碎石采用5～16mm粒经的破碎碎石。CFG桩施工于2007年4月21日开工，2007年5月14日完工，复合地基工期仅24天，施工周期较短。

四、复合地基的检测及结果分析

复合地基施工完毕后，对工程桩施工质量进行了检测。单桩竖向静载试验共检测了2根桩：设计要求加载至单桩破坏，根据Q～s曲线判断，2根桩的单桩竖向抗压承载力极限值分别为2400kN和2600kN，单桩竖向承载力特征值≥1200kN，可满足设计要求。低应变完整性检测共检测了122根（抽检率约26.8%），Ⅰ类桩113根，占抽检总数的93%，Ⅱ类桩9根，占抽检总数的7%，未发现Ⅲ、Ⅳ类桩。进行了3组复合地基载荷试验，为保证CFG桩在试验后安全使用，当最大加载压力达到设计要求压力值的2倍，即加载至1400kPa时，终止试验。各试验点沉降均可满足要求，因此复合地基承载力的特征值可取700kPa，满足设计要求。

另外根据规范要求共布置了12个沉降观测点，要求首层施工完毕后观测一次，以后每施工完两层观测1次，结构封顶以后结构墙体结束后，按3个月观测1次，继续观测4次，共计观测了20次。从2007年8月17日开始至2009年2月23日结束，观测点中累计沉降量最大为17.1mm，差异沉降量最大为11.5mm（主楼和裙楼之间），裙楼与裙楼之间点位差异沉降量最大为2.2mm，平均沉降量4.6mm，主楼与主楼之间点位差异沉降量最大为4.0mm，平均沉降量15.1mm，均小于理论计算值且可满足规范要求。该工程2008年6月25日结构封顶，2009年2月27日通过竣工验收，目前工程已投入使用，情况良好，地基处理取得了满意的效果。

参 考 文 献

[1] 吴春林，滕延京等．长螺旋水下成桩工艺与设备．中国建筑科学研究院，2004.

作者简介：王猛，男，毕业于安徽建筑工业学院，国家一级注册结构师，现任安徽寰宇建筑设计院副总工程师，主要从事结构设计工作。

李强，男，毕业于安徽建筑工业学院，国家一级注册结构师，现任安徽寰宇建筑设计院总工程师，主要从事结构设计工作。

附图 1　实景照片

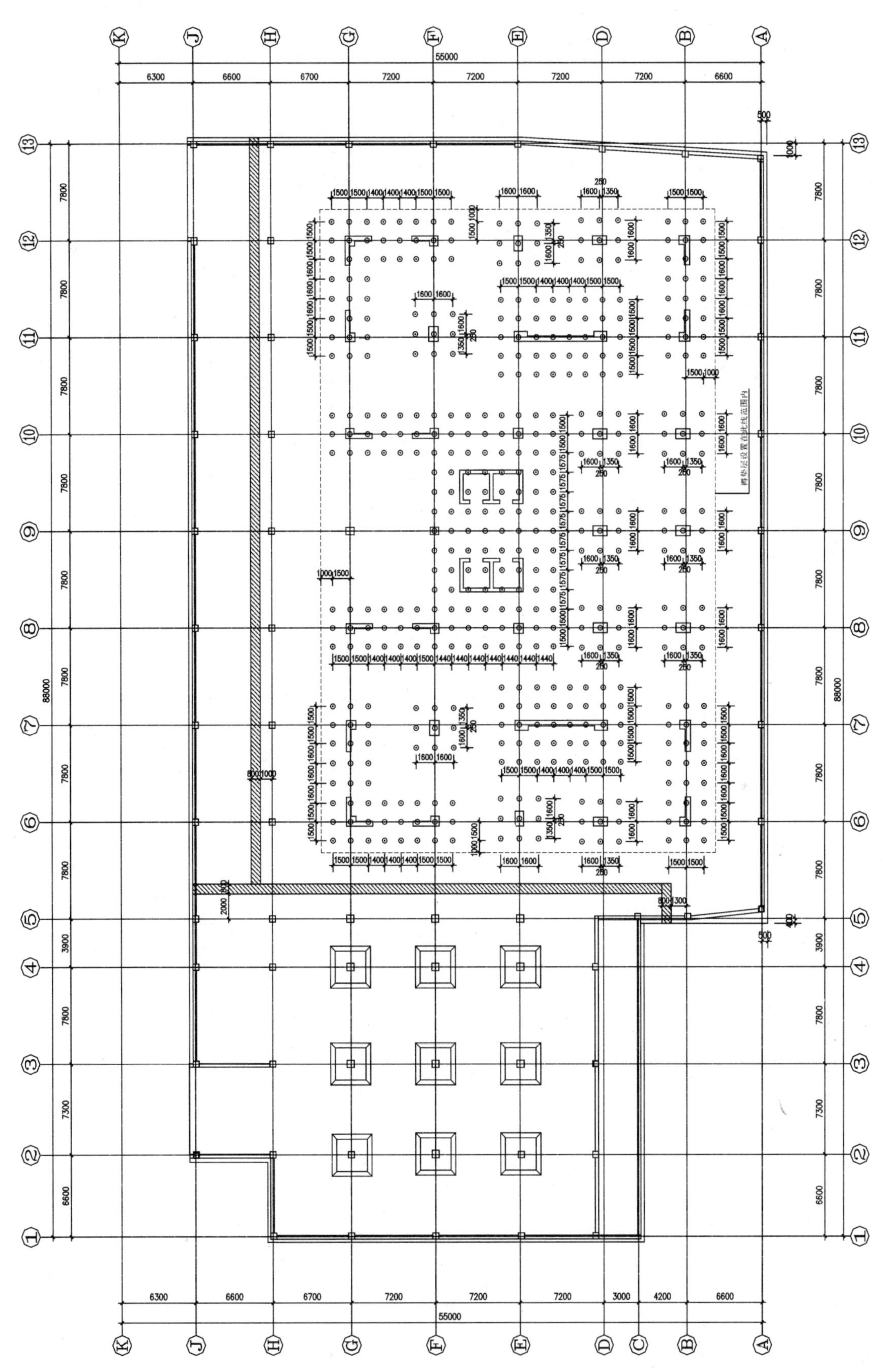
K
J
H
G
F
E
D
B
A
55000
6300
6600
6700
7200
7200
7200
7200
6600
13
12
11
10
9
8
7
6
5
4
3
2
1
7800
7800
7800
7800
7800
7800
7800
3900
7800
7300
6600
88000
3000
4200
C

附图 2　CFG 桩布置图

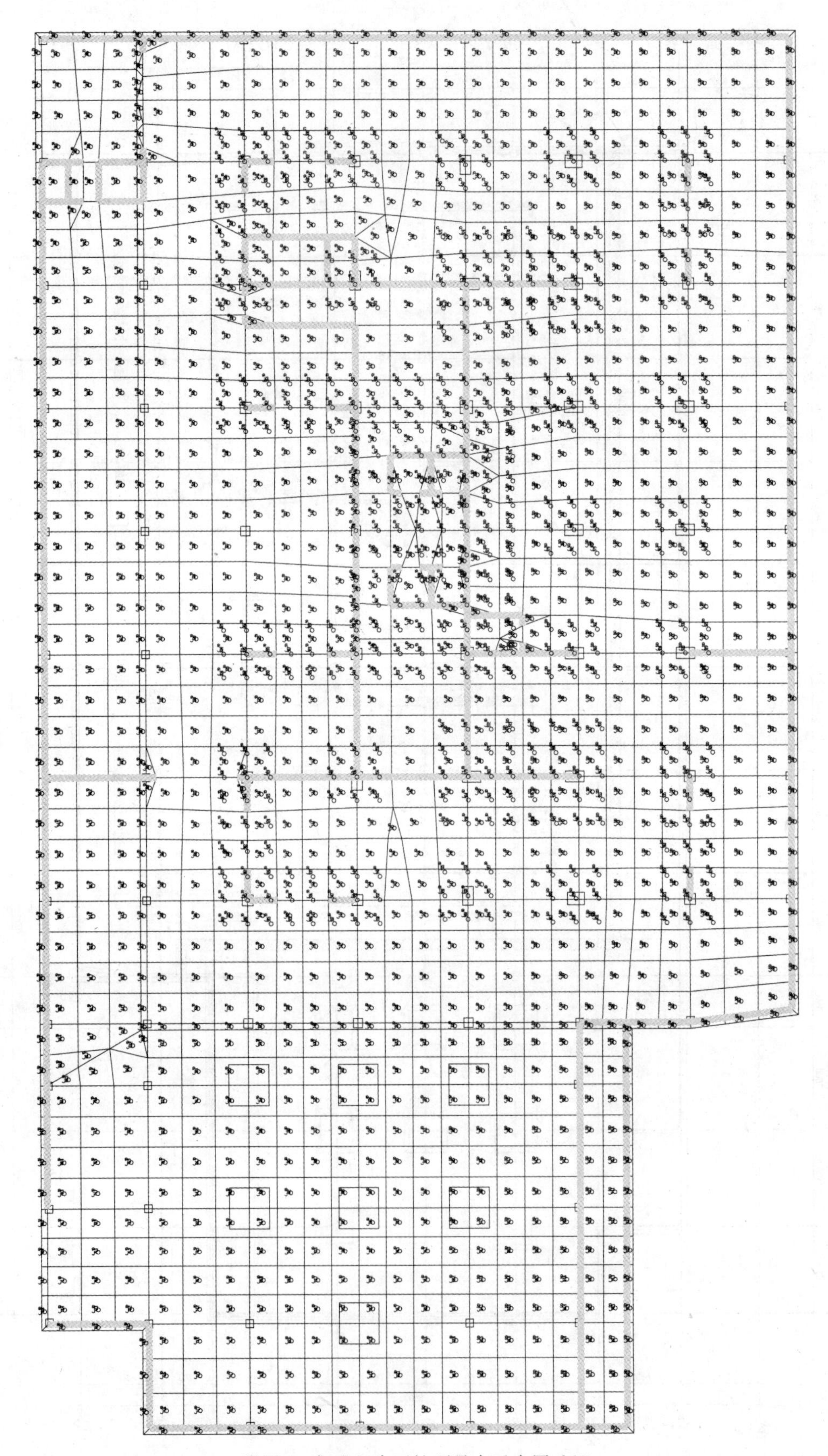

附图 3　标准组合下桩顶最大反力图(kN)

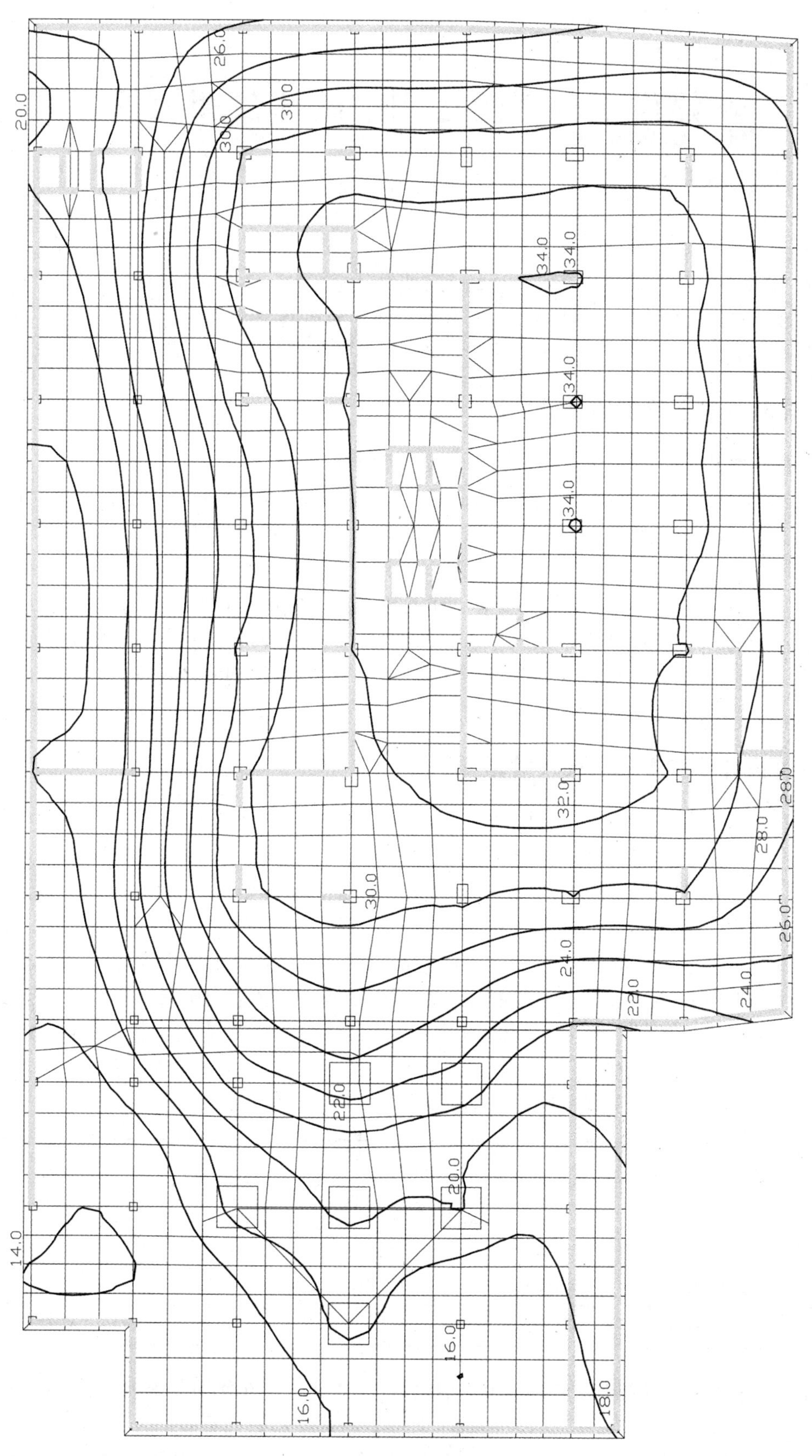
20.0
26.0
300
300
34.0
34.0
34.0
34.0
32.0
28.0
28.0
30.0
26.0
24.0
22.0
24.0
22.0
20.0
14.0
16.0
16.0
18.0

附图 4　基础沉降图(mm)

建设工程规范运用中的体会和建议

应文浩
（天长市规划建筑设计院）

摘　要：本文介绍了基础柱保护层厚度的改进做法，建筑设计中砖基础的强度等级，使用直径较大的钢筋易忽略的问题，以及钢筋砖过梁设计和施工应注意的问题。

一、基础柱保护层厚度的改进做法

本文中基础柱是指标高±0.000m以下的钢筋混凝土柱。

《混凝土结构设计规范》(GB 50010－2002)第9.2.1条规定：基础中纵向受力钢筋的混凝土保护层厚度不应小于40mm；当无垫层时不应小于70mm。但有不少工程中的基础柱在实际施工时，其混凝土保护层厚度只有25mm。

安徽省天长市一部分工程中采用了变截面的方法，很好地解决了保护层厚度问题。例如，底层柱（这里指底层板底至基础顶面）截面原为350mm×350mm，±0.000m以下的基础柱截面为400mm×400mm，其中±0.000m上下两部分配筋仍然不变。这一做法，在遇到基础埋深超过原设计埋深的一定深度范围内，仍可不必调整柱子的截面和配筋。

二、建筑设计中砖基础的强度等级

在多层房屋设计中，有的地区部分设计中不分基土的潮湿程度，砖基础均采用强度等级为MU10的砖；还有的设计图纸中即使注明砖基础砖强度等级为MU15，施工人员也不予重视，甚至还责怪设计人员：五六层的用MU15，三四层的也用MU15，就连一二层也用MU15，设计保守！

大家知道，一般一二层层高不算高的民用建筑，就其抗压强度来说MU10砖足以满足要求，但对砖还有一个耐久性的要求。基础上部处于正常环境的砖，除了抗压强度的要求外，对其耐久性要求相对较低，而对于砖基础使用的砖，除了满足其抗压强度外，由于砖砌体多数处于潮湿环境中易受侵蚀，有的严寒地区砖基础处于潮湿环境中更易受冻害，对其耐久性的要求相对较高。因此《砌体结构设计规范》GB 50003－2001第6.2.2条规定：

地面以下或防潮层以下的砌体所用材料的最低强度等级：

基土的潮湿程度	烧结普通砖		混合砂浆	水泥砂浆
	严寒地区	一般地区		
稍潮湿的	MU10	MU10	/	M5
很潮湿的	MU15	MU10	/	M7.5
含水饱和的	MU20	MU15	/	M10

只有这样，才能保证砖基础在使用年限内的耐久性，才能保证在使用年限内上部砖砌体和砖基础可靠度基本一致。

从上表中还可以看出，把砖基础使用的水泥砂浆强度等级最低值定为M5(M7.5，M10)，其中道理也是一样的。由于混合砂浆中的$Ca(OH)_2$在潮湿的基土环境中遇水起作用，影响砖砌体强度，故不予使用。

当然，对于一两层的砖房，确定其使用时间只有几年，笔者认为也不要死抱着规范，其砖基础所用材料的最低强度等级可以降低一级。这不是说我们可以不按规范来，而是我们抓住了规范条文中“耐久性”这一实质性要求，而采取灵活运用的方式罢了。

三、使用直径较大的钢筋易忽略的问题

本文中直径较大的钢筋是指受力钢筋的直径 $d>25$mm 的和箍筋直径 $d>10$mm。

《混凝土结构设计规范》(GB 50010－2002)规定：一类环境(室内正常环境)混凝土强度等级为 C25 时，梁混凝土保护层厚度不应小于 25mm，且不小于受力钢筋的直径；梁、柱箍筋混凝土保护层不应小于 15mm。当使用直径 $d>25$mm 的钢筋作受力筋时，例如 $d=28$mm，混凝土保护层最小厚度应为 28mm，已超过 25mm；当使用直径 $d>10$mm 的钢筋作箍筋时，例如 $d=14$mm，要满足箍筋混凝土保护层不小于 15mm 这一要求，这时受力钢筋混凝土保护层最小厚度实际应为 $14+15=29$mm，也已超过 25mm。有些设计人员忽略这一点，图纸中没有特别注明这类受力钢筋混凝土保护层最小厚度，施工人员就按常规做法 25mm 厚的混凝土保护层进行施工，自然也就不能符合规范要求。因此，设计中遇到这类问题，不但要注明钢筋不同直径范围和不同环境下受力钢筋混凝土保护层的实际最小厚度，而且在计算配筋时，还应适当考虑梁、柱的有效高度已略有减少这一因素。

四、钢筋砖过梁设计和施工应注意的问题

在讨论下面的问题前，有必要将涉及的规范的相关条款罗列一下，以便对比分析：

《砌体结构设计规范》(GB 50003－2001)第 7.2.4 条第三款中规定：“钢筋砖过梁底面砂浆层处的钢筋，其直径不应小于 5mm，间距不宜大于 120mm，钢筋伸入支座砌体内的长度不宜小于 240mm，砂浆层的厚度不宜小于 30mm。”

施工验收规范规定：“砌筑钢筋砖过梁，如设计无具体要求，底面应铺设 1∶3 水泥砂浆层，其厚度宜为 3 厘米；钢筋应埋入砂浆层中，两端伸入支座砌体内不应小于 24 厘米，并有 90°弯钩埋入墙的竖缝内。钢筋砖过梁的第一皮砖应砌丁砌层。”

《建筑抗震设计规范》(GB 50011－2001)第 7.3.10 条中规定：“门窗洞处不应采用无筋砖过梁；过梁支承长度，6～8 度时不应小于 240mm，9 度时不应小于 360mm。”

从某种角度讲，上述规定是属于粗线条的。因此在设计和施工钢筋砖过梁过程中尚应注意以下几个问题：

1. 支承长度

在采用塞口方式安装木门框时，有的工程对砌体中横樘两端的羊角位置并未预留，造成事后打洞。由于羊角的长度一般不小于 100mm，再加上打洞时的破坏作用，实际已超出羊角位置范围，对一砖厚的墙体，钢筋砖过梁支座内减少的支撑面积近一半。有的工程虽然在一侧预留了半砖厚半砖长的羊角安装位置，也已减少了支座 1/4 的支撑面积；当墙体为 120 时，就等于减少 1/2 的支撑面积和支撑长度。使用木窗的情况也大致相同。因此，上述情况下钢筋砖过梁的支撑长度，6～8 度区不应小于 360mm，9 度区不应小于 480mm。

2. 砂浆层的厚度

对钢筋砖过梁底面的砂浆层，规范中虽没有严格的限值，但应当注意的是：(1)砂浆层不应大于 45mm。因为过厚的砂浆层，施工不方便，并且底面易开裂，影响黏结强度。(2)砂浆层也不应过薄。因为过薄的砂浆层，不但会导致钢筋的保护层最小厚度无法满足，而且还可能导致钢筋在砂浆层中不能有效地锚固。笔者认为砂浆层的厚度不应小于 $c+d+d$，其中 c 为钢筋的保护层所需的最小厚度；两个 d 分别代表钢筋的直径，能够保证钢筋有效地锚固上部砂浆的最小厚度(它与钢筋的直径相等)。

3. 保护层最小厚度

钢筋砖过梁中的钢筋的保护层最小厚度一般取15mm，由于包裹钢筋的为砂浆层，必要时也可小于15mm，但最小不得小于10mm。当设计中采用的是变形钢（螺纹钢、月牙钢）或冷轧带肋钢筋时，考虑其劈裂效应的影响，其最小厚度不得小于15mm。

4. 砂浆的使用

1∶3水泥砂浆的实际强度比M10的还要高，如果为方便直接使用当层的砌筑砂浆代替钢筋砖过梁的面层砂浆，很可能不能满足要求。更为严重的是，当砌筑砂浆为混合砂浆时，混合砂浆中的掺和料（例如石灰）会腐蚀钢筋，影响其耐久性。

5. 钢筋的直径及弯钩的埋入

钢筋砖过梁中的钢筋直径一般不宜大于$\phi 8$，因为其钢筋的弯钩要埋入竖缝中，如果钢筋直径过大，就会造成竖缝过大。此外，钢筋直径过大，还会造成所需的砂浆层过厚。

不少工程虽按6～8度时240mm、9度时360mm的支撑长度设置了弯钩，但实际上常常无法将弯钩埋入竖缝内。因为丁砌层的竖缝常常不是正好对应支承长度为240mm和360mm时所需的竖缝，所以在无具体设计要求时，钢筋伸入砌体内的水平长度若按6～8度时360mm、9度时480mm下料，就能完全满足将钢筋弯钩埋入竖缝内的要求。此外，钢筋砖过梁洞口两边的丁砌层（第一皮砖）的长度6～8度时不应小于360mm、9度时不应小于480mm，否则也会造成无法将弯钩埋入竖缝内的后果。

参考文献

[1] GB50010－2002，混凝土结构设计规范[S].
[2] GB50003－2001，砌体结构设计规范[S].
[3] GB50011－2001，建筑抗震设计规范[S].
[4] 应文浩．基础柱保护层厚度作法[J]．建筑工人，2003(1).
[5] 应文浩．建筑设计砖基础的强度等级[J]．村镇建设，1999(1).
[6] 应文浩．使用直径较大的钢筋易忽略的问题[J]．建筑知识，1997(4).
[7] 应文浩．钢筋砖过梁设计和施工应注意的问题[J]．建筑工人，2001(1).

作者简介：应文浩(1965—)，男，国家二级注册结构师，国家注册监理师，国家注册咨询师，国家一级注册建造师，曾在国家级、省级刊物发表专业论文十多篇，现任天长市规划建筑设计院院长。

相对编码与绝对编码组合的数据采集编码方案

柏 捷
(蚌埠市勘测设计研究院 安徽蚌埠 233000)

摘 要:在数字化测图的数据采集中,提出宏观采用相对编码、微观采用相对编码与绝对编码相配合的方式,实现全要素编码测图中,仅需输入两三位字符的编码方式即可实现连线地物的编码连线,本方法不仅编码短,而且编码简单,可极大降低编码输入人员的劳动强度和提高编码的质量。

关键词:数据采集;相对编码;绝对编码;地物属性码;镜站码;连接符;连接码

一、引 言

目前在大比例数字化测图中,数据采集方法主要还是利用全站仪进行。在使用全站采集数据时,主要有三种方法:一种是盲采法,即采集的点只有坐标,同时配合画草图的方式,在内业工作中利用全站仪采集的坐标点与草图配合进行内业成图工作;第二种是编码法成图,即全站仪在进行数据采集坐标的同时利用电子手簿记录该点的编码(自然也可以将坐标和编码同时保存在电子手簿里),在内业成图时,根据坐标数据与编码数据结合自动生成地物;第三种就是电子平板,现场编辑,现场成图。盲采法数据采集的特点是采集数据时不需要编码,省去编码工作,但需要绘制草图,同时内业还需要根据草图进行绘制,内业工作量较大。编码法的特点是不需要绘制草图,内业可根据编码自动生成图形,所以内外业工作量都小一些,但编码是一件比较困难的工作。电子平板的特点是现场成图,所测即所见,直观形象,但外业采集的同时进行编辑,采集效率较低。所以综合起来,编码采集的方法具有效率高,内外业工作量相对较小的特点,在数据采集中得到广泛的应用。在数字化地形图中,总体可以分为两大类地物:一类是独立地物,一个点可独立生成地物,不与其他点发生联系,如控制点、各种符号等;另一类是连线地物,一个点需要与其他一个或多个点一起生成地物,如道路、房屋等。对于独立地物,其编码是容易的,给予一个唯一地物属性编码即可。关键是连线地物,其编码不仅需要地物属性编码,还需要连接码,通过地物编码将地物分类,通过连接码建立地物的连接关系。在连接码编码模式中,分相对编码和绝对编码两种:相对编码是通过相对于本点的位置关系表示一个点与其他点的连接关系,在采用相对编码的方式中,地物编码和连接码是互斥的,即编码如果是地物编码,只能表明本点是什么类型地物,不能看出其和哪点相连,编码如果是连接码,则本点和某点相连,自然其地物编码和相连的点一致,如“ABC”、“+”、“A52”、“2+”几个编码,“ABC”、“A52”为地物编码,“+”和“ABC”相连,“2+”和“+”相连,编码相同,如果前后位置变化,则连接关系也会发生变化。绝对编码的连接码编码方式,连接码是整数,编码中地物编码和连接码是同时存在的,在地物编码相同的情况下,通过数据码的数值大小表示点的连接情况,如果数据码的差值为“1”,则两点相连,如“F1”、“F2”、“F4”,“F1”、“F2”是相连的,“F4”则无相连的点。也可以看出,采用绝对编码的编码方式,点的排列顺序与点的连接情况无关。无论采用哪种编码方式,独立地物编码和连线地物的地物属性编码都是固定的,无非是花点时间记住即可。连接码则是在动态变化的,记录员需要全神贯注还得用稿纸辅助记录,弄得手忙脚乱,还会经常弄错,所以采用编码数据采集中,连接码的编写和输入成为影响采集质量和效率的最大瓶颈。通过对数据采集的编码原理进行分析,宏观采用相对编码,微观采用相对编码与绝对编码配合的方法可以很好地解决这一问题。采用这种编码方式对于连线地物编码的编码长度平均不超过3个,且编码方式符合对连线地物的自然描述,极为简单。

二、相对编码与绝对编码组合的编码方法

相对编码与绝对编码组合编码的方法是宏观编码采用相对编码模式，在某一个连线地物上以相对编码为主、绝对编码为辅的编码模式，在对同时采集多个同类地物时引入镜站码，通过地物属性码区分不同地物，通过地物属性码与镜站码来区别同类地物，所以一个编码有地物属性编码、镜站编码、连接符、连接码四个部分组合而成。地物属性码由一到两位字母组成，镜站码一般由一位数字组成，连接符为"＋"或"－"一位字符组成，连接码一般由一位数字组成，所以一个连线地物编码最多六位，但这只有在处理特殊情况下才需要，正常情况下只需地物属性编码和镜站编码即可。甚至大部分情况镜站码也不需要，只要地物属性编码即可。如果同一个地物采集的点和本地物采集的上一个点是顺连的，则可以省略连接符和连接码，如果是逆向连接的则可以省略连接码。基于这一方法的地物连线的基本原则如下：

1. 一个地物属性码和镜站码且连接符为"＋＋"的编码出现，表示上一个具有相同地物属性码和镜站码的地物采点结束。

2. 设以一个地物属性码和镜站码且连接符为"＋＋"编码作为一个地物开始，在另一个具有相同地物属性码和镜站码且连接符为"＋＋"编码出现之前，其间所有具有相同地物属性码和镜站码的编码组成一个连线地物编码集，其中连接符为"＋＋"编码为起始点，无连接符或连接符为"＋"的，依次排列在起始点以后，连接符为"－"的，依次排列起始点以前。

3. 在一个连线地物编码集中，凡是没有连接码的编码位置不做调整，连接码不为数值视为没有连接码。连接码为整数的，其位置根据其连接符调整到以起始点为第一点前或后的连接码数值所在位置，连接码不为整数的，如果其整数值的位置为空，则调整到其整数值所在位置，否则调整到相应整数位置之后且按升序排列，具有相同连接符和连接码的，根据其连接符为"＋"或"－"按其采集顺序先后排列在前或后，前后以起始点为参照。

4. 在一个连线地物编码集中，相邻两个编码没有连接码的点是相连的。

5. 在一个连线地物编码集中，相邻两个编码只有一个编码有连接码的点是相连的。

6. 在一个连线地物编码集中，相邻两个编码都有连接码的，连接码的差值小于等于 1 的是相连的，大于 1 是不相连的。

三、相对编码与绝对编码组合编码方法示例

1. 地物属性编码的约定

对于地物属性编码分为两类：一类是独立地物，一类是连线地物。独立地物用首字符识别，编码第一个字母为"D"，其后用字母或数字组合区别不同的独立地物，包含控制点、高程点、文字注记。连线地物用一至两个字母表示，一般以地物名称的拼音首字母，以便于记忆。

2. 编码示例

如图 1，其中的数字 1 到 47 为地物点的采集顺序，采用相对编码与绝对的组合编码方式的编码，可按表 1 进行。

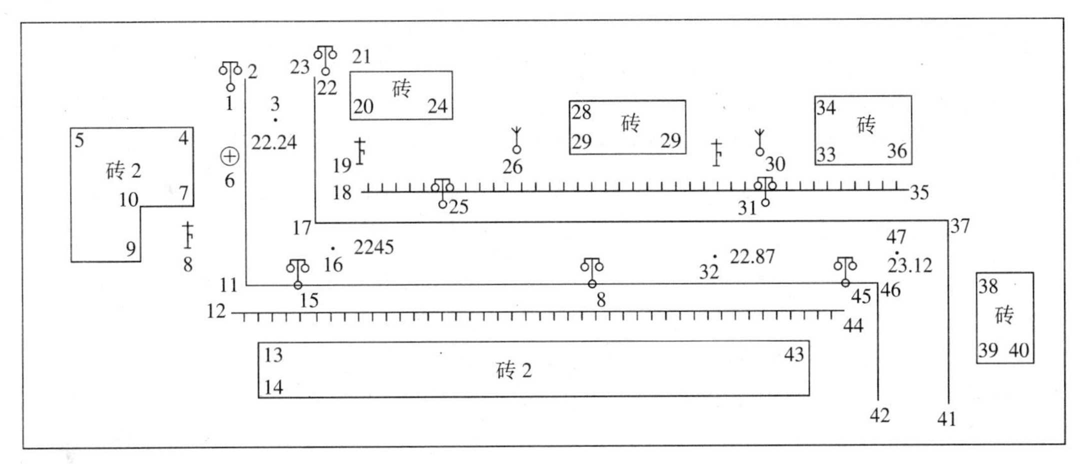

图1 编码示意图

表1 图1的编码

采集序号	编码	采集序号	编码	采集序号	编码
1	DLD	17	L1++	33	F1++
2	L++	18	K1++	34	F1
3	DG	19	DSLT	35	K1
4	F++	20	F1++	36	F1−
5	F−	21	F	37	L1
6	DXS	22	DLD	38	F1++
7	F	23	L1−	39	F1
8	DSLT	24	F1−	40	F1
9	F	25	DLD	41	L1
10	F+3	26	DBLC	42	L
11	L	27	F1++	43	F−
12	K++	28	F1	44	K
13	F++	29	F1−	45	DLD
14	F	30	DBLC	46	L+3
15	DLD	31	DLD	47	DG
16	DG	32	DG		

由表1可以看出，宏观上使用相对编码，使得连线地物的连接码不会因采集地物的增加而变长。微观上使用相对编码可以省去部分编码的连接码，同时微观上又使用绝对编码使得踩点顺序可以很自由，无论怎样的采集顺序都可以轻松方便地编写连接码。引入镜站码使得同时采集多个同类连线地物的编码变得简单，一个连线地物的点采集结束后，则其镜站码即可释放，因一般同时采集多个同类地物的个数不会太多，所以镜站码一般一位数就足够使用了。每个点的编码都加入地物属性码后使得采集本地物时插入采集其他地物不会对本地物的编码产生任何影响，同时还可省去部分连线编码的连接符和连接码，使得编码变得简单。

四、结束语

使用相对编码和绝对编码的组合方式进行数据采集的编码方法，一方面可以极大地降低编码长度，如表1，采集47个点，其中独立地物点15个，连线地物点32个，连线地物编码字符数合计79个，平均每个连线地物编码字符数2.46个，这是建立在编码全部手工输入的基础上的，如果使用PDA作为编码储存器，则镜站码、连接符、连接码可以作为参数进行设置，则对于连线地物的编码每次只需输入地物属性码，则可以进一步减少连线地物的编码输入字符数。另外此种编码方法和人们认识客观事物的方法相一致，不需要进行复杂的变换即可进行编码，如测量员表述其所采集的点通常是"第某个地物某类地物和上一点连"，"第某个地物"用镜站码表示，"某类地物"用地物属性码表示，"和上一点连"包含了连接符和连接码，所以编码工作相当容易。由此可以看出，使用相对编码和绝对编码的组合方式进行数据采集的编码方法，在减小编码输入量的同时使编码变得容易，所以在实际数据采集工作中降低编码输入人员的工作量的同时提高工作效率和编码质量，采集的数据生成的图形和采用其他编码方式相比连线质量显著提高。

参考文献

[1] 谢钢生，范铀．CASS6.0成图软件用户手册．

[2] 杨友长．DMAPS数字化成图系统使用手册．

[3] 秦永，宋伟东．利用地物相关性对线状地物自动连线方法的探讨[B]．测绘通报，(2006)01－0015－3.

作者简介：柏捷(1956年12月)，男，高级工程师，安徽寿县人，1988年毕业于上海同济大学，现任安徽省蚌埠市勘测设计研究院院长。

有关 Dyn11 结线配电变压器

袁峙坤
（铜陵市电力咨询设计有限责任公司）

摘　要：通过对 Yyn0、Dyn11 结线配电变压器的比较，分析指出我国过去采用的 Yyn0 结线配电变压器的缺陷，说明采用 Dyn11 结线配电变压器可以改善变压器输出的电能质量，且有利于提高三相负载不平衡时的单相负载能力及单相接地短路故障切除等优点，认为有必要在配网中大力推广 Dyn11 结线配电变压器的使用。

关键词：Yyn0 结线配电变压器 Dyn11 结线配电变压器

我国是能源短缺的国家，但能源的浪费却很严重。而在电力网上无论是供配电系统或用电设备，都存在着节能的巨大潜力。正确设计供配电系统，改革高耗能工艺，选用节能产品，更换改造低效设备，通过科学管理和合理组织生产，实现供配电及用电设备的经济运行。

在电力系统中变压器的节能是很重要的，但过去的研究多局限于变压器本身的节能，仅考虑 Yyno 结线变压器本身的节能，这是远远不够的。在研究配电变压器节能时，不仅要研究变压器本身的能耗、所用材料和成本等，还要研究由于它的电能质量的优劣而带来的相关社会能耗及人力、物力等方面的消耗。

在工业企业以及民用建筑中，我国过去设计和安装的 10(6)0.4—0.22kV 配电变压器，几乎全是采用 Y/y_0-12 绕组联结法（即 Yyn0）变压器。然而随着电网电能需求量的迅速增长，我国经济建设的发展、电子科技的进步、大量应用负载的性质也发生了很大的变化，有必要对配电变压器的联结绕组进一步加以研究。目前我国许多地方已开始采用 Dyn11 绕组联结的电力变压器。与 Yyn0 绕组联结法变压器相比它的使用会给系统带来怎样的优势？

第一，采用 Dyn11 结线变压器容量能够得到充分利用。

在工业企业中单相用电设备电焊机、电热设备是经常遇到的，在民用建筑中照明、家用电器大多是 220 伏单相负荷，尽管在工程设计和安装时尽可能将各个单相负荷均匀分布到三相上，但由于运行时情况千变万化，有时可能出现严重的三相不平衡，这样就会使变压器处于不对称运行状态。当变压器不对称运行时，副边中性线就会有零序电流流过，而零序电流为中性线电流的 1/3，同时零序电流在变压器铁芯中产生零序磁通，但若变压器采用 Yyn0 接线，高压侧接成 Y 接了就没有零序电流通过，无法由高压侧的零序磁通来抵消低压侧的零序磁通，这样只有通过空气隙、油箱壁及夹紧铁件形成闭合回路，零序磁通在铁件上就形成磁滞及涡流损耗，造成变压器发热。因此，对于 Yyn0 结线的变压器规程明确规定由单相负荷三相不平衡引起中性线电流不得超过低压绕组额定电流的 25%。此时其中任意一相的电流不得超过额定电流值，这就限制了接用不平衡负荷的容量，影响了变压器容量的充分利用。

而对于 Dyn11 结线变压器，当变压器处于不对称负载运行，副边也出现零序电流，但由于此时变压器高压侧接成△绕组，原边的零序电流可以在绕组中形成环流，使磁通得到很大的削弱。不致因副边零序电流而使变压器过热，因此这种结线的变压器中线电流可达额定电流的 75%以上。从而大大提高了变压器接用单相不平衡负载容量的发挥。

例如：原设计一个小区的一台 630kVA 的变压器，供小区 120 户住宅用电（每户按 8kW 单相容量计算）。配电没改造前其结线绕组为 Yyn0，在夏季高峰期，由于负荷严重不平衡，零序磁通产生附加损耗，致使变压器发热而经常不能正常运行，近年配网改造后将其结线改为 Dyn11，还是供小区 120 户住宅用电，运行时虽然还存在负荷分配不均匀的现象，但这台重新更换的变压器没有发生过热、负荷不够用的情况。

经过分析可知：630kVA 配电变压器每项容量为 210kVA。对于 Yyn0 结线，当单相运行时，线电流等于中性线电流，为了不使中性线电流超过线电流的 25%，此时负荷就不得超过 210×25%＝52.5kVA，这样变压只能发挥其容量的 52.5/630＝1/12。而对于 Dyn11 结线的变压器单相运行时，其容量可利用 630/3×0.75＝157.5kVA，占变压器额定容量的 1/4 以上，是同样情况下 Yyn0 结线变压器的 3 倍。这样就不致因副边零序电流而使变压器过热。也就是说变压器的利用率可提高 630/3×75%－630/3×25%＝105kVA。所以可扩大此种变压器的应用范围，能使容量充分发挥。

第二，采用 Dyn11 结线变压器能够提高电能质量。

因为不少用电设备为单相负荷，变压器负荷分配不均，使变压器副边负载不对称。Yyn0 连接三相变压器单相运行时原、副边相电压都不对称了，而不对称的原因是由于存在零序电势所致。副边负载不对称时，副边各相将会产生正序、负序和零序三个对称分量，对于正序、负序电流分量在原边可以流过相同的正、负序电流，使副边电流产生正、负序磁通，这样原边、副边正、负序磁通可以相互抵消。但零序电流分量的情况就不一样了，由于原边绕组的接法为 Y，不可能流过零序电流，因此由此产生的副边零序磁势得不到平衡，即没有被抵消。副边零序电流就成为励磁电流，副边零序电流磁势就成了励磁磁通，会产生主磁通重叠在正序的主磁通上，这样主磁通便在各相绕组中感应出零序电势了。当单相负载运行时，出现零序电势 E0，三相的相电压分别为正序电压加（－E0），此时相电压 UA（$-Ua$）、UB（$-Ub$）、UC（$-Uc$）分别画在图中，相交于 O'点，O'为不对称运行的中点。中点为 O 时，中点的参考电位为零，中点跑到 O'后，中点的参考电零，而为 $E0$ 这边是所谓的中点位移现象。零序电势 $E0$ 的大小就是中性点电位变动的数值。零序电势越大，中性点位移越严重，三相电压不平衡程度变得越厉害。

$E0$ 使变压器中性点产生位移。其矢量图见图 1。

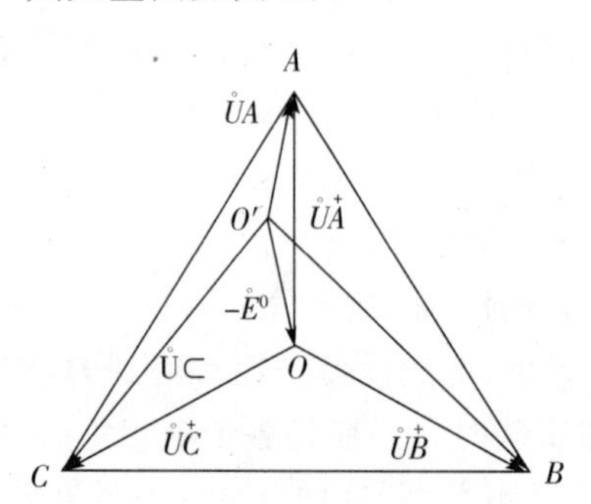

图 1　变压器中性点位移相量图

而 Dyn11 结线变压器，在不对称运行时，副边也会出现零序电流，但在原边由于接成△形结线，绕组里也会引起零序电流，但此零序电流能与副边零序电流相平衡，其零序电势就会很小，不会引起严重的中性点位移。即使是 $In=0.75Ie$ 时，变压器副边每相电压的最大偏移度也只有±0.6%左右，电压畸变很小。

变压器副边中性点位移，会造成副边相电压严重不对称，影响供电质量，不利于安全用电，为了克服这些缺陷，提高设备供电电压对称性，应选用 Dyn11 结线的变压器。

第三，能够在低压侧实施继电保护，并提高其灵敏度。

当变压器低压侧三相过电流保护兼作单相短路保护时，对于 Yyn0 结线变压器，单相短路电流为：

$$I_d^{(1)}=\frac{E\varphi}{Z_d+Z_j}=\frac{E\varphi}{Z_d+\dfrac{Z_b^{+}+Z_b^{-}+Z_b^{0}}{3}} \tag{1}$$

式中

$I_d^{(1)}$——低压短路电流；

$E\varphi$——相电势；

Z_j——变压器计算阻抗；

Z_d——相零回路阻抗；

$Z_b^+ + Z_b^- + Z_b^0$——变压器正序、负序及零序阻抗。

变压器的零序阻抗是一个不固定的值，需要进行测量，且零序阻抗因线圈和导磁元件结构布置的差异会得出不同的值，因此就是同一型号同一规格的各台变压器的零序阻抗值也可能有差异。这样一来，很难获得制造厂对每台变压器都提供的有关数据，从而给工程设计带来困难。

对于 Dyn11 结线变压器，

$$I'_d = \frac{E\varphi}{Z_d + Z_j} = \frac{E\varphi}{Z_d + Z_b^+} \tag{2}$$

式中 Zj——变压器的计算电抗，其值等于正序或负序阻抗。因此这种变压器的零序阻抗和其正序阻抗或负序阻抗值相等。

而 Yyn0 结线变压器零序阻抗大，一般 $Z_b0 \approx (8\sim9) Z_b+$。这样，在变压器低压出口不远处发生单相短路时，若忽略线路阻抗，变压器短路电流就取决于变压器计算阻抗，而零序阻抗又是 Yyn0 结线变压器计算阻抗的主要成分。从上述分析可见 Dyn11 结线单相短路电流比 Yyn0 结线大得多，由公式(1)、(2)比较可以看出，当副边短路点离变压器很近，线路阻抗可忽略时，Dyn11 结线单相短路电流为 Yyn0 结线 3 倍以上。因此，在低压三相过流保护整定值相情况下，前者保护的灵敏度为后者的 3 倍以上。如果保护灵敏相同，Dyn11 结线变压器可扩大一干线式供电方式的供电半径，或者可减少中性线截面，从而节省有色金属的消耗量。

第四，能够切除单相接地短路故障。

原边接成△形，绕组内可通过零序循环电流（感应产生），因而可与低压绕组零序电流互相平衡、去磁，因此，副边零序阻抗很小；若原边接成星接，绕组就不能流过零序电流，低压侧激磁时，其零序电流在变压器铁芯中产生零序磁通，但其磁路不能在铁芯内形成闭合，要走铁芯外面的空气，其磁阻很大，变压器的零序阻抗较大。若发生单相短路，其短路电流值就会相对地减小，致使在很多情况下，发生单相接地短路电流几乎不能使低压断路器快速动作或使熔断器迅速熔断的现象。通常，在相同的条件下，Dyn11 结线的变压器配电系统的单相短路电流为 Yyn0 结线时的 3 倍以上。因此，Dyn11 结线有利于单相接地短路故障的切除。

第五，能够抑制高次谐波电流。

对于 Yyn0 结线的三相变压器，原边星形连接而无中线，故三次谐波电流不能流通。原边激磁电流波形为正弦波时，则铁芯中磁通为平顶波，副边感应电势波形所含高次谐波分量大；激磁电流中以三次谐波为主的高次谐波电流在原边接成△形条件下，可在原边形成环流，与原边接成星形相比，有利于抑制高次谐波电流。在当前电网中接用电力电子元件、气体放电灯等日益广泛、其功率越来越大的情况下，会使得电流波形畸变。即使三相负荷平衡，中性线中也流过以三次谐波为主的高次谐波电流。配电变压器的原边（常为 10kV 侧）采用三角形结线就抑制了此类高次谐波电流，这样就能保证供电波形的质量。

近来异相调压设备的使用日益增多，负荷电流中含有的高次谐波，主要为三次谐波。由于 Dyn11 结线的变压器原边的三角形连接为 $3n$ 次谐波提供了通中，产生出对应量的反向谐波电流和消磁磁通，致使绕组中感生的 3n 次谐波电势比 Yyn0 小得多，有效地削弱了由系统造成的污染，增强了抗系统干扰能力，这也有助于提高变压器输出的波形质量，运行特性较好，有利于对电子计算机和各种要求电压波形好的电压设备供电。

在今天科技快速发展，计算机的普及运用，无疑采用 Dyn11 结线的配电变压器较之采用 Yyn0 配电变压器更为有利。

此外 Yyn0 结线变压器除由于变压器副边不对称运行造成的零序电流产生损耗外，它所形成的三次谐波分量在变压铁芯中由于不能自由流通而形成附加损磁及涡流损耗。而 Dyn11 结线的变压器，原边接成△形，三次谐波能在原绕组中环流，能够消除高次谐波造成的铁芯附加损耗，所以 Dyn11 结线变压器损耗较小。

在近几年的设计中，我们已开始考虑使用 Dyn11 结线的配电变压器，特别是对一些单相负荷运行比较多的地方及一些特殊用户，会对供电质量要求更高，供用电合同将会涉及用户此类要求，采用 Dyn11 结线变压器有利于解决这些问题。

参考文献

《电机学》、《工业与民用配电设计手册》、《变压器》、《电力变压器》、《电力系统高次谐波资料汇编》

作者简介：袁峙坤，女，大专，铜陵市电力设计咨询有限责任公司工作，主要从事电气一次设计。

传统中有时尚，时尚中有传统

——安徽省大通镇美食休闲文化广场建筑设计

张　剑

（铜陵市建筑设计院　安徽铜陵　244000）

摘　要：结合安徽省大通镇美食休闲文化广场建筑设计创造，对历史文化古镇的传统文脉与现代商业元素的融合做了一些实际性的探讨。在营造热烈的商业氛围、创造高雅的消费场所的同时，使传统文化与现代商业和谐统一，经济开发与环境品质协调发展。

关键词：历史文脉；现代商业；生态环境观；和谐

随着现代社会城市化进程的不断发展，现代化的城市面貌与传统建筑风格的矛盾日趋尖锐。如何解决这个矛盾，在传统与现代间寻找一个合适的契和点，这就需要我们在具体的实践中不断摸索和总结，针对不同地区、不同历史文化背景，寻找最适合的发展方向。下面以安徽省大通镇美食休闲文化广场建筑设计为例，对历史文化古镇的传统文脉与现代商业建筑的融合做一些实际性的探讨。

一、项目背景

大通，一座具有千年历史的江南名镇，古名澜溪，位于安徽省铜陵市西南，地处长江下游南岸，西北与枞阳隔江相望，南以青通河与贵池、青阳交界，距"世界公园"黄山仅有 180 千米，与中国四大佛山之一九华山相隔 90 千米，铜青公路、铜贵公路、沿江快速通道和合铜黄高速穿境而过，是进出皖南旅游区的枢纽和重要通道，是安徽"两山一湖"（九华山、黄山、太平湖）的北大门，是九华山头天门的所在地。大通镇曾是一座蜚声中外的江南重镇，区域面积虽只有二十余平方千米，但商铺林立，拥有报馆，曾是安庆、芜湖之间的大码头。历史上与安庆、芜湖、蚌埠齐名，并称为安徽"四大商埠"。大通镇有澜溪、和悦两条保存完好的老街，属省级历史文化保护区。大通镇现已被国家评定为一座历史文化名镇（图 1），其建筑风格以传统的徽派建筑为主。

图 1

项目位于铜陵市铜都大道西侧，合铜黄高速公路东侧，与大通中心区直线距离不足 3 千米，为大通片（商贸园）村民安置点项目的一部分，交通便捷，商业价值极高。用地现状内以农田、林地和菜地等为主，地形总体趋势是北高南低。项目定位为集美食、娱乐、休闲并能举办文艺集会为一体的南部城区重要美食休闲文化广场。

二、设计理念

通过对任务书的仔细研究和在古镇的多次现场调研，我们认为该项目的建筑设计创作应定位为：依托大通古镇的历史文脉，使传统文化与现代商业和谐统一、经济开发与环境品质协调发展。

1. 整合环境资源，依托大通古镇的历史文脉，营造热烈的商业氛围，创造高雅的消费场所，引导和提升美食休闲文化广场的文化品位。

2. 以人为本，尊重和满足现代人的消费行为。

3. 美食休闲文化广场整体化设计。通过传统文化元素和现代商业元素的相互穿插和融合，营造商业景观与美食休闲文化广场的商业价值。

三、规划要点

1. 规划结构

针对用地的实际情况，充分考虑了外向型经济模式与社会活力的发展需求，以及消费者对消费环境与景观的高品位要求，本规划结构可归纳为两环、两轴、四区（图 2）。

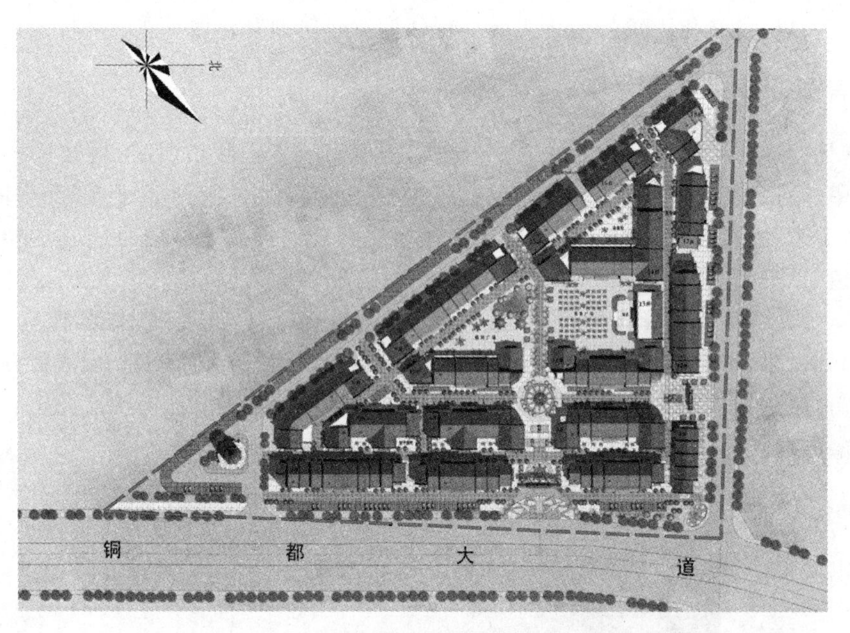

图 2　总平面图

1.1 两环：两环为围绕着地块的两条车行环道。外环道与城市道路相连接，内环道将美食休闲文化广场内部区域有序连接。内外环路保证了美食休闲文化广场交通的便利，提高了商业效率。

1.2 两轴：指南北向和东西向的两条景观轴。东西向景观轴为主轴线，与铜都大道组入口相连，通过引桥延伸将人流引入美食休闲文化广场内部。南北向景观轴为次轴线，与城市次干道相连。

1.3 四区：两环与两轴将基地有机地分为四个区域。随着现代社会人们生活方式的变化，人们在一站式消费的同时要求消费活动休闲化。因此，美食休闲文化广场在功能分区设计上就自然地形成了以特色饭店为主体、其他休闲消费为辅的布置形式。四区分别为特色饭店、特色小吃、酒吧街、烧烤广场。

两环两轴是骨骼、四区是躯体。这些要素共同组合，形成了以中心演艺广场为景观中心，商业步行街为景观带，合理而成熟的美食休闲文化广场。

2. 交通组织(图 3)

2.1 商业人流沿铜都大道主入口进入,美食休闲文化广场内部建筑通过组合,形成若干条环形商业步行街;

2.2 机动车流沿外环进入基地,通过内环进入内街;

2.3 机动车停车,地面上有泊位 260 个,地下 60 个;

2.5 消防车道环绕基地一周,内街道路均可满足消防车的进入。

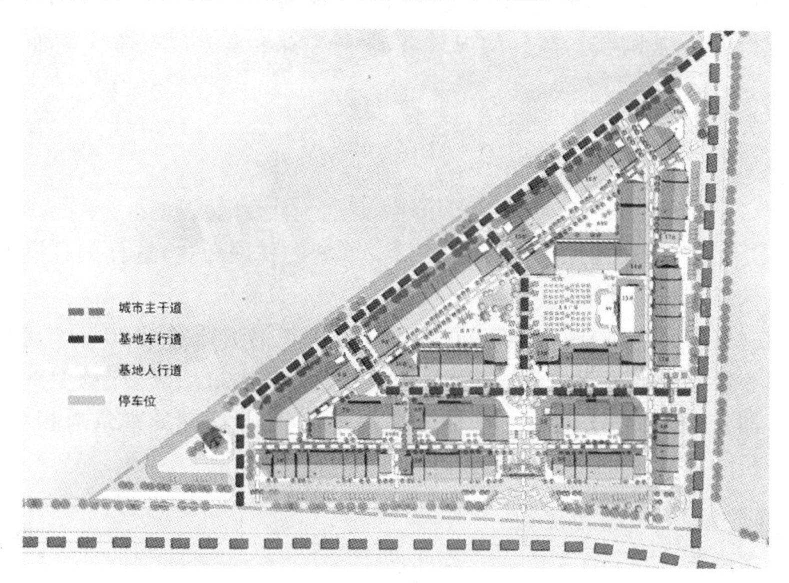

图 3　交通分析图

铜都大道上设两个机动车出入口和一个人行主出入口、若干个人行次出入口,地下车库位于基地西北侧,利用地形高差建设。整个交通体系为完整体系,流线清晰,互不干扰、人车分流,有效保证内街的秩序和人流的安全,并提供了足量的停车空间。

3. 景观分析

本地块的环境主题是以和谐的生态环境观,构筑建筑与城市相亲和,人文与自然协调发展。

3.1 建筑的空间层次。分析建筑群的天际线,建筑高度沿南北向轴线呈高低变化的波形曲线趋势,最南端利用三角地形设计了观景塔,成为整个建筑群制高点;在中间位置,为主入口广场,同时在建筑层数上做了一些变化,整个沿街建筑群轮廓线变化且有规律(图 4)。

图 4　鸟瞰图

3.2 建筑体量在临街角处，均作了相应的处理。有的通过层数的变化，有的通过建筑平面的进退变化，创造了多层次、多方位、多角度、多方程的空间景观。

3.3 通过建筑空间的布局，休闲场所的塑造—局部的凹进与凸出，引导人流的折行。同时步行街道的尺度上考虑到过宽的街道会造成商业气氛的流失，因此步行街道宽度设计为 9～11 米，使每个商铺都有自己的商业吸引点，避免了局部商铺的盲区化。

3.4 景观要素点、线、面相结合，充分体现人与自然的交融。十字形景观轴、中心演艺文化广场，形成了商业中心；步行街道上的小溪流，高耸的观景塔，阴阳互补的全方位立体景观面，交织成完整的景观系统。

四、建筑设计

1. 平面布置

平面设计上考虑到建筑的使用性质，平面以 8 米×8 米的柱网为主，这样的柱网既能满足一般商铺的需要，也能满足餐饮类用房的需要。

基地主入口放在沿铜都大道中间，建筑退让规划铜都大道的道路边线 20 米。考虑到铜都大道是一条重要的交通要道，为了更好地吸引人流，在主入口位置设计了入口广场，广场上耸立着一座代表着徽派建筑特色的牌坊（图 5），成为整个地块一个标志性的建筑，它与南端的观景塔相互辉映，使整个沿街建筑群富有变化和规律。

图 5

因铜都大道与现状用地有一定高差，人流需经过引桥或室外台阶才能至美食休闲文化广场内部，设计中为了减少土方的回填，沿铜都大道的建筑均利用高差做了半地下室，与其他建筑形成了一条小吃和酒吧街（图 6）。沿铜都大道的建筑以商业网点为主，主要以出售本地特产和手工作坊制品为主。

沿主入口走上引桥，引桥下为一条南北向的步行街，设计定位为特色小吃街和酒吧街，以休闲消费为主，主要有小吃店、酒吧、商业网点和茶楼等。街道在空间上局部的凹进与凸出，形成若干小型室外休闲空间。

通过引桥下台阶，为两条景观轴的交汇形成的小型广场，沿着广场前行，进入整个地块的中心地带。中心地带由建筑群围成了南北两个大型广场。北部为大型演艺广场（图 7），可以举办文艺集会和大型文艺表演；南部为烧烤广场，可进行露天烧烤和篝火晚会，满足人们不同的消费需求。

图 6

图 7

围绕着广场的建筑功能上基本以特色饭店为主。基地内所有建筑层数均为二至三层。

2. 建筑造型

建筑造型上力求传统文化与现代商业的和谐统一。所谓的统一就是通过传统文化元素和现代商业元素的相互穿插和融合,通过对大通古镇徽派建筑风格的研究,我们在建筑立面设计中延续了这种文脉,本方案的设计以徽派建筑风格为主,当然,我们并不是对传统风格一种重复,而是在其中加入了新的、现代的元素,赋予其一种新的内涵。比如在现代的商业店面加入了灰砖、传统木窗花格或传统形式的招牌,建筑的一层利用通透的大玻璃和局部的玻璃幕墙,以及一些体现现代风格的钢构件,表达现代商业的元素(图 8)。同时通过建筑层数和平面布局的变化,在立面形式上高低错落、进退有序,空间层次丰富多变。这些元素共同组成了一种个性化的风格，也是本项目区别于其他商业街的特色所在。这种特色提升了本项目的文化品位，从而达到了我们的既定目标——我们并不是简单地重新设计出一种风格，而是一种文脉的延续性修复。传统中有时尚，时尚中有传统。

图 8

五、结语

我们不能回避传统文化，回避它就意味着我们放弃了自己的历史。作为一名中国建筑师，建筑创作应根植于历史与传统，理性地寻找一种适合的理论基础，才能创造属于我们自己历史又具有现代生命力的建筑形态。

参考文献

[1] 林楠，王葵．传统商业街的文化性修复．建筑学报，2007(5).

[2] 李东君，查君．以消费行为为导向的商业街规划设计．建筑学报，2007(8).

作者简介：张剑(1981—)，男，安徽庐江人，毕业于安徽建筑工业学院，学士，工程师。

建筑物岩土工程勘察文件审查质量问题剖析

王国昌
（铜陵市规划勘测设计研究院）

摘　要：对勘察文件审查中发现的若干常见质量问题依据专业特点进行了分类并举例分析其原因，阐述了勘察项目质量的特点，提出了当前有利于改进质量的几点建议。

关键词：岩土工程勘察；文件审查；质量；问题

1. 引　言

根据住房和城乡建设部规章，由施工图设计文件审查机构具体执行的岩土工程勘察文件审查是建设行政主管部门现阶段对工程勘察项目质量进行监管的主要形式。国家对工程勘察质量的根本要求是“勘察文件应当符合国家规定的勘察深度要求，必须真实、准确”[1]，但“真实”更多的是对职业道德的强调，准确与符合勘察深度要求才是勘察文件审查时需要把握的关键。

文件审查时发现的勘察质量问题可谓多种多样，但万变不离其宗，如果从勘察工作的技术特点和常规作业流程的角度来分析，则会穿透这些问题形形色色的外表而发现其内在的原因或规律。剖析原因，把握规律，不仅有利于提高文件审查工作的效率和审查意见的科学合理性，更重要的是有助于勘察项目质量的提升。

2. 质量问题分析举例

在建设领域，勘察工作的技术特点是侧重于反映客观存在的场地的现实状况。岩土工程勘察的定义就是“采用各种勘察手段和方法，对建筑场地的工程地质条件进行调查研究与分析评价”[2]，其一般的作业流程是现场勘探及取样、室内土工试验、资料整理分析与编制报告。如前所述，这样的技术特点和作业流程就决定了勘察质量问题大致可分成以下几类：资料收集与勘探工作量不足的问题、勘察手段不合适的问题、数据分析不当的问题、评价判断依据不足或错误的问题、地基基础方案建议合理性不够的问题。接受审查的勘察文件几乎全部是详细勘察文件，后面的论述均以详细勘察为例。

2.1 资料收集与勘探工作量不足的问题

关于资料收集，岩土规范要求“搜集附有坐标和地形的建筑总平面图，场区的地面整平标高，建筑物的性质、规模、荷载、结构特点，基础形式、埋置深度，地基允许变形等资料”，且为强制性条文，要求既严又细，勘察单位只要努力应该是能收集到这些资料的，但仍不时有“三无”（无坐标、无地形、无规划竖向标高）的勘察报告出现。如某安置房住宅小区勘察报告，多层住宅有十几栋，现状场地地面高差依勘探孔孔口标高计超过 20 米，报告的平面图中依然“三无”，造成审查时无法确定其勘探深度的合理性、建议基础方案的针对性等一系列难题。究其原因，怕麻烦、图省事是表面现象，根子在对勘察技术的理解不够、内部质量把关不严。一般而言，乡镇的单体建筑没有地形图、建筑总图还情有可原，在城市规划区内，勘察单位务必要通过建设单位取得这些资料。

足够的工作量是建筑场地勘察分析评价的基础。工作量不足主要表现为勘探孔深度不够、未实测剪切波速、土工试验或原位测试数量少等问题。

设计在勘察前一般很少确定基础形式，如果勘察方案布置时按浅基础考虑，外业勘探完成后发现工程地质条件不好需要建议采用桩基础，则势必会出现勘探孔深度不够问题。激烈的市场竞争造成现在一般都是一次性的详细勘察、外地的勘察单位对本地的地质条件缺乏经验、勘察项目的技术负责人到现场了解情况不够等因素是导致勘探深度不够的主要原因。

四川汶川特大地震后，国家及时修改了建筑工程抗震设防分类标准，扩大了教育建筑中提高抗震设防标准的范围，明确规定幼儿园、小学、中学的教学用房以及学生宿舍和食堂应按不低于乙类设防。也许是勘察单位信息滞后，对这些建筑勘察时仍然按过去的做法凭经验估算土层的剪切波速。当然还有相当多的建筑的设防标准也发生变化，勘察前了解清楚建筑物的抗震设防等级非常必要。

试验数量少的问题目前只是偶尔出现，多出现于有夹层或透镜体等零星土层分布的勘察报告中，由于该类土层厚度薄、出现规律性差，试验机会稍纵即逝，故出现此问题也是正常的，但勘察单位也不是没有办法弥补此问题的，在已有的钻孔旁补孔取样测试即可。

2.2 勘察手段不合适的问题

不同的土层需要用不同的勘探方法查明其性质，不同的方法适用的土层有一定的范围。如对软黏土适合用静力触探、旁压试验、无侧限抗压强度试验之类的手段，重型、超重型动力触探试验便于判断碎石土的性质，标准贯入试验适合判断砂土的密实度等等。

钻探或其他取样勘探时，凭手眼接触观察或其他简易方法对岩土层的性质进行现场描述是分析评价岩土性质最原始最直观的资料，但现场描述的质量与可靠性主要依赖从事记录的技术人员的素质和经验，所以勘察时需要用试验的方法取得一些定量的参数，两者相互佐证。如果勘察报告中对某主要岩土层只有现场描述而无测试试验数据，则审查人员只能任凭该描述而无法从另一个角度来判断该描述是否准确，无法发挥应有的作用，故勘察时应尽可能对所有的岩土层取得量化的测试指标。如对碎石土，勘察时除现场描述外，至少应取扰动样做颗粒分析试验以便于确定其具体类型，进行重型动力触探试验以便于判断其密实度。

2.3 数据分析不当的问题

按现行规范标准，有些试验数据应用时需要修正、有些则不需修正。如标贯数据，无论用于判断密实度还是用于液化判别，都是用实测值，不必修正；用重型或超重型动力触探数据判断碎石土密实度则需要修正。如某小高层商住楼，场地离长江较近，呈二元结构类型，建议采用预应力管桩基础，以下部的砾石层作为桩端持力层。对该砾石层的密实度的判别主要依据重型动力触探 $N_{63.5}$ 值，但对 $N_{63.5}$ 值未做修正，试算其修正值，则导致该砾石层的密实度评价将降低一个等级，从中密降到稍密，直接影响到对桩端阻力的估值，进而影响到桩基的安全。审图时发现了这个问题，避免了一个影响地基基础安全的重大隐患，充分体现出审图的作用，同时也反映出个别勘察单位对规范执行的不力程度。

经常发现对静力触探试验数据的统计分析存在的一个明显的错误是：由于静探试验附单孔的试验曲线图表，表中有各土层的单孔测试指标（如 p_s）的平均值，在对该指标进行统计分析时直接将前述的平均值作为统计样本，常常出现样本数满足不了规范至少 6 个的要求，其实这样做不对。如某场地勘察布置了 3 个静探孔，某层土在单孔静探图表中分别有 3 个平均值，显然对该土层的静探指标进行统计不能以这 3 个平均值作为统计样本，应当以该土层每隔 0.1 米测得的全部指标值剔除超前滞后反映阶段和其他异常值后的数据作为统计样本。

2.4 评价判断依据不足或错误的问题

如前所举的用 $N_{63.5}$ 值判断砾石层密实度的例子，由于数据分析不当造成判断错误，进而影响到评价结论的准确性。场地抗震地段、场地类别、土和水的腐蚀性评价方面容易出现该类问题。

虽然建筑抗震设计规范以列表举例的方式对建筑抗震有利、不利、危险地段作出了划分，并在规范的条文说明中指出除此之外的其他地段算作一般地段，但列表举例的类型总是有限的几个，现实的场地状况总有套不上的，这样就需要岩土工程师们根据抗震地段划分的基本原理来合理判断。抗震有利地段的前提条件是场地土的综合类型应为中硬土及以上，不利地段的前提是场地土软弱、易液化或外形上有突变，危险地段的前提是地震时可能出现地面破坏效应现象。曾见一勘察报告，判断场地属抗震有利地段，但对照报告中给出的场地土层的等效剪切波速(Vse)值约为 220m/s，场地土的综合类型属中软土，再看其土层分布，在地表下 8 米以内主要分布有填土、淤泥质土和一般黏性土，显然不应该属于有利地段。

场地类别依据土层等效剪切波速(Vse)和场地覆盖层厚度两个指标来划分，而 Vse 的计算深度为覆盖层深度和 20 米二者中的较小值，如果没有查清覆盖层厚度、钻探深度也没有达到 20 米，但查明的场地土层条件足够建筑地基基础设计的需要，应该讲是可以按地区经验估计的场地覆盖层厚度计算 Vse 值、判定场地类别，但关键是数据之间不能有逻辑矛盾。如某多层住宅小区的勘察，最大的勘探孔深度为 15 米，凭经验估计场地覆盖层厚度 18 米，但计算 Vse 时却说计算深度 20 米，二者明显矛盾。

关于水和土的腐蚀性评价，很少有项目是采取了水试样(取土试样的就更没有)，依据试验结果来判断的。岩土规范规定当有足够经验或充分资料认定场地的土或水对建筑材料不具腐蚀性时，可不取样评价，给勘察单位有了对该问题以有经验为借口进行武断判定不具腐蚀性的理由，而事实上是经验不够，资料也得不到积累，更为甚者是对非本地的项目也号称有足够的经验。随着环境污染问题的日益紧迫，对水和土地腐蚀性评价应强调以试验为依据。

2.5 地基基础方案建议合理性不够的问题

我国推广岩土工程体制已有 20 多年，勘察报告中提出的关于地基基础方面的建议也越发得到结构设计方的重视和采信，虽然大多数建议是合理科学的，但也存在一些勘察单位为了某种利益而提片面甚至单一化建议的现象。一般对存在一定问题的建筑场地是可以采用多种方法解决问题的。如对同一场地，既可以用灌筑桩，又可用预制桩，也可以进行地基处理，勘察报告即使不能像理论上讲的对可能的方案逐个进行技术经济比较论证，至少应提供各方案设计所需的岩土参数值。至于像勘察单位擅长某种桩基础的施工，每逢需用桩基的场地只建议其擅长的桩基形式的情况则更应杜绝，否则只能成为业界笑谈。

3. 改进质量的思考与建议

对质量问题进行剖析，旨在发现其根源，在以后的工作中有针对性地加以改进。总体而言，岩土工程勘察一般具有以下质量特点：

质量在过程中逐步完善。对于大型建设项目，一般分成选址、初步、详细三个阶段进行勘察，在这一过程中，工作由粗到细、由浅到深，逐步深化，相应质量也得到了不断提高。对于一次性详细勘察，施工验槽、施工勘察等是对原勘察成果的检验和复核，使勘察质量得到验证或完善。

质量检验的困难性。由于工作对象位于地面以下，很多工作都是一次性的，如钻探、原位测试，事后质量检验时无法重现现场的情况。如果用补钻、补测的方式进行检验，则成本代价太高，质量检验的难度可想而知。

缺陷的隐蔽性和危害的严重性。地质体的不均匀性、各向异性和局部突变性是显而易见的。勘察成果总带有一定的推断性和探索性，“一孔之见”或“以点带面”在所难免。假想一下，勘察时对某一局部分布的不良地质现象(如土洞)没有发现，若其后一直没有机会纠正，它对未来建设工程的危害难以想象。“基础不牢，地动山摇”。1998 年，四川省某工程勘察院因出现将“淤泥”错判为“淤泥质土”等一系列的勘察失误，而被法院判决承担 70%的损失赔偿责任，赔偿对方 329 万余元。这是勘察单位的不能承受之痛。

综上所述，勘察项目质量主要取决于技术人员的知识与经验、现场工作质量、单位的质量管理水平等要素。针对当前的技术和市场情况，笔者认为提高勘察质量需要加强的是：

强调分阶段勘察的重要性。勘察市场属于买方市场，由于市场不规范、竞争激烈等原因，对绝大多数建筑物只进行一次性的详细勘察。在这种不利的环境下，勘察单位除尽量说服建设方接受分阶段勘察外，可以优化一次性详细勘察的作业流程，如先进行若干控制性孔勘探，技术人员跟进分析，使之起到相当于初步勘察的作用，其后再相应调整原勘察方案，名为一次勘察，其实工作分段。

项目的技术负责人要精通专业，熟悉规范，深入现场，及时跟进。

树立一定的风险意识。对于条件复杂的场地，勘察单位如采用低价的策略来承揽项目，犹如饮鸩止渴。现代市场经济素有"高风险、高收益"的观念，况且勘察单位及岩土技术人员对建设工程质量承担的是终身责任，应树立收益与风险相对等的理念，以重大项目、复杂场地勘察项目的优质优价，带动勘察行业走向技术、质量、效益同步提高的良性发展之路。

注释

[1] 见"建设工程勘察质量管理办法"，建设部令第115号。

[2] 见"岩土工程基本术语标准"，GB/T50279－98。

参考文献

[1] 徐匡迪.工程师要有哲学思维.中国工程科学，2007，9(8)：4－5.

[2] 唐传政.基坑工程设计质量控制探讨.城市勘测，2007(3)：115－118.

作者简介：王国昌(1969—)，男，铜陵市规划勘测设计研究院高级工程师，注册土木工程师(岩土)、监理工程师、城市规划师。

县级设计单位的全面质量管理

方世根
(定远县建筑规划设计院)

摘 要:文章主要从县级设计单位自身特点出发,强调了开展全面质量管理工作的几个方面,通过开展管理工作,培养了人才,稳定了队伍,提高了技术装备,繁荣了建筑创作,提高了设计质量水平。

近年来工程质量隐患不少,投诉不断。原因是多方面的,除施工质量作为主要的原因之外,设计的质量事故隐患也是一个不可忽视的原因。如何提高设计单位的质量水平,成为摆在我们面前的现实问题。

县级设计单位专业技术人员缺乏,人员素质较低,专业人员构成比例失调,成立时间短,基础差,底子薄,管理水平不高,加上在大环境中,思想上不重视,对质量管理工作认识比较狭隘,认为设计质量就是设计文件的质量,因而忽视对设计质量产生和形成的全过程进行综合性的管理,把质量管理误认为是少数管理人员、审核人员的事,大部分人质量意识不强。没有从根本去解决质量问题,仅靠少数人把关,只局限于图面,就事论事解决表面问题,没有抓控制、抓提高的手段措施,没有抓工作质量、人员素质问题;没有从客观上建立质量保证体系和工作环境,重速度效益,轻质量管理。以上诸多客观存在的、主观认识上的以及工作方式的错误导致设计质量不高、深度不够、隐患不断。当今建筑市场的发展,客观上要求必须搞好县级设计单位的全面质量管理。

县级设计单位规模小、人手少,但县级设计单位数量多、分布范围广;承担工程项目不大,但数量多,累计投资总额高,因此搞好县级设计单位的全面质量管理,对搞好小城镇建设,促进小城镇经济繁荣、社会发展,改善城乡人民居住生活生产条件,提高人民生活水平,加强和谐社会建设都有巨大的推动作用。

全面质量管理是对全面质量的管理,是全过程的管理,是全员性的质量管理。县级设计单位根据自身的特点,学习大型设计单位的管理经验,摸索一条适合本身特点的全面质量管理办法是必要的、及时的,又是有普遍意义的。抓好县级设计单位的全面质量管理,既是单位自身发展的需要,也是学习实践科学发展观的具体体现。

首先,要健全质量保证体系,确保设计质量。(1)建立全面质量管理机构来负责组织、协调、督促、检查质量工作。县级设计单位人手少,可以建立以技术负责人为组长的全面质量管理小组,成员都是兼职的。(2)制定明确的质量方针、质量目标及质量责任制度。如设计、管理人员定岗定责,职责明确;明确工序之间的相互关系,上一工序不合格,不准进入下工序。(3)制定奖惩条例。坚持和完善全面质量管理制度和技术、经济、质量责任制,严格注册建筑师和注册结构工程师签字制度、校审制度;坚持工程质量终身责任制。努力使设计质量不断提高,确保设计质量安全无事故。实行质量一票否决制。

其次,加强基础工作。县级设计单位人手少,成立时间短,质量意识差,规章制度不健全,为此:(1)加强质量教育。要对质量有深刻的认识,要认识到全面质量是对全过程的、用综合的手段、由全体员工参加的质量管理方法;积极开展岗位培训和职工的继续教育,培养技术多面手,尤其结合国家推行的与国际接轨的注册建筑师与注册工程师制度;大兴学习之风,出台鼓励专业人员参加注册学习考试的奖励制度,充分调动专业人员学习的积极性,对已注册的专业人员实施岗位补贴,进行物质奖励。(2)搞好信息情报工作。影响设计质量的因素是多方面的,错综复杂的。搞好质量管理,首先要对来自各方面的信息有清楚地了解与认识,信息情报是搞好质量管理的基础,单位要配齐所有的专业技术资料,订购有关专业杂志,及时了解国家有关技术政策、行业发展方向及市场动向。重视技术交底,现场处理工作,把它们看成是信息反馈;定期回访用户,总结经验,吸取教训;和有关兄弟单位定期联系,互通信息,取长补短,促进自身发展;积极争取上级主管部门的支持与帮助。(3)加强标准化工作。标准化工作是全面质量中的四大支柱之一,标准化本身就是一门科学。做好标准化工作,将促使设计单位建立良好的秩序,使设计质量管理达到合理化及高效率。对设计单位来说不仅要搞好设计的标准化,而且搞好管理标准化、工程程序标准化更为重要,使有章可循、有据可查。比如制定设计文件编制原则、办法,变更设计规定,审校制度,工作守则,业务办事规定,管理流程图。避免工作杂乱无章,各行其是,无章可循,凭经验办事。对本单位的施工图设计说明进行统一编写、统一版本,有利于工程施工;对一些具有地方特点的构造做法、经常重复使用的详图进行统一做法,既便于使用,又有利于施工,也节省了时间。

第三,抓关键管理点,繁荣建筑创作。设计是以脑力劳动为主,通过复杂的思维活动,从事创造性的工作。方案设计贯穿于设计工作全过程,方案设计质量的好坏将影响整个设计过程。方案设计是一个关键管理点,抓好方案设计对县级设计单位尤其重要,是生命、是信誉的表现。为此:(1)成立方案设计创作小组,小组成员必须是主要骨干,业务水平高的人员。(2)开展方案设计竞赛,重要工程至少要做两个以上方案,单位内部进行筛选,促进创作人员动脑筋想,认真构思。(3)把好方案设计创作质量关,方案创作水平的高低将直接影响一个项目的水平,甚至关系到设计单位的形象乃至生存。设计创作人员要充分研究项目的特性,结合当地的实际情况,因地制宜,就地取材创造一批适合当地的好建筑来。可以开展横向联合,主动与一些大院联系进行联合设计,为改变当地的建设面貌作出应有的贡献。

第四,积极开展QC小组活动,应用“四新”,推动科技进步。县级设计单位人手少,靠自发建立QC小组不容易,故开始时最好由单位统一组织,每人均参加,QC小组活动选题主要结合县级设计单位的实际情况及技术条件,针对平时工作中经常遇到的技术问题进行选题,然后开展QC活动运用全面质量管理的方法,经过多次PDCAT循环,找出解决问题的方法。比如:针对目前房屋屋面、墙面渗漏的质量通病状况,确定以“屋面、墙面渗漏问题及对策”为题,运用因果分析图法找出屋面渗漏主要是施工工艺落后、设计详图不清、施工人员素质差、防水材料不过关、天气等原因,然后根据这些原因采取有效的处理方法,如:采用新材料、新技术、新工艺、新方法,提高详图水平,加强设计交底,提高施工水平等措施来提高工程质量水平,杜绝墙屋面渗漏现象的发生。还可以以目前新技术如何推广为题进行QC小组活动,加快新技术的推广,也可以县级设计单位设计文件图面质量差、设计深度不够为题进行QC小组活动,找出提高设计质量的有效途径和方法。

通过QC小组广泛而有意义、有价值的活动,应用“四新”,不断提高设计质量,推动科技进步。

第五,不断提高技术装备水平。在当今新技术高速发展的年代,以科技创新促进设计工作,不能只满足于过去陈旧的思想、落后的方法,而应该紧跟时代的步伐。不能因为是县级设计单位就自甘落后,而应迎头赶上。现在市场上已开发出的建筑、结构、设备等软件不下数十种,这些软件的使用能够提高工效数倍甚至数十倍,而且减小了劳动强度。积极购置适用于县级设计单位的计算绘图软件,购置工程绘图、晒图设备,既提高了设计质量水平和出图速度,也大大减轻了专业设计人员的劳动强度。县级设计单位采用计算机辅助设计是必由之路,采用CAD也是县级设计单位提高质量、增加效益的最有效的捷径。

近年来,我们通过以上的实践活动,培养了人才,稳定了队伍,提高了技术装备,繁荣了建筑创作,提高了设计质量。多年来,没有出现一例设计质量事故,为地方城乡建设作出了应有的贡献。

作者简介:方世根,定远县建筑规划设计院院长、高级工程师。

关于我市城乡规划设计有关问题的思考

史敦文
（宿州市规划设计研究院　安徽宿州　234000）

摘　要：随着经济社会的发展，城乡建设速度越来越快，对城乡规划设计也提出了更高的要求，本文以宿州市为例，重点论述经济欠发达地区如何推进规划设计速度，提升设计质量的思路和建议：

宿州市委三届五次全会提出大力实施工业扩张、城镇扩容、农业提升三大战略，加快工业化、城镇化和农业现代化进程，将此作为实现“双翻番、双千亿”宏伟目标的重大战略举措。规划设计是加快城镇化进程的基础性工作，就如何推进我市城乡规划设计工作，笔者经过广泛调研，进行了初步思考，提出以下的建议。

一、我市城乡规划设计的现状及问题

近年来，我市城乡规划设计工作不断推进，成效显著。一是规划编制速度明显加快，宿州市和四个县城都进行了新一轮总体规划修编，汴南片区、城东地区等详细规划先后完成。沱河景观带、雪枫公园、中心广场等一大批项目在规划指导下先后建成。二是规划编制水平不断提高，宿州市城市总体规划获得安徽省优秀规划设计一等奖。三是规划编制方式多样，内外结合，汴河新区规划、博物馆设计等通过公开招标方式确定设计方案，西南片区规划通过内外联合方式编制，外地设计院大量进入我市参与城乡规划设计。四是本地设计队伍不断发展，市政府专门成立了规划设计院，人员已达到30余人，完成大量规划设计任务。五是规划编制经费投入不断加大，市级财政每年投入200万～300万元。

我市城乡规划设计工作不断发展的同时，也存在一些薄弱环节，急需进一步加强。

第一，要重研究。近年来，我市编制了大量的城乡建设规划，但规划编制偏重于城镇建设范畴的规划设计，侧重于工程性规划，缺少研究性规划、宏观性规划。如我市奇石资源、旅游资源都较为丰富，具有地方特色，但缺少系统的特色资源开发规划的研究。宿州市城市总体规划虽然涉及宏观性规划的研究层面和内容，但对城市建设范畴以外的规划研究仅是指导性意见，过于笼统，过于原则，应进一步强化各类行业性、专业性规划的研究。

第二，要抓进度。我市下辖四县一区，94个乡镇，1206个中心村，主城区总体规划急需重新修编，控规任务仍然较重，四个县城专项规划和控制性详细规划编制明显滞后，控规覆盖率不到50%。乡镇规划大部分是2000年以前编制，急需进行调整，目前完成调整不到50%。村庄规划编制率更低，远远不能适应目前新农村建设需要。科学规划是城乡建设的依据，也是基本要求，是实行城乡全面协调可持续发展的基本手段，因此，抓规划编制进度是目前城乡建设的当务之急。

第三，要树精品。经过几年的快速发展，宿州市城市框架初步拉开，城市规模迅速拓展，今后一个时期城市建设的重点是完善功能、塑造特色、提升品位，而城市特色的塑造、品位的提升关键取决于设计水平高低。因此，规划设计不仅要注重量的扩充，更要注重质的提升；要立足高起点，具有前瞻性；要立足高水平，做到精益求精；要立足高标准，提升城市品位，体现地方特色。

二、推进我市规划设计工作的路径与建议

第一，“重投入”，以规划促项目实施。

经费保障是加快规划设计进度，提升规划设计水平的关键。近年来，我市规划设计经费投入不断加

大,但仍然难以满足城乡快速发展的需要,尤其是新农村规划经费难以落实。据了解,2005 年以来,宿迁、淮北等周边地市每年市级规划设计经费投入都超过 1000 万元,2006 年宿迁市级规划经费投入 2000 余万元,但宿州市市级规划设计投入每年最多不到 500 万元,设计经费明显不足。为确保规划经费的落实,一要加大财政投入,根据城乡建设任务,制定年度规划编制计划,将规划编制经费纳入本级财政预算。二要分级负责筹措资金,按事权划分,分别由市、县区和乡镇财政共同负责规划经费的落实,同时,市财政对各县区规划编制采取"以奖代补"方式给予一定补助。三是发挥部门作用,市直各部门如教育、水利等要按照各自职责积极争取上级项目资金和补助资金用于专业规划的编制。同时,要通过规划引领,促进重大项目的实施。埇桥区根据煤矿塌陷区综合治理规划,编制形成了几十个开发治理项目,目前,首期综合治理项目已列为省政府试点,将获得优惠政策和资金的扶持。

第二,"强协作",提高规划覆盖率。

随着经济社会的发展,城乡建设更加强调城乡统筹、协调和可持续发展,城乡规划的内涵和研究范围愈来愈广泛,各专业性规划和研究愈加重要,单靠传统意义的城镇建设规划存在诸多局限性,需要更多部门共同参与。一要大力推行群马拉车、多轮驱动、共同推动规划编制,调动政府各部门按各自职责和业务范围共同承担其行业内的规划编制任务。二要加强规划的衔接与沟通,各专业规划的编制采取政府主导,部门负责,相关部门共同参与的编制方式,确保各类规划相互衔接,避免各类规划自成体系,但相互抵触。

第三,"借外力",提升规划设计水平。

合理借用外力是提升规划设计水平的有效途径。一是建议成立市级规划顾问委员会(专家团),由全国高校、研究机构和设计单位的知名专家组成,主要包括规划、建筑、经济学等方面专家,不定期对涉及我市城乡建设发展有关问题进行研究和调研,及时提出合理化建议和意见,为政府决策提供科学依据。二是强力推进规划方案招投标,重点是对涉及城乡发展战略性、全局性和研究性规划,通过公开招标方式,广泛吸引国内外的先进规划理念和思路。三是积极引进高等院校或高水平设计院参与我市规划设计,提升规划设计水平

第四,"强内功",加快规划编制进度。

我市下辖四县一区,规划设计任务重,如果单靠外力,既提高规划设计的成本,也很难全面推进规划编制进度,在合理利用外力的同时,应加快本地规划设计队伍的发展。一是加大扶持和保护,宿州市规划院成立较晚,市场竞争力不强,需要在政府的扶持下寻求发展,重点是设计任务的倾斜,对一般性、常规性的规划和工程设计任务,应优先安排市规划院,培植其发展壮大。二是建立内外合作机制,在省内外选择 1～2 家设计单位或研究机构,与市规划院长期全面合作,优先安排设计任务,内外进行联合设计,既可引进吸收外地先进理念,又能够因地制宜,符合实际,更能带动本市规划技术人员水平的提高。三是加强规划技术队伍建设,制定优惠政策,加大专业技术人才的引进,强化现有技术人员的培训与学习,定期组织外出学习,适时选择部分技术骨干外出定向培训,提高整体技术力量,确保规划编制进度的落实。

第五,"严考核",推进规划编制速度。

进一步增强各县区及乡镇党委政府对规划工作的重视,加强对规划编制任务的考核,将规划编制与城乡建设任务列入县区及乡镇党委政府年度目标考核内容,对完成任务较好的县区及乡镇给予一定奖励,真正做到上下联动,共同推进我市城乡规划编制速度。

总之,全面推进规划编制进度,提升规划设计水平,是一项系统工程,需要加大投入,部门协作,内外联合,强化考核奖惩,完善各项制度等多种方式共同推进。

作者简介:史敦文(1973—),安徽宿州人,研究方向:城乡规划设计与管理。

我们离绿色建筑有多远

杨翠萍
(安徽省建筑设计研究院)

摘　要:随国际建筑技术的发展,我国的建筑正在向节能、绿色、智能化方向发展。近些年的建筑节能工作成绩斐然,但这些还远远不够,目前的建筑节能工作仍不容乐观,绿色建筑的推广还有待我们全社会的通力合作。

关键词:绿色建筑;节约能源;节约资源;回归自然;保护也是一种节能

自人类诞生以来,城市和建筑即成为人类文明的主要载体,是人类自创的人工环境,满足人类活动的多种需要。然而,进入21世纪以来,关系着人类生存与发展的能源危机,让我们不得不采用可持续发展战略,人类活动正在努力从过往传统的高消耗型模式转向集约高效的生态模式。由于建筑物的能耗约占到了全社会能耗的30%,节能的话题更多地集中在建筑节能上,绿色建筑正是实施这一转变的必由之路。

绿色建筑的主要特点之一是低能源消耗,核心是建筑的能源功能系统。能耗不仅包括建筑使用中的使用能耗,还包括建筑在建造过程中的建造能耗及使用的建筑材料的生产能耗。因使用能耗约为建造能耗的15倍,所以,在节能的初始阶段,常常将降低使用能耗作为建筑节能的关键。

这些年来,绿色建筑一直成为世界建筑的主题。国内外专家做了无数的探索与研究,让我们认清了未来绿色建筑的方向。所谓绿色建筑是指在建筑的全寿命周期内,最大限度地节约资源(节能、节地、节水、节材),保护环境和减少污染,为人们提供健康、适用和高效的使用空间,与自然和谐共生的建筑。所谓"绿色建筑"的"绿色",并不是指一般意义的立体绿化、屋顶花园,而是代表一种概念或象征,指建筑对环境无害,能充分利用环境自然资源,并且在不破坏环境基本生态平衡条件下建造的一种建筑,又可称为可持续发展建筑、生态建筑、回归大自然建筑、节能环保建筑等。绿色建筑就是以人、建筑和自然环境的协调发展为目标,在利用天然条件和人工手段创造良好、健康的居住环境的同时,尽可能地控制和减少对自然环境的使用和破坏,充分体现向大自然的索取与回报之间的平衡,做到人及建筑与环境的和谐共处、永续发展。

由此可以看出,绿色建筑的设计理念应当主要包括节约能源、节约资源、回归自然等几个方面。在节约能源上,我们可以充分利用太阳能、地热能、生物能、风能等等,采用节能的建筑围护结构以及采暖和空调。根据不同的地理位置及气候条件,利用自然通风的原理设置风冷系统。建筑采用适应当地气候条件的平面形式及总体布局,使建筑能够有效地利用夏季的主导风向及避开冬季的主要寒风。

节约资源是指在建筑设计、建造和建筑材料的选择中,均考虑资源的合理使用和处置,尽量采用原地的天然材料,减少资源的使用,力求使资源可再生利用。节约用地、用水、用材等资源。

回归自然是绿色建筑的努力方向,绿色建筑外部要强调与周边环境相融合,和谐一致、动静互补,做到保护自然生态环境的同时,创造舒适和健康的生活环境。建筑内部不使用对人体有害的建筑材料和装修材料。室内空气清新,温、湿度适当,使居者感觉良好,身心健康。

从上世纪80年代起,我国就开始了绿色建筑的研究。在推动建筑向节能、绿色、智能化方向发展的国际大趋势下,我们也把实践可持续发展作为我国的发展目标。近些年,党和国家极端重视节能工作,把节能工作放到了前所未有的高度,中共十六届五中全会明确提出,节约资源是我们国家的基本国策。自2005年以来,国家大力推进新建建筑全面实行节能50%的设计标准,而后,四个直辖市和北方部分地区率先实行了节能65%的标准，建筑节能、发展绿色建筑工作走向规范具体。《民用建筑节能条例》于2008年10月1日起正式实施，这标志着中国建筑节能标准体系的基本形成。自2005年以来，每年3月下旬举行的建筑节能和绿色建筑产品技术博览会，对建筑的节能生态发展起到了大大的宣传及促进作用。2009年3月29日以"贯彻落实科学发展观，加快推进建筑节能减排"为主题的第五届国际智能、绿色建筑与建筑节能大会在北京国际会议中心圆满闭幕，标志着我国的建筑节能工作进入了春天。

这些年，建筑节能与绿色建筑工作快速推进，实现了由点到线、由线到面的跨越式发展，经过五年的有效实施，目前新建民用建筑全都符合节能标准，能够达到节能50%的要求。主要在新型保温隔热材料的研发应用和建筑设计的优化两大方面上成绩斐然。

首先是新型保温隔热材料的广泛使用。外墙胶粉聚苯颗粒保温体系、外墙苯板保温体系、外墙无机砂浆保温体系、外墙内保温体系等等节能体系的相继应用，为建筑节能提供了技术保障。中空玻璃、LOW－E玻璃和断桥铝合金门窗在建筑中广泛应用，解决了以往建筑70%的热量通过门窗流失的弊端。在墙体材料上，新型节能环保型墙体材料的大力发展，如蒸压加气混凝土砌块及墙板、多种复合轻质高强材料的推广应用，也为节能环保做出积极贡献。建筑废弃物减排与综合利用也取得了一定进展，在建筑全寿命周期贯彻减量化、资源化、再利用的原则，坚持从建筑设计、建材生产、施工方式等源头上把好关，最大限度减少建筑废弃物排放，提高建材循环利用率。

除了新材料的应用外，建筑设计更趋向合理。充分利用建筑的最佳朝向，实现各空间的自然通风采光。全明结构减少了照明的使用，南北通透利于夏季散热，减少了空调的使用。在居住建筑中努力探寻合理的住宅空间尺度，各功能的空间应该有多大的尺度、进深和面宽应该多少、窗墙比例应该多少……对这些问题进行了大量的研究论证，创造合适的空间尺度，走人性化节能之路。

但仅仅是这些还远远不够。目前民用建筑节能情况仍不容乐观。首先是认识上的不明晰或不完善。绿色建筑的概念模糊着民众的视线，许多人认为高成本、高价位、高科技的新建筑才算得上绿色建筑。其实绿色建筑是一个广泛的概念，绿色并不意味着高价和高成本。比如延安窑洞冬暖夏凉，把它改造成中国式的绿色建筑，造价并不高；新疆有一种具有当地特色的建筑，它的墙壁由当地的石膏和透气性好的秸秆组合而成，保温性很高，再加上非常当地化的屋顶，就是一种典型的乡村绿色建筑。

其次也并不是说现代化的、高科技的就是绿色的，要突破这样的认识误区。把绿色建筑和建筑节能的发展道路定位在高端贵族化，是不会取得成功的。事实证明把发展道路确定为中国式、普通老百姓式、适用技术式，绿色建筑才能健康发展。现在应大力推广绿色建筑的标识，通过对建筑的节能、节水、节地、节材和室内环境的具体性能进行实测，给出数据，规定对生态环境的保障。把绿色建筑从一个简单的概念变成定量化的检测标准，让人们真正认识绿色建筑。对于普通百姓来说，我们要有住宅宜居面积的概念，追求最适宜的居住面积，并非大面积。此外，我们还应具备正确的住宅节能理念及措施。

另外绿色建筑不仅局限于新建筑。我国新建建筑节能工作做得较好，基本遵循了绿色建筑的标准，但把大量既有建筑改造成绿色建筑的工作推进得不是很顺利。全国大约有400亿平方米的既有建筑是高耗能建筑，它们在采暖季节和空调期间继续不断地浪费着越来越有限的能源，并且向大气中排放着二氧化碳等污染物，增加温室气体浓度。随之而来的是自然灾害如沙尘暴、水灾、旱灾、土地荒漠化等，使人类的生活环境加剧恶化。由此可见，对既有建筑物的节能改造应该及早开展。

在技术上仍有待完善。在实行外墙外保温技术过程中，基础材料产品质量问题、工程建设中的偷工减料问题以及建筑工人缺乏专业技能等问题仍然比较普遍。在北方寒冷地区实行的外墙外保温技术的部分工程质量令人忧虑，主要表现为外墙开裂使水分进入，结果导致内部保温材质不能良好地发挥作用。目前国家对外墙外保温技术的投资量很大，但工程实际效用、不佳使用寿命不长等现象应引起我们的充分关注。

在建筑设计环节上，更需要设计师在技术条件下的精细化设计。在整体设计策略上，从总图规划到单体设计全过程都要考虑绿色设计，从经济性、地域性和阶段性出发选择适宜的技术路线。设计师应充分考虑业主需求和建筑物的实际情况，遵循因地制宜的原则，不要盲目照搬国外的新技术。鼓励设计师开拓思路，例如，可设置“天井”达到自然通风效果，利用屋顶绿化有效降低环境热岛效应等。目前我国的拆建工程颇多，许多很“年轻”的建筑因功能等因素无法满足现代要求被拆除，而拆除后留下的建筑废弃物又将面临回收等问题。所以，建筑物的取材与可改造性设计至关重要，我们应充分考虑建筑的可改造方向，延长建筑物的使用寿命。

“保护也是一种节能！”面对目前大量的拆迁，我们应该深刻反思。国内外一直有着大量的保护、改造原有建筑而实现节能的例子，例如在日本，一个废弃的粮仓因地制宜改造成了一个功能齐全的学生公寓，公寓门口就摆着当年运粮的卡车，车灯就是门口的路灯。在我们所居住的城市里，也许有很多建筑不合时宜，或者丧失了一些功能，但适当地保存改造，也许既保住了历史，又达到了绿色节能，由厂房改造成的厦门市文化艺术中心就是一个很好的例子。我们需要更多的保护与保留，为的是节能。

绿色建筑、可持续发展是很广泛的，需要通过很多部门共同协作、共同努力才能实现。比如说规划，过去摊大饼式的规划模式，是否是一种可持续发展的城市规划模式，是值得我们思考的。因为这将带来交通的压力，比如北京很明显四环以外、三环以内的生活圈与工作圈分得过于明显，随着城市化进程，最后工作往三环涌，下班大家大量往三环以外分流，每天延续这样的交通模式，实际不符合绿色规划的理念要求。我们要把社区作为城市的有机组成部分来考虑，希望它成为城市中积极的因素而不是城市环境的负担。社区有完备的配套设施，能够减少社区居民出行，从而减少了城市交通系统的压力；混合社区的设计使得社区能够提供商业空间，文化休闲设施，创造了就业岗位。这些构想已经不只是建筑技术层面的问题了，更涉及城市形态的探讨。

绿色建筑话题，无论是单体的绿色建筑，还是整个城市的绿色建筑，这肯定是越来越追求适宜人居的发展方向，但要有所推进，还在于强化绿色建筑观念的全方位普及。建筑节能和绿色建筑，不能只停留在专家、政府官员和一些大企业、大城市，应进入寻常百姓家。要让老百姓知道什么是绿色建筑，不是有鲜花绿草、喷泉水池、绿化得好的楼盘就是“绿色建筑”。如果老百姓都能关注到建筑节能和绿色建筑，都注意到房屋的能耗、材料、对室内环境的影响、二氧化碳气体的减排，那么大家的共识就会形成绿色建筑的市场需求。有了市场需求，建筑节能和绿色建筑才能在全社会广泛地推广应用。

同时在普及初期应该建立一个对推动和实施绿色建筑开发商的市场激励机制，激励引导开发商。中国的开发商多数不是觉悟很高的推动者，他们总是在成熟模式的基础上进行拷贝，很少解放思想去创新。这个时候就需要建设部所辖的各建委、建设局还有土地部门、规划部门，对于开发绿色建筑的及推广城市绿色建筑的开发商，给予市场激励，以他们的号召性和带动性来推动整个行业朝绿色建筑的方向快速发展。

绿色建筑的发展，壁垒的打破，各项政策标准的贯彻执行，需要全社会的通力合作，特别是各领域决策与领导者的带头作用，希望每个人都能在的绿色可持续发展道路上做出应有的贡献。罗伯特·沃森在上海对记者说：“我的愿望是有一天消灭绿色建筑这个概念，因为那个时候所有建筑都是绿色的，大家对此习以为常，就像我们现在对待一幢普通建筑那样。”这道路还很漫长，有待我们的共同努力！

参考文献

[1] 绿色建筑技术导则，2005.7.

[2] 陈华．浅谈绿色建筑．浙江化工，2005(3).

[3] 绿色建筑评估，中国建筑工业出版社．

[4] 绿色建筑评价标准，GB/T 50378－2006.

[5] 绿色建筑，中国计划出版社．

作者简介：杨翠萍，工作于安徽省建筑设计研究院，国家一级注册建筑师。

关于《安徽省居住建筑节能设计标准(夏热冬冷地区)》编制中有关能耗限值数据问题的探讨

陈国林
(安徽省建筑设计研究院)

摘　要:对安徽省地方标准《安徽省居住建筑节能设计标准(夏热冬冷地区)》中的节能指标及计算节能综合指标限值中遇到的有关气象参数问题进行了分析与探讨。

关键词:居住建筑;节能设计;节能指标;国家标准;地方标准

为了使《夏热冬冷地区居住建筑节能设计标准》JGJ134－2001(以下简称JGJ134),这一国家的行业标准在安徽省贯彻、实施得更好,结合安徽省的具体情况,2007年安徽省建设厅组织编制了《安徽省居住建筑节能设计标准(夏热冬冷地区)》(以下简称《省标》,已完稿送审)。《省标》将一些居住建筑节能措施具体化,完善用于能耗动态计算的安徽省气象参数,以提高国家标准在安徽省的可操作性。《省标》的主要内容包括居住建筑节能设计总则,术语,室内热环境和建筑节能设计指标,建筑和建筑热工节能设计,建筑物节能综合指标,采暖空调和通风节能设计等。下面就节能指标及计算节能综合指标限值中遇到的问题进行探讨。

一、居住建筑节能指标

《省标》为居住建筑提供了两条节能设计达标途径,即建筑和建筑热工节能规定性指标设计方法和建筑物节能综合指标设计方法。也就是说衡量居住建筑节能设计是否达标有两套并行的指标体系,亦即规定性指标和性能性指标(节能综合指标)。《省标》第四章列出了居住建筑围护结构传热系数、建筑体形系数、窗墙比等指标,这套指标为规定性指标。第五章则是规定了居住建筑的采暖、空调能耗等指标,即为性能指标或节能综合指标。

当设计建筑体形系数、各部分围护结构的传热系数、外门窗各朝向平均窗墙面积比、传热系数等各项指标均符合或优于《省标》的规定性指标时,即可认定为节能建筑。但是,随着住宅建筑的商品化,开发商和建筑师越来越关注住宅建筑的个性化,用新颖的形式、别致的外形来吸引消费者。有时会出现所设计建筑不能全部满足各部分建筑围护结构热工性能要求的情况,在这种情况下,不能简单地判定该建筑不满足节能设计要求。因为第四章规定性指标是对每一个部分分别提出热工性能要求,而实际上对建筑物采暖和空调负荷的影响是所有建筑围护结构热工性能的综合结果。某一部分的热工性能差一些,可以通过提高另一部分的热工性能弥补回来。当所设计建筑的体形系数、窗墙面积比超出标准第四章给定的范围或有个别围护结构的热工参数不符合第四章的规定性指标要求时,就应调整建筑物的部分围护结构的热工参数,并用动态计算的方法来计算建筑物的全年能耗,使其满足建筑物的节能综合指标。《省标》采用的是建筑物耗热量、耗冷量指标和采暖、空调全年用电量指标限值为建筑物的节能综合指标。达到或优于综合指标亦可认定为节能建筑。

二、省内主要城市建筑物节能综合指标限值

建筑物节能综合指标应采用动态方法计算,建筑物的传热过程是一个动态过程,建筑物的得热或失热是随时随地随着室内外气候条件的变化而变化的。夏热冬冷地区冬季室内外温差比较小,一天之内温度波动对围护结构传热的影响比较大;夏季,白天室外气温很高,又有很强的太阳辐射,热量通过围护

结构从室外传入室内，夜里室外温度下降比室内温度快，热量有可能通过围护结构从室内影响室外。用静态设计方法会引起一些比较大的误差。因此需要采用动态计算方法分析影响其大小的因素。在国家《夏热冬冷地区节能设计标准》JGJ134－2001 条文说明中指出“本标准采用了反应系数计算方法，并采用美国劳伦斯伯克力国家实验室开发的 DOE－2 软件作为计算工具。”DOE－2 软件的计算是逐时动态的，《省标》亦采用了同样的方法。在应用 DOE－2 软件计算时要有各地的气象参数，而 JGJ134－2001 标准中只有蚌埠、合肥、安庆三城市的数据，其余各地按 DOE－2 软件分别计算具有一定困难。因此，我们在《省标》编制中一方面采用了安徽省气候中心提供的我省夏热冬冷地区十四个代表性城市的采暖度日数(HDD18)和空调度日数(CDD26)，根据 JGJ134 表 5.0.5 建筑物节能综合指标，用插入法得出了十四个城市建筑物节能综合指标的限值(详见表 1)。另一方面，则需由软件公司采用省气候中心提供的十四个城市的气象资料，整理出各城市典型气象年室外气象参数输入 DOE－2 程序中，完善能耗计算软件以便进行所设计建筑物的能耗计算。因为采暖能耗和空调能耗限值与度日数呈线性关系，暂没有气象参数的其他城市的建筑可参照附近有气象数据的城市计算能耗，如果能够在那个城市达标，可认为该建筑在本地也能达标。

表 1 安徽省夏热冬冷地区各城市建筑物节能综合指标的限值

城 市	HDD18 (℃.d)	耗热量指标 q_h(W/m^2)	采暖年耗电量 Eh(kWh/m^2)	CDD26 (℃.d)	耗冷量指标 q_c(W/m^2)	空调年耗电量 Ec(kwh/m^2)	采暖、空调年耗电量总值 Er(kWh/m^2)
安 庆	1484	15.7	26.3	272	33.1	32.2	58.5
黄 山	1546	16.2	27.8	165	26.7	24.1	51.9
芜 湖	1586	16.5	28.7	252	31.9	30.7	59.4
池 州	1595	16.6	28.9	222	30.1	28.4	57.3
铜 陵	1617	16.8	29.4	212	29.5	27.7	57.1
马鞍山	1634	16.9	29.7	230	30.6	29.0	58.7
巢 湖	1674	17.3	30.6	235	30.9	29.4	60.0
六 安	1710	17.6	31.4	199	28.7	26.7	58.1
合 肥	1711	17.6	31.4	215	29.7	27.9	59.3
宣 城	1715	17.6	31.5	176	27.4	25.0	56.5
淮 南	1734	17.8	31.9	222	30.1	28.4	60.3
滁 州	1749	17.9	32.3	184	27.8	25.6	57.9
蚌 埠	1831	18.5	34.1	194	28.4	26.3	60.4
阜 阳	1933	19.4	36.4	155	26.1	23.4	59.8

三、有关能耗限值问题

在编制表 1 时笔者同时采用 JGJ134 标准第 5 章 5.0.5 条文说明表 3 中提供的安徽三个城市(合肥、蚌埠、安庆)的气象参数以及国家标准编制组编制的新《居住建筑节能设计标准》(征求意见稿，以下简称《新国标》)中附录表 A－1 安徽省主要城市建筑节能计算用气象参数(见表 2)中的上述三个城市的数据，计算出了三个城市的能耗指标，并与表 1 进行比较(详见表 3)。

表 2　主要城市建筑节能计算用气象参数(安徽省)

城　市	气候区属	北纬度	东经度	海拔 m	HDD18 度日	CDD26 度日
合　肥	Ⅲ(B)	31.87	117.23	28	1662	262
亳　州	Ⅱ(B)	33.87	115.77	38	2158	155
寿　县	Ⅱ(B)	32.55	116.78	23	2037	140
霍　山	Ⅲ(B)	31.40	116.32	68	1981	170
阜　阳	Ⅲ(A)	32.92	115.82	31	1909	132
蚌　埠	Ⅲ(B)	32.95	117.38	19	1798	223
桐　城	Ⅲ(B)	31.07	116.95	85	1739	152
芜湖县	Ⅲ(B)	31.15	118.58	21	1603	151
安　庆	Ⅲ(B)	30.53	117.05	20	1436	280

表 3　不同标准能耗限值数据表

城市	标　准	HDD18 (℃.d)	耗热量指标 qh (W/m²)	采暖年耗电量 Eh (kWh/m²)	CDD26 (℃.d)	耗冷量指标 q_c (W/m²)	空调年耗电量 Ec (kwh/m²)	采暖、空调年耗电量总值 Er(kWh/m²)
合肥	JGJ134 标准	1825	18.5	33.98	116	23.8	20.52	54.50
	省　标	1711	17.6	31.40	215	29.7	27.90	59.30
	新国标	1662	17.2	30.36	262	32.5	31.41	61.77
蚌埠	JGJ134 标准	2064	20.0	39.31	158	26.3	23.61	62.92
	省　标	1831	18.5	34.10	194	28.4	26.30	60.40
	新国标	1798	18.3	33.36	223	30.2	28.46	61.82
安庆	JGJ134 标准	1730	17.7	31.86	204	29.0	27.09	58.95
	省　标	1484	15.7	26.30	272	33.1	32.20	58.50
	新国标	1436	15.3	25.29	280	33.6	32.76	58.05

从表 3 中可以看到以下几个问题：

1. 由于气象参数不同[JGJ134 采用了美国国家气象资料服务中心提供的根据该城市当地气象台站的气象广播，由美国军事卫星记录(1982—1997 年)16 年的气象资料；《省标》采用了安徽省气候中心提供的(1997—2006 年)近 10 年的气象资料；《新国标》采用中央气象台提供的(1987—2004 年)18 年的气象资料]，则总能耗指标不同，这样就给编制审定工作带来了一定的难度。《省标》中合肥的总能耗指标高于 JGJ134，安庆、蚌埠的总能耗指标低于 JGJ134。我省其他城市因 JGJ134 中无参数，所以无从比较。地方标准可高于国家标准，但若低于现行国标，怎样把握，虽然经过分析，所采用的省气候中心提供的气象参数更符合合肥市实际和全球气候变化的总趋势，且与《新国标》相近。但经请示主管部门，目前只有依据现行的行业标准 JGJ134 执行，等待新国标出台后再根据实际情况调整《省标》。

2. 从不同年代的气象参数可看出气候的变化。上述三个城市亦随着全球气候变暖，采暖的时间(采暖度日数)减少，采暖能耗呈下降趋势；空调时间增加(空调度日数增加)，空调能耗呈增加趋势。

3.《省标》中安庆、蚌埠的采暖、空调年耗电量总值比 JGJ134 数据计算所得值有所降低；合肥虽然与其他城市同样随着气候的变暖，采暖年耗电量有所降低，但由于空调度日数比 JGJ134 中数据提高幅度较大，亦即空调年耗电量增加较大，其采暖、空调年耗电量总值比 JGJ134 提高。但与用《新国标》中提供的参数计算，基本相符。

4. 根据地理位置和气候条件，原 JGJ134 标准中，空调度日数数据合肥比安庆少可以理解，合肥比蚌埠还少 42(℃·d)，空调能耗少 3.09kWh/m^2·年，明显不符合两城市的地理位置和气候条件的实际情况；从表 2 的气象参数中，空调度日数数据合肥则比蚌埠多 39(℃·d)，空调能耗多 2.95kWh/m^2·年，亦能证明这一点。因此，JGJ134 所采用的合肥市某些气象参数值得商榷。

四、结束语

计算建筑的采暖和空调能耗以及分析围护结构和采暖空调设备对采暖和空调能耗的影响，是采用性能性指标进行建筑节能设计必需进行的工作。前面已经述及气象数据对计算采暖空调能耗的影响很大，而逐时动态的能耗计算又需要有全年 8760h 的气象数据，而且这 8760h 的数据还是许多年的数据的一种统计结果，因此，我们期待国家有一个统一的气象数据和规则，《新国标》附录 A 已有全国 365 个城市的气象数据，但国家标准不可能涵盖全国每个城市，各省气候中心再根据国家统一规则完善整理出当地更多代表性城市的用于能耗动态计算的气象数据，以使建筑节能设计工作扎扎实实地做好。

建立现代企业管理机制，打造优秀设计企业

——合肥市建筑设计研究院有限公司改制发展体会

霍建军
（合肥市建筑设计研究院有限公司）

摘　要：进入新世纪以来，建筑设计行业面临着更加严峻的挑战，作为一个成立五十余年的老牌设计单位，如何在新形势下，积极应对市场变化，成为我院的紧迫问题。近年来，我院通过深化体制改革，运用科学发展观理念，及时调整战略思路，逐步建立了现代企业管理制度。

进入新世纪以来，建筑设计行业面临着更加严峻的挑战。随着市场的开放，大量不同形式的设计公司相继涌现，形成了设计行业群雄并起的局面。作为一个成立五十余年的老牌设计单位，如何在新形势下，积极应对市场变化，成为我院的紧迫问题。近年来，我院通过深化体制改革，运用科学发展观理念，及时调整战略思路，逐步建立了现代企业管理机制，不断发展壮大，由 2000 年前的百名员工，现已发展成为拥有员工近两百名，具备建筑工程甲级及规划、市政、风景园林、监理、造价、施工图审查等多项资质的综合性设计企业。我们的一些具体做法如下：

一、深化体制改革，形成战略发展思路，建立现代企业制度

近年来，建筑设计行业经历了很大变化，从计划经济到市场经济，由单一功能到多功能转变，由事业体制到股份制体制，改制已是大多数老设计单位近年来面临的主要问题。我院自 2005 五年由事业单位直接改企，隶属于合肥市建设投资控股（集团）有限公司。我院是 1985 年建设部首批认证的民建甲级设计单位，尽管如此，与中央及部属大院相比，从现有规模看，我院仍是一个中小型院。改企之后，企业的发展方向是我院首先面临的问题，院董事会多次组织研讨，形成我院今后的战略发展思路：在充分考虑行业变化、同行竞争、自身资源的基础上，稳步发展，提升品牌形象，逐步将我院建设成为一个具有专业优势、地域优势的中型设计实体。在改制过程中，我院即探索建立符合市场经济要求的激励约束机制，形成有效的现代企业管理体系。改企后，我院立即着手深化企业内部改革，转变企业内部经营机制，2006 年根据市场变化，重新设置了部门，所有部门负责人采用竞聘上岗，并及时调整了内部经营机制，由原先的部门承包制转为统一经营模式，以人事、劳动、分配三项制度改革为重点，形成职工能进能出、管理人员能上能下、收入能增能减的机制。按照现代企业标准，相继制定了自董事长、总经理到普通员工的各岗位责任制以及经营、财务、人力资源、质量管理等相关制度，运用制度加强内部控制，使其贯穿于我院的方方面面。

二、加强人力资源管理，推进人才队伍建设

建筑设计单位大多是智力型企业，人力资源是设计企业的核心资源，如何培育人才及稳定骨干队伍又是设计企业人力资源工作的重中之重。培育人才就是要建立较为完备的机制，一方面要使员工找准自己的位置，最大限度地实现自我价值；另一方面要让企业在员工中发现所需之才，重点培养，直至成为单位的骨干力量。我们首先要做的是制度建设，经过几年的努力，按照现代企业管理标准，我院已经基本确立人力资源管理的制度体系，形成较为规范的人事管理，从整体上提高了我院的人力资源管理与开发水平。其二是实行人岗匹配原则，因为一个企业光有人力资源的堆积还是不够的，必须对人力资源进行有效合理的配置，才能发挥其最大效益，自 2000 年以来，我院实行了三次双向选择，对人员进行优化

组合，平均三年左右就进行一次，使员工找到最适合自己的岗位，合理的人岗配置使人力资源的整体功能强化，使员工的能力与岗位要求相对应。其三是加强内部培养和外部培训，我院每年通过集中培训和实习考察，从新员工中发现优秀苗子，加以重点培养，及时将其推出，挑大梁、压担子，辅以总师把关指导，通过一段时间的磨炼，可迅速让其独当一面，通过这种机制，逐步形成了后备梯队力量。此外，我院还多次选派优秀员工到高校进修，近年来，相继选派了数十人进修研究生课程，这在很大程度上提高了企业的核心竞争力，完成了员工的知识更新。在院里的鼓励和支持下，我院每年都有很多员工参加职业资格考试，相继有十余人取得了注册师资格。通过这些方式，提高了员工的职业能力、达到我院的工作要求，有利于我院获得竞争优势、改善工作质量、构建高效的绩效系统，满足员工实现自我价值的需要。稳定人才队伍就是要让员工有归属感，实行合理的薪酬及绩效考核制度，让优秀人才脱颖而出。我院于2005年完成体制改革，当即进行了薪酬制度改革，完善了福利制度，同时加强绩效考核，客观、公正、合理地评价员工业绩，与薪酬制度相结合，拉大了薪酬差距，自然实现优胜劣汰，保证了骨干队伍的稳定。通过一系列的举措，我院已储备了较为充足的人才队伍，保证了作为一个甲级设计单位以及其他各项资质的人力资源需要。

三、积极开拓市场，树立品牌形象，稳定客户群

2006年我院根据市场形势变化，增强了经营部的力量，采取统一经营模式，由经营部负责对外承接任务、对内分配管理，下设两个方案创作中心。激烈的市场竞争，使我院认识到应该着力于建设优势的品牌，让我院品牌能够更加深入人心，能够在客户、社会公众的头脑当中有更强、更优势的地位，以此来建立竞争优势。经营部在院决策领导下，摒弃低价竞争的思路，坚持树立品牌意识，两个方案创作中心组织了优秀创作班底，精心设计、大胆创新，创作出了不少优秀的设计方案，在全省乃至全国招标项目中，不断提高中标率。此外在项目运行过程中，加强服务意识，想用户所想、急用户所急，在重点及大型项目中设立设计代表驻守工地，随时解决设计问题，在工期紧急时，驻守代表24小时值守，从而节省了工期，在滨湖新区、合肥八中新校区、合肥临湖社区等项目中，获得了建设单位、施工单位的好评，密切了三方关系，消除了服务过程中的盲点。在开拓市场的同时，我院继续加强与老客户的联络，老客户是我院经营目标的重点，他们大多与我院长期合作，双方了解较深，信任度较高，留住他们可使我院的竞争优势长久，有利于降低成本、发展新客户。但随着市场竞争的日益激励，如果稍稍弱化就会失去这些传统合作伙伴，因此，我院在服务过程中，尽管一些项目没有协议，甚至不会有收入，我们也全力服务，院领导及经营部定期回访，经常和他们沟通交流，保持良好融洽的关系和和睦的气氛，从而使我院保证了老客户群体的稳定，并不断赢得新市场。近年来我院相继创作出不少优秀设计作品，工程遍及省内各地市及广东、海南、河南、江苏等省。

四、坚持质量意识、优化设计过程，加强质量管理

质量是产品的生命，只有高质量的产品，在市场上才有竞争力，建筑设计也是如此。对于设计质量来说，合格不仅仅是为了设计产品合格，满足设计规范要求，更是要满足高标准的追求。由于近年来许多开发项目限制了出图时间，工期非常紧迫，许多设计单位不堪重负，我院也曾经在滨湖新区建设过程中创造出了“滨湖速度”：五十余名设计人员，连续奋战六昼夜出图2320张，平均每人每天出图7.7张。如此高强度、高效率的工作要求，保证设计质量困难非常大。我院于2003年通过了GB/T19001－2000质量标准认证，多年来一直遵循“科学管理、技术创新、规范设计、优质服务持续改进全面发展”的质量方针，以质量求生存，以创新求发展，以服务求信誉，形成了自己有效的质量管理体系。改制以后，根据市场变化，我院重新修订了质量管理体系文件，优化了设计过程，使其在保证效率的同时，质量控制过程更加具体化、细化、量化，具有可操作性，从计划分工、从局部到整体进行全方位控制，以保证其运行的经常性和可检查性，以期达到预定目标。此外，我院还定期组织质量抽查，通过检查评比，发现设计中出现的

一些问题，进行汇总比较，安排总师在院内举办讲座，针对各专业出现的问题做专题分析。通过对于质量的严格控制，尽管我院的业务量不断增长，近年来没有出现大的质量问题，每年均顺利通过质量体系外部审核。

五、以项目管理为主线，坚持改革创新，积极推行管理信息系统

当前许多设计企业都非常重视信息化的发展，建立生产、经营、管理信息系统，这既是企业自身发展的需要，也能提高企业对外的形象和市场竞争力，提高工效，降低成本，使企业的管理模式与国际接轨，为企业创造更高的经济效益。经过调研，我院于2007年底引入理正管理信息系统，在统一的平台上构建我院的管理模型和生产模式，保证数据的一致性、完整性和继承性，以信息化促进规范化，全面提高生产效率，增强管理决策和科学化水平。该系统包含了企业门户、项目管理、产值分配、协同设计、即时通讯、ISO管理、电子图库等模块，以项目管理为主线，利用这些模块组合形成一个整体系统，可以随时掌握所有项目的合同情况、时间计划、项目进度、人员负荷、产值分配等数据。每位员工都拥有相应的权限及个人工作桌面，随时掌握院内动态及知晓需要完成的工作任务及进度。信息化建设的实施是一项复杂的系统工程，涉及全院所有员工，实施的难点不仅仅是技术问题，还有领导和管理落实。其施行过程实际上是企业组织结构和工作流程重新整合的过程，对于大部分员工来说，无疑增加了工作量，并且，信息系统需要经过一定学习才能掌握，推行起来有一定的阻力，为此我院成立了强有力的领导机构，全院统一领导、分工负责，逐级落实责任、权限和工作范围。一年多以来，我院在院内组织了数十次理正系统培训，新员工进院也必须首先学习使用理正管理系统，通过努力，理正管理系统使用率已达80%，基本达到了预定目标。通过这一系统的使用，使我院逐渐向管理精细化、决策科学化迈进，促进管理向标准化、系统化、集约化转变，从而提升我院的应变力和核心竞争力。

六、加强诚信建设，积极参与公益事业，树立良好社会形象

诚实守信是企业经营之本，我院响应中国勘察设计协会的号召，积极加强诚信建设，树立良好的企业形象，把承担社会责任作为自身建设的神圣使命。2007年我院参与青阳县酉华乡受灾居民安置工作，不仅无偿提供了设计服务、工程监理，还向灾区捐款用于文化建设。去年初的雪灾，我院积极配合主管部门消除安全隐患、多次参加技术调研。汶川大震，在省厅号召下，我院在第一时间组织支援灾区预备队，冯卫董事长当场报名，直接奔赴灾区，在灾区连续战斗30天，此后，我院又特派两名同志随合肥市建委支援灾区。前方紧张，后方亦未放松，在省市主管单位的组织下，我院全力以赴参与灾区板房的设计工作，经过数个昼夜的奋战，保证了前方之急。在院内，我院组织了数次不同形式的募捐活动，全院职工积极捐款，热情高涨。我院积极援建灾区的举措，赢得了省市各级领导和兄弟单位的赞扬，冯卫同志成为省抗震救灾先进个人，另外两名到灾区的同志及在院参加板房设计人员也获得省厅及合肥市的表彰。此外我院还多次响应合肥市总工会的号召，进行帮扶救困，参加慈善募捐活动，多次组织职工参加无偿献血。长期以来我院不仅致力于为社会公众提供优质服务，更是积极参加社会公益事业，始终将扶残助困，倡导时代新风视为己任，在捐资助学、帮扶贫困、宣传公益等方面发挥了自身作用，树立了良好的社会形象。

七、以人为本，弘扬和谐企业文化

企业文化是企业长期利益的体现，是企业生存和发展的内在动力，是提升企业形象、增加企业价值的无形资产，因此，大力建设企业文化，是企业自身发展的需要。我院坚持以人为本的科学发展观，尊重员工、关心员工，让每位员工能得以发展，通过对员工的有效激励来充分发挥员工的主动性、积极性和创造性。首先是倡导正确的价值观，在院内利用各种形式在员工中大力宣传法律制度观念、市场竞争观念、成本效益观念等，让员工能正确处理好单位和个人的利益关系，倡导爱岗敬业、坚持诚信、不断创新

的企业精神，使员工具有与企业风雨同舟、休戚与共的意识。其二是加强员工的行为规范，通过宣传教育，注重培养员工良好的工作和生活习惯，营造整洁、规范有序的工作环境，使我院呈现出积极向上的活力。我们还积极开展各种类型的活动，相继成立了歌咏队、乒乓球队、篮球队、足球队，对外交流联谊，2008 年我院承办了第七届安徽省勘察设计系统乒乓球比赛，通过一系列的活动，展现了我院的思想风貌和精神风貌，也提升了员工的凝聚力，为员工营造了一个和谐的人际关系、宽松的工作环境。

当前我们正面临全球性的金融危机，我院决策层认真分析了当前形势，决心在危机中继续苦练内功，继续坚持按照现代企业管理机制对企业进行优化改进，进而化危机为契机。市场经济的竞争，是实力的竞争，只有不断强化内功，细化管理，持续改进，持续创新，才能持续成功。打造优秀设计企业，我们任重而道远。

参考文献

[1] 张存禄．企业管理经典案例评析．北京：中国人民大学出版社，2004.

[2] 王方华．现代企业管理．上海：复旦大学出版社，2003.

作者简介：霍建军，1971 生，安徽合肥人，合肥市建筑设计研究院有限公司技术管理与人力资源部部长。

钢网架屋盖结构的加固应用与研究

朱　华
（安徽省建筑科学研究设计院　安徽合肥）

摘　要：钢网架的加固方法国内研究较少，加固的工程实例也很少，结合工程实例，提出8种网架加固方法，技术实用、安全可靠。通过合肥市江汽集团联合厂房网架加固实例，采用下弦增加一层网架及加固上弦杆的方案，在老网架恒载受力的工作状态下实施加固，取得成功。采用的设计原则充分考虑了网架杆件强度折减系数0.8和新老网架共同作用折减系数0.9，从结构分析结果实施对上弦杆采用加强处理，并利用老网架下弦球的基准孔实施网架扩大截面工作，从而完成网架的加固。在网架加固的实施过程中，实时对网架杆件的应力及网架的挠度进行测试，取得了计算值与实测值十分吻合的数据，未超出5%的范围，验证了网架加固的成功，同时，在2008年年初南方地区出现大面积积雪灾害天气，合肥市的雪荷载的实际值远大于雪荷载的设计值，超设计值30%，加固的网架未出现异常情况。

关键词：网架；屋盖结构；上弦杆；应力；挠度

1. 前　言

钢网架结构的加固一直是困扰工程界的难题。由于网架结构的自身特点，一般没有较好的加固方法对它进行加固。然而，随着网架结构在工程中的大量运用，随之而来的网架工程问题也越来越多，因此必须对网架工程进行处理和加固。

合肥市人民政府为打通合肥市的中环线，需对江汽集团联合厂房的占道部分进行拆除，拆除的这一跨厂房拆掉后，会对其相邻的两跨厂房钢网架屋盖产生应力重分布，使得相邻两跨厂房钢网架杆件中的应力不够。合肥市政府委托我院承担该厂房钢网架的加固设计、拆除方案、加固后的应力测试，安徽中亚钢结构工程有限公司承担施工，工程从2007年5月开始设计，于2007年11月竣工。

2. 工程概况

该联合厂房建筑面积24000m²，其中生产车间16000m²，由6个24m跨钢网架结构组成，现浇钢筋混凝土独立柱，柱间12m，钢网架为柱顶点支撑。生产车间分A、B两个区，每区各3跨，建筑面积各8000m²，即3×24m×108m（3跨24m，108m长），由缝隔开。A区有一跨占道，需拆除，拆除面积为24m×108m，约2600m²。网架为正方四角锥栓球网架，网格尺寸3m×3m，网架矢高2.1m，网架球为45号钢，杆件为Q235B钢，网架板为钢筋混凝土预制板，该联合厂房建于1996年。

3. 加固结构方案的比较

A区网架由3个24m跨组成，即：3×24m×108m；结构模型为三跨连续板，拆除一跨，即：1×24m×108m，则结构模型转化为两跨连续板，会有大量杆件强度不够。针对网架结构模型的转变，提出8种加固方案。

（1）预应力托架加固方案。在网架下弦增加一层预应力托架，改善网架的受力性能，补足不够的杆件，属增大截面法。

(2)预应力拉索加固方案。在网架上弦端部球节点处增加预应力拉索,锚到钢筋混凝土柱之柱根,起到平衡上弦杆应力作用,改善网架的受力性能,补足不够的杆件,属荷载平衡法。

(3)拆除全部屋面板加固方案。拆除A区剩余两跨的预制钢筋混凝土网架板,更换成彩钢板屋面,属卸荷载法。

(4)拆除一半屋面板加固方案。拆除A区剩余两跨中的一跨预制钢筋混凝土网架板,更换成彩钢板屋面,属卸荷载法。

(5)下弦增加一层网架及预应力拉索加固方案。在下弦增加一层网架,使该网架变成两层网架,同时在原网架的下弦增加拉索,属增大截面法和荷载平衡法。

(6)下弦增加一层网架及加固上弦杆方案。在下弦增加一层网架,使该网架变成两层,同时在原网架的上弦采用型钢加固上弦杆,属增大截面法。

(7)加固上、下弦杆及腹杆方法。根据网架结构分析计算,选出不够的杆件(上弦杆、下弦杆、腹杆),采用型钢加固不够的杆件,属荷载平衡法。

(8)加固下弦杆及预应力拉索方案。采用型钢加固下弦杆,同时在原网架下弦杆增加拉索,以调整杆件应力,属荷载平衡法。

相对之下,充分考虑技术可行性、工程造价、施工难度、施工工期等因素,在与业主充分沟通的前提下,决定选择下弦增加一层网架及加固上弦杆的方案作为实施方案。

4. 结构加固设计

(1)设计原则

① 结构的安全等级为二级。抗震设防类别为丙类,抗震设防裂度为7度,设计基本加速度值为0.10g,设计地震分组为第一组,特征周期0.35。

② 网架杆件强度折减系数取0.8。网架已建成使用10年,杆件锈蚀严重,根据我院提供的网架结构检测报告,需对原网架结构强度予以折减。

③ 新老网架共同作用折减系数取0.9. 下弦新增网架是老网架在恒载作用工作条件下新安装网架,在拆除网架杆件切割后,老网架在外荷载作用下会应力调整并将力传递至新网架上,新老网架之间的共同工作受力相对于一个一次安装的两层网架受力应予于折减。

(2)结构分析

① 结构分析软件:用同济大学编制的3D3S软件进行计算,用中国建筑科学研究院编制的MSGS软件进行校核。

② 结构分析结果:老网架上弦有56根杆件受压不够,其余杆件全部通过。

(3)加固设计

① 上弦杆加固设计:

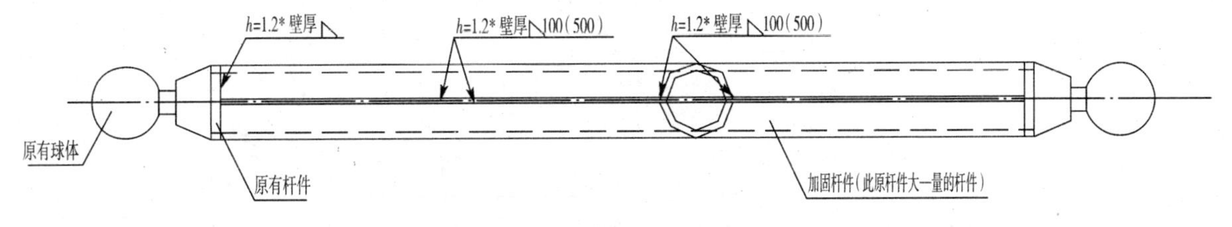

图1 杆件加固图(长度现场量)

② 新老网架之间连接设计：

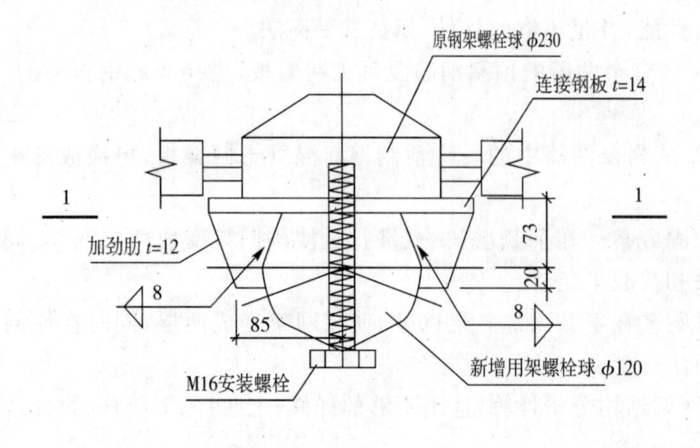

图 2　螺栓球连接节点 1

（适用：C2 球 2 个，C3 球 4 个，C6 球 2 个）

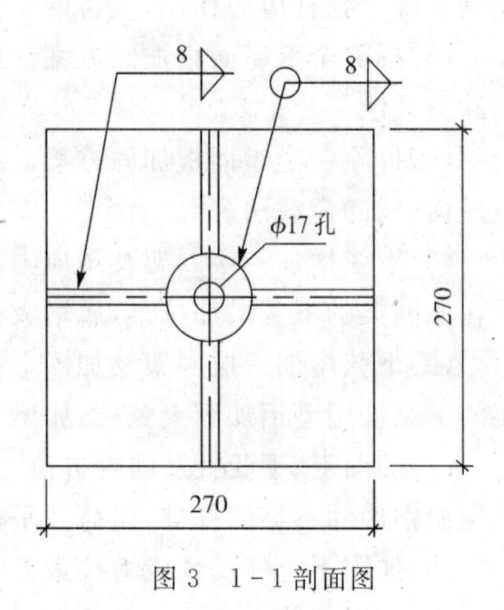

图 3　1-1 剖面图

(4)施工顺序

① 加固施工上弦杆。根据图纸将需加固施工的上弦杆逐个标注，逐根加固。

② 安装下弦新增网架。清理老网架下弦球的基准孔，逐个安装新网架的上弦球。

③ 做测试准备。在待测杆件上粘贴应变片。

④ 拆除占道跨网架板，切割网架。测试数据采集。

⑤ 清理占道跨厂房垃圾，施工处理网架檐口及厂房围护墙。

5. 测试结果分析

(1)杆件应力分析

单位：kN

	①号杆	②号杆	③号杆	④号杆	⑤号杆	⑥号杆
实测值	75.4	50.5	50.7	47.8	46.9	176
计算值	74.3	51.1	51.1	46.4	46.4	178
杆件规格	φ48×3.5	φ48×3.5	φ48×3.5	φ48×3.5	φ48×3.5	φ60×4
差值	1.1	－0.6	－0.4	1.4	0.5	－2

注：⑥号杆为加固杆

杆件实测值与设计计算值吻合，说明网架的计算模型准确。本表为一个实测单元，本工程共实测了 16 个实测单元，最大差值 60×4 杆件为 3.1kN，误差 1.7％，φ48×3.5 杆件为 2.1kN，误差 4.5％。

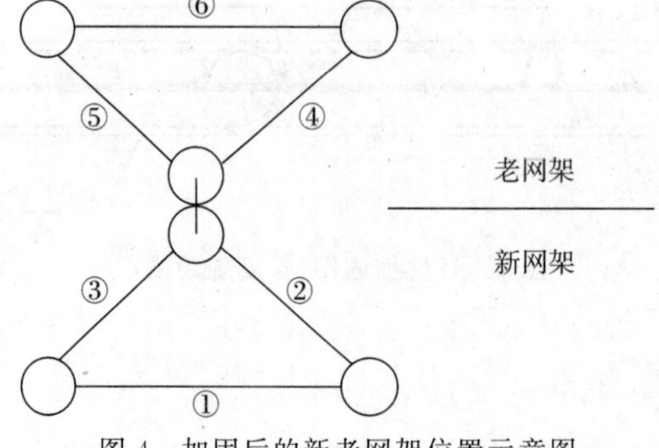

图 4　加固后的新老网架位置示意图

(2)挠度测试

网架的容许挠度值 $L/250=96\mathrm{mm}$,网架的计算挠度值(恒载)为 27mm,网架的实测挠度值(恒载)为 23mm。

6. 技术经济指标分析

(1)新增网架用钢量 40t,加固上弦杆用钢量 5.6t,合计:45.6t,每平方米用钢 17.5kg,工程费用 80 万元(含设计、施工、监理、检测),每平方米造价 307 元。

(2)若采用更换屋面板方法,所需费用约 270 万元。

(3)若采用加固所有杆件方法,所需费用约 350 万元。

7. 结束语

(1)本工程采用的网架加固方法是对网架加固实用方法的一种探索,并且成功运用于工程实践当中,取得良好效果,技术经济指标优越,受到业主的认可,社会效益显著。

(2)本文提及的 8 种加固网架的方法,技术实用,安全可靠,都可以运用于网架工程的加固,开辟了网架加固的道路。

(3)在网架加固的工程实践当中,一定要采用冷作业,切忌动火,充分保证结构在受荷状态下加固处理的安全。

参考文献

[1]《建筑结构荷载规范》GB50009—2001(2006 年版). 北京:中国建筑工业出版社,2006.

[2]《建筑工程抗震设防分类标准》GB50223—2004. 北京:中国建筑工业出版社,2004.

[3]《建筑抗震设计规范》GB50011—2001. 北京:中国建筑工业出版社,2001.

[4]《钢结构设计规范》GB50017—2003. 北京:中国建筑工业出版社,2003.

[5]《网架结构设计与施工规程》JGJ7—91. 北京:中国建筑工业出版社,1992.

组合劲性混凝土桩锚体系在深基坑工程中的应用

束冬青　蔡　敏　付春友
（安徽省建设工程勘察设计院）

摘　要：深基坑位于闹市区，开挖深度12.4～12.9米。场地土质条件很差，基坑紧邻道路、市政管线和建筑物，周边环境复杂。挡土结构采用组合劲性混凝土桩锚体系，地下水控制采取排水方案。

关键词：深基坑；挡土结构；组合劲性混凝土桩一锚；地下水控制

1. 前　言

排桩支护结构的桩型一般为钢筋混凝土灌注桩（以下简称钢筋混凝土桩），成孔工艺包括机械钻孔和人工挖孔，配筋形式为沿圆周均匀配筋或不均匀配筋。这样的桩型存在以下问题：(1)钢材利用率低；(2)桩身延性较差，承载力难以充分发挥；(3)混凝土用量大，经济性较差；(4)施工工艺较落后。针对以上问题，我们总结多年工程实践经验，并经过试验研究和数值分析，开发了一种新的桩型——组合劲性混凝土桩（以下简称组合劲性混凝土桩）。组合劲性混凝土桩桩径一般为400～600mm，桩身材料为细石混凝土内置组合型钢。组合型钢由两根相对放置于受拉区和受压区的槽钢组成。实际工程中，组合劲性混凝土桩与预应力锚杆共同组成半刚性支护体系——组合劲性混凝土桩一锚体系。新桩型与传统钢筋混凝土桩相比具有钢材利用率高、延性好、混凝土用量少、施工快捷、无污染、安全文明等众多优点，社会经济效益以及环境效益均较显著。

2. 工程概况

该工程主体结构为：主楼32层商住楼，裙房7层，三层联合地下车库，整个地下室采用桩筏基础。

本工程采用吴淞绝对高程系，自然场地标高为16.000～16.500，基坑设计底标高为3.600，基坑开挖深度12.4～12.9m。基坑施工至第四层预应力锚杆时，由于上部结构调整，基坑深度加深0.7m，此时开挖深度达到13.6m。该工程场地第四纪地貌形态属南淝河一级阶地地貌单元，地质条件复杂，且位于闹市区，东侧紧邻红星路小学教学楼，西侧紧邻4层老式住宅楼，鉴于以上条件，基坑侧壁安全等级定为一级。

拟建场地地形基本平坦，地基土构成层序自上而下为：

①层杂填土（Qml）：厚2.0～4.0m，松散或可塑状态。②层黏土（Q4al＋pl）：厚2.80～5.30m，硬塑状态，稍湿。③层粉质黏土夹黏土（Q4al＋pl）：厚2.2～4.7m，可塑～硬塑状态，稍湿，层状结构，含氧化铁及粉细砂等，间夹薄层粉土。④1层粉土夹砂（Q4al＋pl）：厚4.4～7.0m，中密状态，饱和，此层不同部位间夹厚薄不均的粉细砂。④2层粉土夹砂（Q4al＋pl）：厚2.8～5.8m，中密～密实状态，饱和，含氧化铁、中细～中粗砂等，此层在不同部位间夹中～细砂层，且局部中～细砂层较厚。⑤1层强风化泥质砂岩（K）：层厚1.3～4.0m，密实状态，表部已风化成壤及砂，无水可钻进。裂隙发育，极破碎，属极软岩，其岩体基本质量等级为Ⅴ类。⑤2层中风化泥质砂岩（K）：此层未钻穿。坚硬（密实）状态，结构部分破坏，沿节理面有次生矿物，块状构造，较破碎，属极软～软岩，其岩体基本质量等级为Ⅴ类。

3. 支护方案

3.1 地下水控制方案

本基坑杂填土的平均厚度约 2.0m，根据我院临近工程的设计经验，这样的填土厚度在老城区，不会因上层滞水的流失造成明显的底面沉降；本基坑底部落在④1 层粉土夹砂层，据我院地基公司在施工国轩大厦人工挖孔桩时的情况反映，挖至④2 层时才遇丰富的地下水，基坑施工正值枯水期，估计④1 层在基坑开挖期间水量不大；另外，基坑东西两侧建筑物底部分布有 4m 左右的黏土隔水层，依据以上地质条件，基坑设计采用排水方案不设止水帷幕。

3.2 支挡结构选择

(1)排桩＋内支撑。安全性高，能够严格控制变形；但造价偏高，会给土方开挖及地下室结构施工造成一定的困难，且需要有经验的支护和土建施工队伍。本工程未采纳此方案。

(2)排桩＋锚杆。有丰富的工程经验，具有良好的经济性，且能为地下室结构施工提供良好的作业环境；但对施工工艺的控制要严格，且监督要到位。本工程采用排桩＋锚杆的支挡方案。基坑开挖平面布置图如图 1 所示。

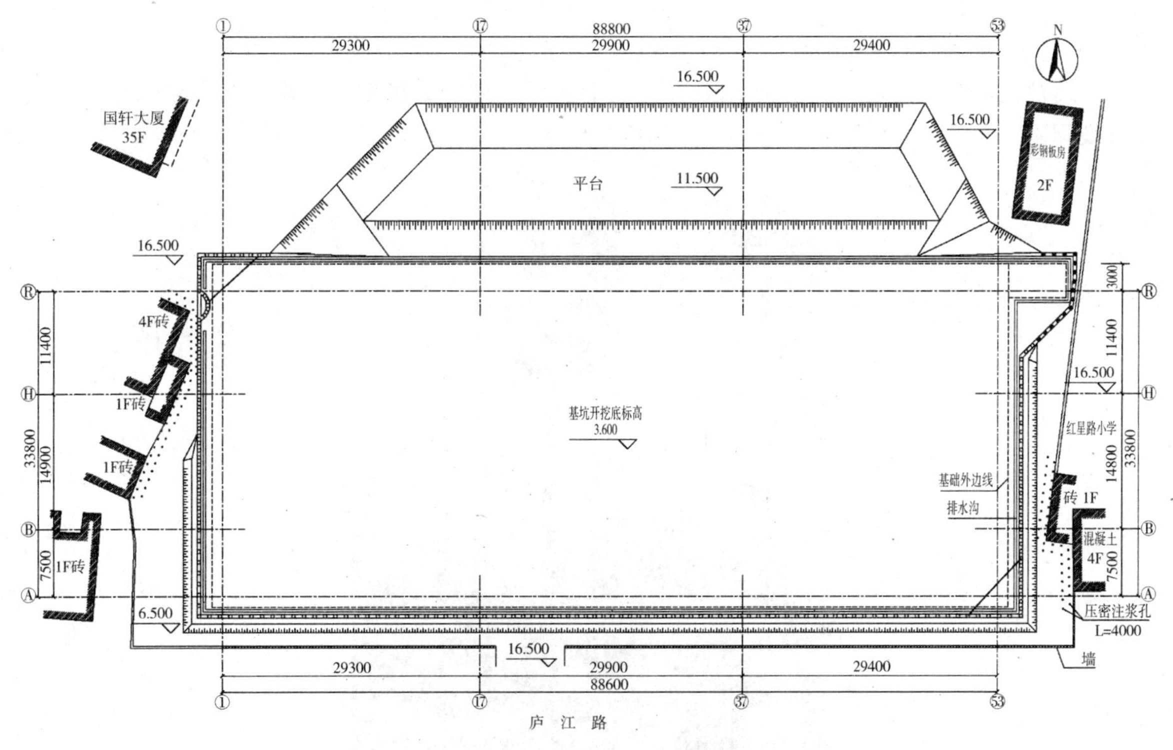

图 1 基坑开挖平面图

3.3 桩型选择

(1)钻孔灌注桩。本工程土质条件确定桩成孔时需采用泥浆护壁，会对环境造成严重污染，质量难以控制，且造价偏高。

(2)人工挖孔桩。合肥地区人工挖孔桩为限用技术，在本工程的地质条件下，若不设置止水帷幕或采用大面积深层降水方案则无法成孔，这样，如果采用止水帷幕则造价过高，如果采用长时间深层降水则有可能会对周边环境造成严重影响。

(3)组合劲性混凝土桩。为长螺旋钻机成孔，提钻时自孔底泵压混凝土至孔口后振动锤击置入组合型钢，能确保成桩质量。该桩型成孔速度快，施工场地安全文明，且具有良好的经济性和安全性。本工程选用了组合劲性混凝土桩，截面形式见图 2。

3.4 设计计算

经计算确定，本工程钻孔桩桩径 400mm，桩端嵌入坑底以下 0.3 倍基坑深度，桩间距 800～1200mm，桩间距分布原则为根据平面效应，刚度相对较大处桩间距放大，反之桩间距缩小。竖向共设置五道预应力锚杆。

排桩单元计算按多支点弹性地基梁模型计算，土的水平抗力比例系数 m 取值按照《建筑基坑支护技术规程》(JGJ120－99)提供的经验公式求得。按安全等级一级，基坑侧壁重要性系数取 1.1。对水土荷载计算模式本工程按水土分算模式计算。冠梁水平侧向刚度根据计算点距拐角距离不同取值。单元计算包括下列内容：(1)嵌固深度计算；(2)结构内力、位移计算；(3)截面配筋计算。

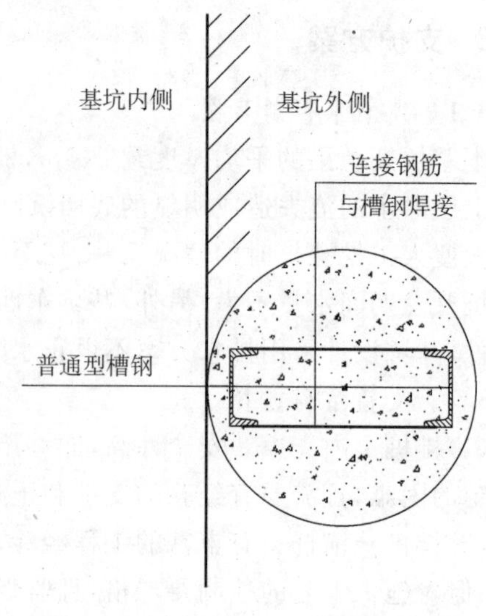

图 2　组合劲性混凝土桩截面示意图

4. 施工及监测

4.1 施工

组合劲性混凝土桩采用长螺旋钻机成孔，成孔后利用长螺旋钻机钻杆先高压管内泵送细石混凝土后放置型钢工艺。

图 3　组合劲性混凝土桩施工

位于②层黏土及③层粉质黏土中的预应力锚杆采用螺旋钻机成孔，成孔后同时放入钢筋及注浆管，两次加压注浆。遇④1 粉土夹砂层时，采用外径 32mm，内径 16mm 的自钻式锚杆，利用中空钻杆高压注浆，成功解决了在粉土夹砂层中成孔塌孔问题。

4.2 基坑监测

基坑开挖和使用过程中业主委托专业单位对支护结构进行了水平位移监测，对周边土体进行了沉降监测。根据变形监测结果，基坑完工一个月后冠梁顶最大水平位移仅为 22mm(J4 点)，周边建筑物最大沉降仅 10.8mm(2＃点)，最大沉降差为 0.1%，坡顶及周边建筑、路面等均未见明显裂缝。

图 4 基坑开挖到底情况

5. 结束语

该工程组合劲性混凝土桩采用先灌注混凝土再后置型钢施工工艺，成功解决了在粉细砂层等易产生塌孔土层中桩施工工艺问题，确保了成桩质量。组合劲性混凝土桩相比钻孔灌注桩及人工挖孔桩等传统桩型，造价经济、施工快捷、施工风险低、对周边环境影响小。另外，型钢具有很好的强度和延性，使组合劲性混凝土桩与传统的钢筋混凝土桩相比具有承载力大、刚度大、延性好的优点，其良好的延性避免桩体发生脆性破坏，减少突发性事故的发生率，增加了安全储备。

该基坑支护工程荣获了 2008 年度全国勘察设计行业优秀勘察设计行业奖三等奖。

参考文献

[1] 高大钊．深基坑工程[M]. 北京：机械工业出版社，1999.
[2] 龚晓南，高有潮．深基坑工程设计施工手册[M]. 北京：中国建筑工业出版社，1998.
[3] 刘建航，侯学渊．基坑工程手册[M]. 北京：中国建筑工业出版社，1997.

企业文化建设是企业走向成熟的必由之路

梅　泠
（安徽省建设工程勘察设计院）

摘　要：新经济时代的今天，企业的成败不仅仅取决于市场占有率及利润水平等有形的东西，而更在于是否有一致的内部价值认同和众口一致的外部企业形象即企业文化。因此企业必须塑造独特的企业文化，以文化力提升品牌力，获得长足发展。

关键词：企业文化；建设；发展

安徽省建设工程勘察设计院成立于1952年，是一家集科研、生产、技术服务为一体的省级综合性勘察设计单位。原为自收自支事业单位，2001年经上级批准由事业单位改制为国有企业，隶属安徽省国资委。现有职工300余人，持有建筑工程设计甲级、市政工程设计甲级、工程勘察综合类甲级、工程测绘甲级、地基与基础施工专业承包一级、建设工程检测、城市规划乙级、工程勘察和工程设计咨询甲级等资质，专业齐全、业务覆盖面广，是行业内知名的勘察设计企业。

回首半个多世纪的发展历程，几代创业者呕心沥血、前赴后继，打造了一条艰辛而光荣的创业之路。改革开放以后，尤其是进入21世纪以来，全院上下团结一心，继承和发扬老一辈优良传统，以更昂扬的斗志，应对市场经济新挑战，不断完善管理制度、大力发展新技术、塑造优秀员工队伍、扩展市场占有率，使各项事业蒸蒸日上、企业品牌日益提升。伴随着企业发展历程，我们认识到，始终有一条促进和推动企业前进、贯穿企业发展始末的主线显得越来越深刻、越来越清晰，这就是独具我院特色、深深刻上我院发展历程烙印的企业文化。

我院企业文化是我院在长期的生产、经营活动中逐步形成的共同的文化观念，是为全院员工所认同的企业群体意识、行为准则和价值观，是我院不同于其他勘察设计单位和社会上各类企业的个性化的根本体现。建设与企业发展相适应的特色企业文化，对于我们深化企业改革、建立现代企业制度具有良好的促进作用。多年的改革探索和实践总结，院领导及全院职工深刻认识到企业文化对企业发展的重要性。

在新形势下，我院员工进一步秉承传统的企业文化精华，积极实施文化强企新战略，构筑和完善系统的文化理论体系，建立企业文化推进系统，并付诸企业生产和管理的实践，使企业呈现出良好的发展态势。我院企业文化建设的做法和特色如下：

1. 建立健全各项保障机制，为企业文化建设提供有力支撑

1.1　建立健全领导机制。我院领导班子具有较强的文化意识，坚持把企业文化建设置于企业发展规划中，有意识地开发文化资源，进行系统的企业文化建设工作。成立企业文化建设领导小组，由院长担任组长，院领导、党委成员、工会主席任组员，负责企业文化建设的战略规划、组织协调、指导实施。领导小组下设企业文化建设工作小组，由分管院领导任组长，相关部门负责人任成员，负责企业文化文件起草、纲要实施以及日常工作。院各级党政主要领导均高度重视和积极参与企业文化建设活动，在企业文化建设中发挥主导作用，建立党政工团齐抓共管的管理体制和工作网络，保证了企业文化建设各项措施的实效性和延续性。

1.2　建立和完善企业文化建设阵地。从2002年起我们创办了院刊《勤实》，每月一期，这是我院传播思想文化、动态报道、沟通信息的重要园地，为全院起到了不可或缺的桥梁纽带作用。2005年又建设

并开通了院内“信息管理系统”,为各部门信息沟通、数据传递、工作交替提供了更加便捷、快速的网络平台,实现了管理互动和资源共享,还节省了管理成本,同时也促进了信息化水平的提高。与此同步,我院互联网站则是向外界展示企业形象、宣传企业品牌、实时报道企业经营信息的重要窗口。通过这些载体充分展示企业文化,广泛宣传,加强对职工的教育和培训,为企业文化的巩固和发展奠定了坚实的群众基础。

1.3 确保对企业文化建设的资金投入。企业文化建设目标任务的落实,必须要有一定的资金投入。我院企业文化建设资金的投入分为基本建设资金和奖励基金。这些开支每年初纳入总体规划和年度计划,投入到位并逐年增长,为企业文化建设的顺利开展提供了物质保障。

2. 构筑和完善企业文化理论体系,打造企业文化品牌

我院的企业文化,是自建院之日起,由全体员工共同创造、发展并传承的,体现了我院长期积淀的人文精神和文化精华。

2.1 确立企业愿景目标和发展战略

企业愿景是由领导层基于对宏观经济形势和自身优势,全面、客观分析之上确立的企业未来的发展方向,是企业全体人员为之共同奋斗的目标。发展战略是为实现企业愿景目标所确立的总体工作思路,其包含经营战略、技术战略、人才战略、管理战略等诸方面。

我院企业愿景和发展战略由领导层拟定,各职能部门和专业所配合,并充分征求广大员工的意见。2008年我院秉行专业化战略思路,概而言之,包括以工程做精、质量做好为要求的品牌战略,以构筑金字塔式人才框架为内容的人力资源战略,以立足合肥、辐射全省为目标的区域战略。用美好的愿景鼓舞人,用宏伟的事业凝聚人,用科学的机制激励人,用优美的环境熏陶人,让企业精神理念深入人心,使企业发展与文化建设互动互利、互相拉动,收到了很好的效果。

2.2 提炼以企业精神为灵魂的核心价值观

企业文化是企业信奉并付诸实践的价值观念,是企业在长期的生产经营活动中形成的具有鲜明特色的共同的道德规范,其灵魂和精髓是企业的“核心价值观”。2007年8月我们在员工中组织开展了以企业精神和企业价值观为核心内容的企业理念大讨论活动,采用自下而上、自上而下的方式,员工各显智慧、集思广益,准确总结、提炼并概括出既有时代气息、又具有鲜明个性的十六字的企业价值观:“诚信是本、质量为纲、勤奋务实、科学图强”,真实体现并准确传递了企业文化的精神实质。

2.3 制定《企业文化建设纲要》

为加强我院的企业文化建设,在企业内部形成一个有助于企业发展的氛围,全体员工能够按照企业文化的要求,规范自己的行为、体现企业的特色、塑造企业的形象,充分发挥企业文化在提高企业管理水平、增强核心竞争力,保持企业持续快速健康发展中的积极作用。2006年10月我院企业文化建设工作小组起草拟定了《企业文化建设纲要》,在广泛征求职工意见后,下发全院实施,为我院企业文化建设提供了指导性文件,制定了企业文化建设的总体目标。

2.4 大力开展企业理念宣传活动

企业理念只有深入到每个员工的心中,成为全体员工共同一致、彼此共鸣的内心态度、意志状况和思想境界,才能转化为自觉行动,激发员工的积极性,增强企业活力。

我们通过开展企业文化研讨活动,采取企业文化知识竞赛、有奖征文、交流学习和组织员工参观学习等多种形式,广泛宣传我院企业文化的内涵和本质,搞好企业文化在我院内部的相互渗透、相互融合,使广大员工在全面理解文化内涵的基础上,自觉地把言行与企业文化结合起来,为实现企业战略目标提供强有力的文化支撑。

3. 规范和美化企业行为，树立优秀企业和高素质员工队伍形象

企业生产经营行为的主体是员工，因此员工的行为将生动地展现出我院员工精神面貌、工作作风、价值取向以及文化氛围等。因此，我们以制定完善的规章制度规范员工工作流程、以塑造行为习惯美化员工言行举止、以高雅的文化氛围哺育员工高尚的道德情操。

3.1 以确定的企业理念为指导，对我院现行的规章制度进行清理和修订，建立并完善一套相互衔接的符合企业理念的制度、条例和规定，并汇编成册。这套管理汇编是我院生产经营发展驶入快车道的必然要求，是我院依靠制度管理、依法治企的“根本大法”，确保员工在工作行为中按照企业经营、生产、管理相关的规范与规则来一致地行动和工作。

3.2 积极创建学习型企业，倡导各级部门积极创建学习型组织。要求每年制订部门员工教育及培训计划，设立培训专项基金，并将组织学习情况列入部门和中层干部的考核指标。鼓励和提倡个人学习，支持员工参加技术业务培训和文化学习，为个人建立培训和学习记录。院网站上特别开辟学习专栏，为员工学习提供便捷的条件和互动平台。院职能部门经常组织技术和管理知识讲座，邀请中国科技大学、合肥工业大学等高等院校的教授讲课，还不定期组织知识竞赛，每年还开展新员工教育、技术工人上岗培训、年轻技术人员轮岗培训等活动。通过个人学习与团队学习，使企业本身在组织学习的过程中，不断地学习新知识，掌握新技能，从而形成企业持久的竞争力。

3.3 建设优美环境、培育优良作风。2004 年以来，我院坚持开展“倡树文明新风，共建美好家园”活动，要求员工建立良好的卫生习惯和文明礼仪行为，现在我们每月都组织一次卫生大检查，并进行评比和打分，让大家一起爱护家园，维持优美环境。为塑造具有独特文化个性和深厚文化内涵的员工队伍形象，我们根据“以人为本”的原则，按照不同层次制定设计员工形象。例如从懂市场、善经营、会管理、有战略眼光和与时俱进的思想等方面塑造领导层形象；从专业化、知识化、重研发等方面塑造科技人员形象；从爱岗敬业、文明礼貌、遵章守纪、熟悉业务、规范操作等方面塑造普通员工形象。通过这些活动，不仅改善了企业形象，也提高了员工的综合素质和道德情操。员工中不断涌现先进典型，如我院职工不顾安危、保护公共财产和临危不惧、勇擒歹徒等见义勇为事迹，经媒体报道后，受到社会各界赞誉，充分表现了我院员工弘扬正气、甘于奉献的精神风貌。

3.4 开展“加强诚信建设，争创诚信企业”活动。诚实守信是中华民族自古就被崇尚的传统美德，是立之本。现代社会，诚信对于企业更是立业之本，是宝贵的无形资产。在我们勘察设计行业的每一项勘察设计成果中，每一个数据都至关重要，可以说勘察设计自身的行业特点，铸就了勘察设计职工必须诚实守信的道德准则。2007 年，我院开展了“加强诚信建设，争创诚信企业”活动，制定并向社会公布了“诚信宣言”，进一步丰富了我院企业文化中关于诚实守信的内涵。2009 年上半年，我院获得了“全国工程勘察与岩土行业诚信单位”光荣称号。

3.5 经常性地开展主题教育活动，运用多种形式举办寓教于乐、健康有益、主题鲜明、职工喜闻乐见的文化体育活动，特别是组织好重大纪念日、重大节庆日期间的文化娱乐活动。每年“五一”我院都开展职工体育比赛，有球类、棋类和登山运动；“六一”不仅送上对下一代的一份关爱，还在院刊上开辟儿童专栏，让孩子们进行才艺展示；“七一”结合党的生日组织党性教育或红色之旅，“十一”则举办职工文艺会演活动，还有“温暖重阳”——离退休人员游览活动。近几年，我院还轮流组织员工出境考察，帮助员工增长见识，开阔视野。既加强员工之间的友谊和了解，又有助于营造温馨、舒适的工作氛围，建立互敬互爱、团结和谐的人际关系，增强企业凝聚力，提高员工多才多艺的综合素质。在文体活动中，我院还着力培养了保龄球、篮球等特色体育项目，选拔出男声独唱、女子舞蹈队等文艺项目，作为我院对外交流与合作的主打文化产品，提升企业文化品牌。

4. 将企业文化贯穿于生产经营工作中,增强企业核心竞争力

优秀的企业文化对于企业发展而言,可以说是如鱼得水。目前,勘察设计行业的竞争越来越激烈。为了使企业在激烈的市场竞争中立于不败之地,实现企业的目的,我院企业文化建设涉及企业的方方面面,渗透企业的各个生产经营环节。通过对企业文化的建设、宣扬,增加了企业的亲和力、凝聚力,激发员工为企业目标不懈奋斗,进一步培育企业的核心竞争能力,树立我们企业的品牌意识、团队意识,以及充分调动感情因素为企业吸引人才、留住人才、激发人的潜能,具有十分重要的意义。在工作实践中,我们体会到,企业核心竞争力总是植根于独特的企业文化土壤之中,受企业文化的影响和制约。

用精神文化推动其他工作目标的顺利完成,使无形资产效益最大化,使我们在物质文明、精神文明和政治文明上均获得了极大的收益。近年来,我院生产产值连年大幅攀升,员工收入逐年增长;由于良好的企业氛围,凝聚力大大增强,人员由2005年180人增加到现在330人;专业拓展的脚步坚定如一,设立了环境规划所、施工图审查公司等机构;始终如一地把质量放在第一位的指导方针使我院不断获得部省级优秀勘察设计奖,下属的地基与基础公司多个项目获得“黄山杯”奖;技术研发力量大大增强,技术创新和科技攻关成果捷报频传,并且申报了多项技术专利。“九五”期间我院获得建设部“全国建设技术创新先进单位”,“十五”期间又再次获得“全国建筑业技术创新先进企业”称号。

近年来,我院先后被授予“全省建设系统先进集体”、“安徽省守合同、重信用”单位、“全国工程勘察创建文明行业先进单位”、安徽省省直“三优文明单位”、“全省建设系统政治思想先进单位”、安徽省直工委“先进基层党组织”等光荣称号。

企业文化建设是企业发展战略的重要组成部分,是企业走向成熟的必由之路。新经济时代的今天,企业的成败不仅仅取决于市场占有率及利润水平等有形的东西,而更在于是否有一致的内部价值认同和众口一致的外部企业形象即企业文化,这是企业发展的不朽支柱。通过企业文化建设,激发员工的自豪感和责任感,培育企业团队精神,全面提高企业的竞争力已经成为我们把握机遇,迎接挑战的现实要求。

建筑给排水节能技术在设计中的应用

段 勇
（六安市建筑勘察设计院）

关键词：新型节水设备；太阳能热水供应；利用管道余压；变频给水

人类为了生存、发展和繁荣不懈地努力和创造，推进了人类文明的历史进程。在享受大自然给予恩赐的同时，我们每个人也同样肩负着节约能源、保护环境的责任。作为与环保工作息息相关的给排水专业工作者，从我做起，从本职工作做起，更是我们义不容辞的责任。随着我国经济的不断发展，给排水业也有着长足的进步，在充分满足用户用水要求的同时，我们也需要考虑对水资源和对能源的节约。这是每一个给排水工作人员在设计时所必须考虑的问题。

本文将从节水、节能和二次供水的污染防治等几个方面探讨建筑给排水设计中的环保节能问题。

资料显示，中国人均水资源占有量约为2400立方米，仅为世界人均水资源占有量的四分之一，属于缺水国家。特别是近二十年来随着我国国民经济的飞速发展，水污染日益加剧，水资源问题更加突出，就我们六安而言，水资源问题也不容乐观，多年以来六安城区一直依靠淠史杭干渠供水，大量占用农耕用水，而且干渠供水本身要受季节护坡、清淤等方面的限制，在供水安全性上也存在隐患。加上本市自来水厂设备老化，供水量较小，造成城西部分供水质量较低。因此节约用水成了重要而紧迫的任务。

建筑给排水中节水的重点在于卫生器具及其给水配件，屋顶水箱浮球阀，建筑中水等方面。

1. 节水新技术

1.1 推广应用新型节水设备

1.1.1 推广使用优质管材、阀门

绝大部分自来水水质有腐蚀倾向，致使金属管道腐蚀严重，从而导致水中余氯迅速减少，浊度、色度、铁、锰、锌、溶解性总固体、细菌学指标等明显增大，造成水质污染。一些发达国家已明确规定普通镀锌钢管不再用于生活给水管。我们也应当逐步推广使用硬聚氯乙烯给水管、铝塑管、钢塑管、聚丙烯管、聚丁烯管、交联聚乙烯管、纳米聚丙烯等卫生性能较好的新型管材，以保证生活用水在输送环节中不被污染。现在我们设计部门在本地给排水设计中已基本采用PPR管道作为给水管材。

阀门也是建筑给排水中最常用的配件之一，其类型和质量的好坏也能影响用水的质量。一般的，截止阀比闸阀关得严，闸阀比蝶阀关得严。同等条件时，我们就应当选用更能够节水的阀门。

1.1.2 推广使用节水型卫生器具和配水器具

老的卫生器具特别是大便器冲洗水箱耗水量大，卫生器具给水配件密封性和耐用性差，经常造成“跑、冒、滴、漏”等现象，造成水资源的巨大浪费。一套好的设备能够对水资源的节约产生非常大的作用。如JS型虹吸式高效节水型坐便器每次冲洗水量仅为5升，可节水50%；公共浴室采用单管恒温供水配合脚踏阀淋浴器、光电淋浴器、手拉延时自闭淋浴器等比一般双管淋浴器可节水20%～50%；而陶瓷芯水龙头密封性能好，开关数万次无滴漏，节水效果十分显著。可见卫生器具和配水器具的节水性能直接影响着整个建筑节水的效果。所以在选择节水型卫生器具和配水器具时，除了要考虑价格因素和使用对象外，还要考察其节水性能的优劣。大力推广使用节水型卫生器具和配水器材是建筑节水的一个重要方面[1]。

1.1.2.1 以瓷芯节水龙头和充气水龙头代替普通水龙头。在水压相同的条件下，节水龙头比普通水龙头有着更好的节水效果，节水量为3%～50%，大部分在20%～30%之间。且在静压越高、普通水龙头出水量越大的地方，节水龙头的节水量也越大。因此，应在建筑中(尤其在水压超标的配水点)安装使用节水龙头，以减少浪费[2]。

1.1.2.2 使用小容积水箱大便器。我国普遍采用冲水量≥9L的坐便器，耗水量大。若全部使用冲水量≤6L的马桶且采用两挡冲洗阀门，则住宅可节水12%，宾馆、饭店可节水4%，办公楼可节水27%。目前我国正在推广使用6L水箱节水型大便器。设计人员应在保证排水系统正常工作的情况下建议用户使用小容积水箱大便器。也可以参考国外(以色列)的做法，采用两挡冲洗水箱：两挡冲洗水箱在冲洗小便时，冲水量为4L(或更少)；冲洗大便时，冲水量为9L(或更少)。目前在市内相关工程设计中已普遍采用小容量水箱大便器。

1.1.2.3 采用延时自闭式水龙头和光电控制式水龙头的小便器、大便器水箱。延时自闭式水龙头在出水一定时间后自动关闭，可避免长流水现象。出水时间可在一定范围内调节，但出水时间固定后，不易满足不同使用对象的要求，比较适用于使用性质相对单一的场所，比如车站、码头等地方。光电控制式水龙头可以克服上述缺点，且不需要人触摸操作，可用在多种场所，但价格较高。目前，光电控制小便器已在一些公共建筑中安装使用。

1.1.2.4 屋顶水箱浮球阀。屋顶水箱浮球阀继阀芯两步到位的配重逆开式浮球阀之外，又出现了双筒浮球阀、液压式浮球阀和呼吸阀。最具特点的是导阀控制型浮球阀，兼有浮球阀、减压阀、止回阀、流量控制阀、泄压阀等多种功能。这些新式浮球阀克服了传统产品开关不灵的现象，减少了溢流。

1.2 完善太阳能热水供应系统

太阳能作为一种取之不尽用之不竭的清洁、安全的新能源，被越来越多的应用于热水供应系统。利用太阳能的直接加热设备有真空管式和热管式，其集热效率高，保温性能好，受环境影响小，全自动运行，操作简单、维护方便，可全年使用。在太阳能热水系统设计中应注意以下几个方面的问题：(1)集热器的选用应根据实际情况考虑其抗冻性能、抗热冲击性能、承压能力等因素。(2)寒冷地区应采取可靠的防冻方式。(3)集热应因地制宜综合应用串联、并联方式使水流平衡。(4)必要时采取辅助加热方式。

1.3 控制超压出流

在我国现行的《建筑给水排水设计规范》中，虽对给水配件和入户支管的最大压力做出了一定的限制性规定，但这只是从防止因给水配件承压过高而导致损坏的角度来考虑，并未从防止超压出流的角度考虑，因此压力要求过于宽松，对限制超压出流基本没有起作用。如果设计时没有考虑这一方面的话会造成极大的水资源浪费。所以应根据建筑给水系统超压出流的实际情况，对给水系统的压力做出合理限定。

《建筑给水排水设计规范》第3.3.5条规定，高层建筑生活给水系统应竖向分区，各分区最低卫生器具配水点处的静水压不宜大于0.45MPa，特殊情况下不宜大于0.55MPa。而卫生器具的最佳使用水压宜为0.20MPa～0.30MPa，大部分处于超压出流。根据有关数据研究，当配水点处静水压力大于0.15MPa时，水龙头流出水量明显上升。建议高层分区给水系统最低卫生器具配水点处静水压大于0.15MPa时，采取减压措施。

1.4 开发第二水资源——中水

“节流”也需“开源”，建筑中水使污、废水处理后回用，既可节约用水，又使污水无害化、资源化，起到保护环境、防治水污染、缓解水资源不足的重要作用，有明显的社会效益。最近颁布的《建筑中水设计规范》(征求意见稿)，对中水水源、水质标准、中水系统、处理工艺等几个方面都做了具体要求，预计正式实施后，对中水利用将起到极大的推进作用。我国的建筑排水量中生活废水所占份额住宅为69%，宾馆、饭店为87%，办公楼为40%，如果收集起来经过净化处理成为中水，用作建筑杂用水和城市杂用水，如冲厕所、道路清扫、城市绿化、车辆冲洗、建筑施工、消防等杂用，从而替代等量的自来水，这样相当于增加了城市的供水量。

由于中水工程是影响到整个建筑的系统工程，在已建成建筑中改造比较困难。同时又因为其初期投资较高，所以要想制定成标准规范至少在目前看来是比较难于让开发商接受的。但是从长远看，在水资源越发缺乏的情况下，建设第二水资源——中水势在必行。它是实现污水资源化、节约水资源的有力措施，是今后节约用水发展的必然方向。

1.5 消防贮水池的设置及加压

高层建筑中消防用水量与生活用水量往往相差甚远，消防给水系统设计流量可能是生活给水系统设计流量的好多倍。由于消防贮水要求满足在火灾延续时段内消防的用水总量。因此，在消防水与生活贮水池合建的情况下，会由于消防贮水量远大于生活贮水量而致使生活供水在贮水池中停留时间过长，余氯量早已耗尽而造成水质的劣化。所以为保证水池中的水质符合卫生标准，应定期更换贮水池中的全部存水（包括消防贮水）。所以，当两系统贮水量相差较大时应将两系统的贮水池分建，这样既可以延长消防贮水池的换水周期（从而减少了水的浪费），又可以保证生活饮用水水质符合要求。同时，还应使消防贮水池尽可能地与游泳池、水景合用，做到一水多用、重复利用及循环使用。高层建筑群或小区应尽可能共用消防水池和加压水泵。消防贮水量应按其中最大的一座高层建筑需水量来计算，这样既可避免消防加压给各建筑设计带来的诸多技术问题，又可以节省工程建设和设备投资，降低运转费用，便于集中管理，同时可避免由于多座贮水池的大量消防贮水及定期换水而造成的浪费。

2. 节能新技术

2.1 高层建筑中应充分利用市政给水管网的可用水头 H_0

高层建筑中，城市管网水压难以完全满足其供水要求。某些工程设计中将管网进水直接引人贮水池中，白白损失掉了 H_0，尤其是当贮水池位于地下层时，反而把 H_0 全部转化成负压，很不经济。在高层建筑的下面几层常常是用水量较大的公共服务商业设施，这部分用水量占建筑物总用水量相当大的比例，如果全部由贮水池及水泵加压供水，无疑是一个极大的浪费。

2.2 注意生活给水管道中减压节流问题

上文在叙述给水管道出水压力过大问题时提及容易发生超压出流而造成水资源的浪费。而对于节能方面，这一点也往往容易被忽视。因为即使在分区后各区最低层配水点的静水压仍高达 300kPa～400kPa。而在进行设计流量计算时，卫生器具的额定流量是在流出水头为 20kPa～30kPa 的前提条件下所得的。若不采取减压节流措施，卫生器具的实际出水流量将会是额定流量的 4～5 倍。随之带来了水量浪费、水压过高的弊病，同时易产生水击、噪声和振动，致使管件损坏、破裂。

减压节流的有效措施是控制给水系统配水点的出水压力，已有设计单位提出在配水点前安装节流孔板、减压阀等措施来避免部分供水点超压，为用户提供适宜的服务水龙头，使竖向分区的水压分布更加均匀。所以在高层建筑给水系统竖向分区后仍应注意减压节流的问题。

2.3 生活给水系统和消防给水系统两者分别单独设置

在高层建筑给水设计中宜把生活给水系统和消防给水系统两者分别单独设置，因为两种给水系统对水压的要求不同。按规定：生活给水系统按静水压力不大于 300kPa～400kPa 分区为宜，消防给水系统按静水压力不大于 800kPa 分区为宜。故若按消防要求水压值分区时，将使得生活给水管道超压而造成超量供水等问题；若常年用减压阀降压节流，又势必造成电能浪费；若按生活给水水压要求分区，则会相对增加水泵机组数目。所以，无论从节能节流还是节约工程投资、运行管理方便的各个角度来看，均应把生活、消防给水系统分开设置，这样便于合理确定各给水系统的竖向分区的压力值，避免造成能量浪费。

2.4 合理选用变频水泵

由于传统的水泵—水箱供水方式中水质易受污染，所以二次供水已越来越多地被气压罐供水和变频调速供水所取代。其中变频调速设备是 20 世纪 90 年代以来迅速发展并得到广泛应用的供水方式，它采用变频器改变电机的供电频率，根据用水量的大小实现对水泵的无级调速和循环软启动。变频设备已从最初的恒压变量供水发展到变压变量、变频气压供水等方式，根据系统的运行特点和设备的节约特性，合理地选择设备，其节能效果是十分突出的。一般的，因为在用水低谷时偏离设计工况最严重，设备的组成必须满足低谷用水量变化的特点，设备必须在系统用水低谷时效率要高。当低谷用水量不及单台水泵最大流量20％的时候，宜设置小流量泵进行小流量时的自动切换；当低谷用水量是断续的小流量时，宜设置适合于断续供水的压力供水装置。

2.5 开水供应系统

开水供应一般是在每层开水间设电开水器或燃油燃气开水器。电开水器较灵活，宜作供水量少时用；燃油燃气宜用于耗开水量大时。对于办公楼也可采用小型开水器，由用户在房间通电使用，这更为方便而且节能。

结束语：建筑给排水节能潜能很大，若能充分利用太阳能及管网余压和充分使用节水型卫生器具及其他节能方式，可节约许多能量及用水量，是一件利国利民的大事，且其节能效果性价比较高，值得大力推广使用。

参考文献

[1] 许萍，刘晓冬．节水型水龙头普及中的问题及建议．给水排水，2003，29(10).

[2] 蔡宇仕．建筑给排水设计节水措施的探讨．山西建筑，31(11).

[3] 杨庆香．浅谈建筑节水措施．科技情报开发与经济，2005，15(4).

浅谈高层剪力墙结构的设计

代永胜

（阜阳市建筑设计研究院　安徽阜阳　236010）

摘　要：剪力墙的平面及竖向布置，剪力墙设计需要注意的一些问题及解决方法，短肢剪力墙的优缺点及如何避免短肢剪力墙的出现

关键词：剪力墙的布置；剪力墙的设计要点；短肢剪力墙

1. 前言

随着社会经济的发展，剪力墙结构的应用日益广泛，尤其是在住宅上的应用更为普遍。剪力墙结构是由一系列的竖向纵横墙和平面楼板所组成的空间结构。除承受楼板传来的竖向荷载外，还承受风荷载及水平地震作用。剪力墙包括墙肢和连梁两类构件，而墙肢又包括一般墙体和边缘构件。接下来，笔者结合规范及自己的设计经验探讨一般高层剪力墙的设计要点、设计中容易遇到的问题及其解决办法。

2. 剪力墙的布置

2.1　剪力墙布置的原则

剪力墙结构设计中剪力墙的布置十分重要，剪力墙布置的合理与否与建筑的经济性息息相关；更为重要的是剪力墙布置的合理、科学，建筑的抗震性能也能得到提高。在高层剪力墙结构中，剪力墙的数量既不能过多，也不能过少。墙体数量过少，结构的变形较大，地震发生时，非结构构件的损坏比较严重，而且，在平面内楼板刚度无限大的假定也会不满足。反之，如果剪力墙的数量太多，会使结构的刚度和重量都增大，不仅材料用量增加，地震时吸收的地震能也相应增加，同时地震力也增大。反映出来的结果是建筑物破坏严重。因此，剪力墙的布置应遵循下列原则：

2.1.1　剪力墙的平面布置应尽可能均匀、对称，尽量使建筑物的刚度中心和质量中心重合，以减小结构的扭转；在竖向，剪力墙宜自下而上连续布置，避免刚度突变；剪力墙的门洞宜上下对齐、成列布置，形成明确的墙肢和连梁，宜避免使墙肢刚度相差悬殊的洞口设置。

2.1.2　剪力墙宜沿主轴方向或其他方向布置。对于一般的矩形、L形、T形等平面宜沿两个轴线方向布置；对于三角形、Y形平面宜沿三个轴线方向布置；对于正多边形、圆形及弧形平面可沿径向及环向布置。墙体应沿两方向均匀布置，使两方向抗侧力刚度接近，避免仅单向布置。内外剪力墙应尽量拉通、对齐，以增强结构的抗震性能。

2.1.3　避免局部出现较小或较大的墙肢，以免平面刚度的不均匀，防止局部破坏导致整个结构破坏，从而与抗震提出的多道防线相违背。较长的单肢墙宜用洞口使其形成双肢或多肢墙，采用弱连梁连接，肢长不宜大于8m。地震发生时，弱连梁首先破坏吸收一部分地震能，而保护墙肢，形成“两道”防线，增强了结构的抗震性能。

2.1.4　相邻近的纵横墙宜连接在一起形成L、T或匚字形。纵横墙连成L、T或匚字形，形成了有机的整体从而增强结构的刚度和整体性，同时对于控制结构扭转十分有利。

2.2　剪力墙结构设计注意事项

除上述之外，高层剪力墙结构的设计宜注意以下问题：

2.2.1　楼层梁不宜直接搭在墙上，以控制剪力墙平面外的弯矩。此外，梁直接搭在墙上，若墙厚较

小，梁钢筋水平段的锚固长度很难满足要求。以200厚墙体为例，混凝土等级为C30，钢筋为三级钢，直径18mm，抗震等级为三级，$LaE=37d$。钢筋锚入墙体水平段的长度不应小于$0.4LaE$。$0.4LaE=0.4\times37\times18=266.4>200$，根本无法满足规范要求。这种情况下，与梁垂直的墙体在梁的方向上宜留出“小墙垛”增加钢筋的水平段长度，这样可很好地解决上述问题。

2.2.2　十字交叉梁不宜在同一处锚入竖向构件中。十字交叉梁在同一处锚入竖向构件中，竖向构件的钢筋加上梁的钢筋会导致众多钢筋汇聚在竖向构件中，造成混凝土浇筑困难，钢筋放置部位不准确，严重影响施工质量。

2.2.3　开洞较多、较大的楼板，洞口周围板厚及板配筋宜适当加强。一般住宅楼电梯分布在电梯前室的两侧，电梯前室两侧开洞导致楼面刚度在附近削弱较多，宜增加板厚，板厚一般控制在120～150mm之间。并加大配筋，宜采用双层双向配筋。

2.2.4　地下室底板及屋面板采用后浇带时，宜将后浇带改为加强带。地下室及屋面防水问题十分重要，但后浇带在后期处理过程中若处理不当，水渗漏问题就会出现。许多工程的地下室出现渗水问题，调查显示其原因为后浇带处理不到位，新旧混凝土接合不好，从而产生渗漏。而加强带两侧和加强带内的混凝土几乎可以同时浇筑，两种混凝土的结合程度与一种混凝土无异。这样能较好地解决地下室及屋面后浇带的防水问题。

2.2.5　避免“一”字墙的出现。“一”字墙的平面外稳定性很差，对于结构的抗震不利，而且垂直于该墙的梁钢筋水平段锚固长度很难满足规范要求。这种情况一般可通过伸出300mm左右的墙垛加以解决。

2.2.6　高层剪力墙结构填充墙宜采用新型轻质墙体材料，高层剪力墙结构钢筋宜采用三级钢。三级钢强度较高，其性价比比一级、二级钢均高。采用三级钢对于减少用钢量十分有效。而采用轻质材料能较好地减轻结构自重。二者对于提高结构的经济性均能起到良好的效果。

2.2.7　应避免将大梁穿过较大房间，在住宅中严禁梁穿房间。住宅内穿梁既影响了房间的美观又影响了房间的使用，是设计中的大忌。这种情况一般可通过做暗梁解决。

2.2.8　转角窗处应采取加强措施。转角处楼板应加厚；配筋宜适当加大，宜采用双层双向配筋；转角窗两侧墙肢的配筋应适当加强；同时宜设置暗梁连接转角窗两侧墙体，以增强结构的整体性及结构的延性。

2.2.9　当楼板平面比较狭长、有较大的凹入和开洞而使楼板有较大削弱时，应在设计中考虑楼板产生的不利影响。楼面凹入或开洞尺寸不宜大于楼面宽度的一半；楼板开洞总面积不宜超过楼面面积的30%；在扣除凹入或开洞后，楼板在任一方向的最小净宽度不宜小于5m，且开洞后每边的楼板净宽不应小于2m。

2.2.10　卄字形、井字形等外伸长度较大的建筑，当中央部分楼、电梯间使楼板有较大削弱时，应加强楼板以及连接部位墙体的构造措施，必要时还可以在外伸段凹槽处设置连接梁或连接板。连接板宜采用宽厚板，厚度宜在200～300mm之间。

2.2.11　确定底部加强部位的高度。搞清约束边缘构件和构造边缘构件设置的条件。抗震设计时，一般剪力墙结构底部加强部位的高度可取墙肢总高度的1/8和底部两层中的较大值，当剪力墙高度超过150m时，其底部加强部位的高度可取墙肢总高度的1/10。一、二级抗震设计的剪力墙底部加强部位及其上一层的墙肢端部应按《高层建筑混凝土结构技术规程》第7.2.16条的要求设置约束边缘构件；一、二级抗震设计剪力墙的其他部位以及三、四级抗震设计和非抗震设计的剪力墙墙肢端部均应按《高层建筑混凝土结构技术规程设》第7.2.17条的要求设置构造边缘构件。

3. 短肢剪力墙

短肢剪力墙近年来的应用颇为广泛，接下来谈谈短肢剪力墙的问题。《高层建筑混凝土结构技术规程》指出，短肢剪力墙是指墙肢截面高度与厚度之比为5～8的剪力墙。短肢剪力墙可以扩大填充墙的范围，从建筑层面上讲，短肢剪力墙对于房间与房间之间的功能上的调整与改造留有更大的余地，房间可以灵活布置，这是短肢剪力墙的优点。但是《高层建筑混凝土结构技术规程》(JGJ3—2002)(以下简称高规)对于短肢剪力墙的要求十分严格。高规第7.1.2.3条要求，短肢剪力墙的抗震等级应相应提高一级。抗震等级提高一级对于结构的用钢量影响很大，而且，高规第7.1.2.6条指出，抗震设计时，短肢剪力墙截面的全部纵向钢筋的配筋率，底部加强部位不宜小于1.2%，其他部位不宜小于1.0%。而一般剪力墙仅为0.4%～0.8%，二者相差甚大。因此，短肢剪力墙的缺点也十分明显：经济性相对于一般剪力墙较差。高规第7.1.2条的规定凸显了规范制定者在短肢剪力墙上的谨慎。因此，基于安全性与经济性上的考虑，笔者建议尽量不要采用短肢剪力墙。洞口两侧若出现较小的墙肢形成短肢剪力墙，此时为避免短肢剪力墙的出现，洞口上的连梁应采用强连梁连接两侧墙肢，这样两侧墙肢可视为整面墙。这里要说一下强、弱连梁。一般情况下，认为连梁净跨与连梁截面高度之比小于或等于2.5时，该梁为强连梁；连梁净跨与连梁截面高度之比大于2.5且小于或等于5.0时，该梁为普通连梁；连梁净跨与连梁截面高度之比大于6.0时，该梁为弱连梁。

4. 结语

总之，剪力墙设计在遵守各种规范及规程的前提下，更要注重概念设计，重视结构平、立面布置的规则性，择优选用抗震和抗风好且经济的结构体系，加强构造措施。在抗震设计中，应保证结构的整体性，使整个结构具有必要的承载力、刚度和延性。设计时应广泛积累经验，设计在符合建筑功能要求，满足安全性要求的同时，力争做到科学合理，结构经济性高。设计过程中考虑并结合施工现场情况，为施工提供方便，以便达到更好的施工效果，从而使整个建筑结构达到精品要求。

参考文献

[1] 建筑抗震设计规范(GB50011—2001).

[2] 高层建筑混凝土结构技术规程(JGJ3—2002).

[3] 梁兴文，史庆轩，童岳生．钢筋混凝土结构设计．北京：科学技术文献出版社，1999.

[4] 张维斌．多层及高层钢筋混凝土结构设计释疑及工程实例．北京：中国建筑工业出版社，2005.

对桩端以下存在软弱土层的水泥土搅拌桩复合地基 E_{sp} 取值及沉降计算方法的讨论

陈　英　陈立中
（安庆市第一建筑设计研究院有限公司）

摘　要：《建筑地基处理技术规范》中对桩端以下存在软弱土层的水泥土搅拌桩复合地基压缩变形值 S_1 及桩端以下土层的压缩变形值 S_2 的计算方法均基于分层综合法。其中复合模量 E_{sp} 取值计算中桩体 $Ep=(100\sim120)f_{cu}$（f_{cu} 为水泥土试样的室内试验强度）。这种取值方法是不符合深厚软土中单桩应力应变状况的。笔者通过对建于此类复合地基上的建筑物最终沉降量观测结果与静载荷试验结果的对比，以及按照工程岩土分类类比方法对水泥土桩的龄期、强度、复合地基承载力特征值、桩顶应力水平等要素进行分析，认为采用天然地基的勘察手段，如静载荷试验、标准贯入原位测试等方法是取得水泥土搅拌桩复合地基 E_{sp} 值的简单有效的途径。

关键词：淤泥质黏土；应力面积；弹性模量；压缩模量；变形模量；$\overline{E}s$ 当量

1. 前言

《建筑地基基础处理技术规范》(JGJ79—2002，J220—2002)（以下简称《地基处理规范》）中第 3.0.5 强制性条文要求“按地基变形设计或做变形验算且需要进行地基处理的建筑物或构筑物应对处理后的地基进行变形验算”。采用水泥土搅拌桩处理的复合地基按照现行《地基处理规范》中 $E_{sp}=mEp+(1-m)Es$(11.2.9－2)式，Ep 可取$(100\sim120)f_{cu}$的规定，其值一般可达到 15～25MPa（见该规范条文说明）。据此，加固后的水泥土搅拌桩复合地基应属于低压缩性土层，因为按照工程地基土的类比其压缩模量已达到甚至超过硬塑～坚硬状黏性类土的压缩模量值；加之一般加固层的厚度能达到 10 米以上，按照《建筑地基基础设计规范》(JGJ5007—2002，以下简称《地基设计规范》）中有关规定，加固后的复合土层一般能满足丙级建筑物或构筑物的基础变形设计受力层深度要求（条形基础约 $3B$，独立柱基约 $1.5B$）；并且处理后的水泥搅拌桩复合地基承载力特征值一般能达到 130kPa～200kPa，所以对应于一般丙级建筑按照《地基设计规范》可不做变形验算，即使按照强制性条文要求必须验算，其变形值也应该如《地基处理规范》条文说明中所介绍的情况在 10～50mm 之间。然而对于桩下存在深厚淤泥质软土层的水泥土搅拌桩复合地基，其变形值是否能达到上述效果？笔者通过工程实践，对此类建筑进行了长时间的沉降观测后发现：如按上述 E_{sp} 取值方法对采用水泥土搅拌桩复合地基并且桩端存在淤泥质软弱土层的建筑进行沉降计算，其计算结果比实测的最终沉降量小很多，这种取值方法偏不安全。本文将就具体工程实例分析，对《地基处理规范》中 E_{sp} 取值方法存在的问题进行讨论，并提出适用于工程实际的取值方法。

2. 工程实例

2.1　工程概况

安庆市红旗小区经济适用房工程为国家安居工程，一期建筑面积约 21.5 万平方米，共建 5～6 层住宅楼 56 幢。建设地点位于安庆市东郊，属长江河漫滩及牛轭湖地貌单元，地质条件复杂，软塑～流塑状淤泥质黏土层厚度达 16m 以上。原基础工程为节约投资，拟采用人工水泥土搅拌桩复合地基，但考虑到本地区尚未有采用大面积此类复合地基的工程经验，故为保证安全仅将一期工程 21＃六层住宅楼作为水泥土搅拌桩复合地基的试验工程。工程所采用的搅拌桩长 12m，下卧软土层厚度约 7m，再下为中～密实卵石层。基础采用钢筋混凝土条形扩张基础（加肋梁）。建筑物基础外形总尺寸为 51.5m×12.2m，基础面积为 417.4m^2。

共布置水泥搅拌桩 457 根，桩径 ϕ＝500mm，桩距 1.3m，柱状布桩，置换率 m＝0.215。基础平面及搅拌桩布置见图 1。

2.2　场地岩土工程条件

2.2.1　地形地貌及地层分布情况

拟建场地为长江河漫滩及牛轭湖地貌单元，地面高程为黄海高程 11.8m 左右。地层分布情况如下：

① 填土及灰色耕植土（Q^{ml}），层厚 0.9～1.5m。

② 灰色粉质黏土（Q_4^{al+pl}）软塑状，层厚约 1.3m。

③ 灰色淤泥质黏土（Q_4^{l}）软塑～流塑，层厚约 16m。

④ 黄褐色卵石（$Q_{1\sim2}^{al+pl}$）中～密实状，层厚大于 5m。

加固后地层剖面见图 2。

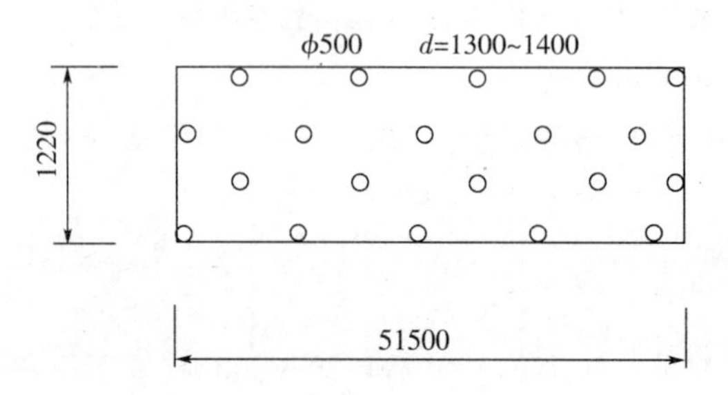

图 1　地基基础平面示意

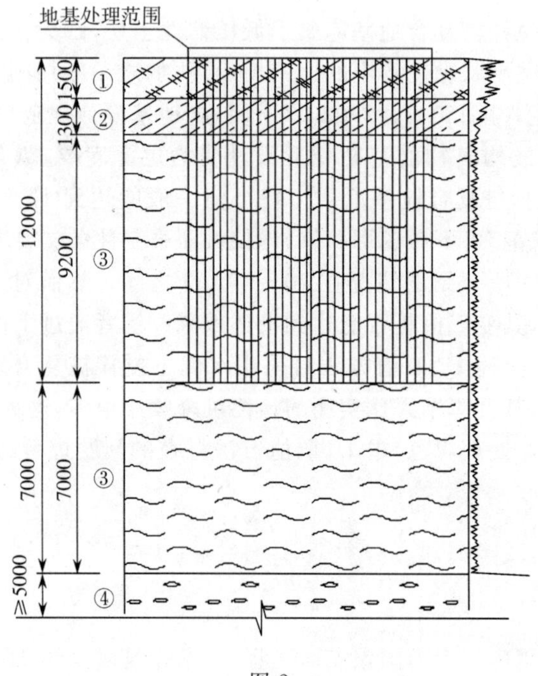

图 2

2.2.2 土层物理学指标

序号	土层名称	性 状	层厚(m)	W(%)	e	Ps(MPa)	fak(kPa)	Es(MPa)
①	填 土	松 软	1.5					
②	粉质黏土	软 塑	1.3	34	0.99	0.5～0.6	90	3.5
③	淤质黏土	软～流塑	16	44～50	1.2～1.52	0.4～0.5	70	3.0
④	卵 石	中～密实	>5			>20	450	80(E_0)

3. 水泥土搅拌桩复合地基的设计计算

3.1 复合地基承载力特征值

该工程做了三组单桩复合地基静载荷试验。采用的是 1000mm×1000mm 承压板,取 $s/b=0.01$ 所对应压力。三组试验测得复合地基承载力特征值分别为 145kPa,183kPa,189kPa。复合地基的承载力特征值取 $f_{spk}=189\text{kPa}$。静载荷试验 $P-S$ 曲线见图 4。

3.2 置换率

实际水泥土搅拌桩 $n=457$(根),$\phi=500\text{mm}$,基础面积 $A_1=417.14\text{m}^2$,$m=nAp/A_1=457\times0.196/417.14=0.215$。

3.3 压缩模量(E_{sp})计算值

$$f_{cu90}=1.5\text{MPa},Ep=100f_{cu}=150\text{MPa}$$

$$E_{sp}=mEp+(1-m)Es=0.125\times150+(1-0.125)\times3.1=34.68\text{MPa}$$

4. 沉降计算

该工程为钢筋混凝土条形扩张基础,基础面积 $A_1=417.14\text{m}^2$,基础外包总面积 $A=628.3\text{m}^2$。按照《建筑地基基础设计规范》有关规定,为简化计算可将外包总面积作为基础底面积,基底附加应力 P_z 等于条形基础底面积的附加应力乘以基底净面积与基础外包总面积之比。该工程六层住宅,条形基础,基础埋深 0.5m。(计算简图见图 3)

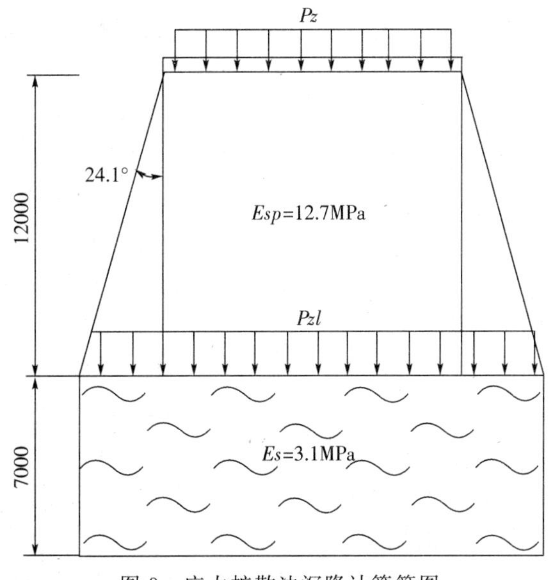

图 3 应力扩散法沉降计算简图

$$P_0=175\text{kPa} \text{ 故 } P_z=P_0\times A_1/A=175\times 417.14/628.3=115.5\text{kPa}$$

复合地基与其下卧层模量之比 $E_{sp}/Es=34.68/3.1=11.18$

按照《建筑地基基础设计规范》表 5.2.7 取地基压力扩散角 $\theta=30°$

故 $$P_{zl}=l\times b\times P_z/(b+2z\text{tge})(1+2z\text{tge})=43\text{kPa}$$

$$S_1=(P_z+P_{zl})l/2E_{sp}=(115.5+43)\times 12/2\times 34.68=27.4\text{mm}$$

桩端软弱层顶面附加应力 $P_0=P_{zl}=43\text{kPa}$，淤质黏土 $E_s=3.1\text{MPa}$，$\Psi s=1.3$ 因此：

$$S_2=\Psi s\Sigma P_0(Z_i\times \bar{a}_i-Z_{i-1}\times \bar{a}_{i-1})/Esi=1.3\times 4\times 43(7\times 0.232)/3.1=117.14\text{mm}$$

$$S=S_1+S_2=27.4+117.14=144.54\text{mm}$$

5. 实测沉降与计算沉降的分析比较

该工程自 1996 年 11 月基础施工至 1997 年 9 月工程竣工，共设置 5 个沉降观测点。沉降观测曲线见图 5。竣工时建筑物平均沉降为 175.4mm，至 2006 年 7 月平均沉降为 235mm。后期沉降速率小于 0.01mm/天，沉降基本稳定。竣工时沉降量占总沉降量的 74%，基本反映了一般中低压缩性土层的沉降特征。其最终实测沉降远大于按《建筑地基处理技术规范》计算的沉降量——144.54mm。

6. 对 E_{sp} 取值及沉降计算存在问题的分析与讨论

6.1 对静载荷试验结果的分析

根据《地基处理规范》第 11.4.3 条强制性条文要求，该工程做了 3 个点的单桩复合地基的静载荷试验，承压板面积为 1m×1m，取 $s/b=0.01$ 所对应的压力。三组静载荷试验结果分别为 189kPa，183kPa，195kPa，$E_0=15.13\text{MPa}$(取 $u=0.3$)。按照工程实践经验，众所周知一般 E_0 值应大于 E_s 值，但从静载荷试验所获得的 E_0 却远远小于按《地基处理规范》计算得出的 $E_{sp}=mEp+(1-m)Es=34.68\text{MPa}$。

6.2 根据实测沉降利用反分析法求得 E_{sp} 并进行分析

《地基设计规范》中关于基础沉降的计算方法实际是分层综合法的一种简化计算方法。这种方法所采用的沉降计算经验系数 Ψs 值是通过对大量的工程实际沉降观测资料进行数理分析得出的。它反映了诸多影响因素，其中决定 Ψs 取值的压缩模量当量值考虑到了不同压缩性的地基土沉降计算值与实测值的差异。这是《地基设计规范》采用应力面积法用于工程实践的主要特点。对于复合地基，其沉降计算经验系数 Ψs 值虽然目前尚未有具体的规定，但笔者认为：对于加固后的双层地基理应按受力层变形计算深度范围内土层压缩模量的当量值决定 Ψs 的取值。这样才能符合《地基设计规范》有关地基变形的计算要求，符合工程实践的特点。计算思路如下：$S=S_1+S_2=(Pz+Pzl)L/2E_{sp}+\Psi s\Sigma P_0(Z_i\times \bar{a}_i-Z_{i-1}\times \bar{a}_{i-1})/Esi=235\text{mm}$；$S_2$ 中 $P_0=Pzl=43\text{kPa}$。故 $S_2=1.3\times 43\times 4\times(7\times 0.232)/3.1=117.14\text{mm}$。$S_1=235-117.14=117.86\text{mm}$，所以按照 $S_1=(Pz+Pzl)L/2E_{sp}$ 反算可以得出 $E_{sp}=(Pz+Pzl)L/2S_1=(115.5+43)\times 12/2/117.86=8.1\text{MPa}$。这与按《地基处理规范》中所要求的 E_{sp} 取值计算方法得出的结果相差甚远，并且从以上计算表明水泥土搅拌桩符合地基沉降计算中 $\Psi s=1$ 是符合工程实际情况的。

6.3 $E_{sp}=(100\sim 120)f_{cu}$ 存在的主要问题

1. Ep 与 Es 为两种不同物理定义的模量

目前地基沉降计算采用分层综合法，其变形参数分别采用室内试验有侧限压缩模量 Es 或由野外荷载试验及原位测试与载荷试验对比分析取得的 E_0 值按经验换算成 Es 值。上述两种参数的应变均为总应变，它既包括可恢复的弹性应变又包括不可恢复的塑性应变。而《地基处理规范》中建议 E_{sp} 取水泥土试块无侧限抗压强度一半时的应力与应变比值，实为割线弹性模量。按《地基处理规范》中 $E_{sp}=mEp+(1-m)Es$ 式将两种物理定义不同的模量按面积加权平均取得的 E_{sp} 值显然夸大了地基土的加固效果。因为一般土的弹性模量远大于压缩模量及变形模量。

2. 由 E_{sp}/Es 模量比所反映出的问题

桩土模量比 Ep/Es 是影响桩土应力比 n 大小的比较明显的一个参数。国内外关于 n 值按模量比计算是基于复合地基在刚性基础下桩土变形协调的理论假设。根据国内有关水泥土搅拌桩复合地基应力比 n 实测资料表明：荷载水平 P 在 100kPa～200kPa 时，n 在 10 左右[1]，就本工程而言 $f_{cu}=1.5\text{MPa}$，$Ep=100f_{cu}=150\text{MPa}$，而桩间土 $Es=3.1\text{MPa}$，$n=Ep/Es=48.3$。由此可见此结果与一般水泥土搅拌桩复合地基实测的 n 值相差很大，夸大了桩体承载能力。

3. 固结时间

本工程从 1997 年 9 月竣工时测得建筑物平均沉降 175.4mm，到 2006 年 7 月沉降达到稳定时最终平均沉降量为 235mm，历时近 9 年时间，竣工时沉降量达总沉降量的 74%。其沉降特征与一般黏性土天然地基的沉降特征非常吻合，存在着瞬时固结，主固结及次固结过程。桩间土虽因搅拌桩加固强度有所提高，但仍为黏性土属性。而按《地基处理规范》中定义 E_{sp} 式计算，因桩体模量 Ep 与土模量 Es 相差很大，故 E_{sp} 取值主要决定于 Ep 的大小，即桩体材料弹性模量值，这与工程实际沉降情况是不符合的。

4. 室内试验与现场桩体 f_{cu} 值的差异

水泥土的力学指标不仅与水泥掺入比大小有关，还与现场的原状土、水泥品种、养护条件等因素有关，工程现场不可能达到室内试验的条件。根据有关文献资料的介绍，在正常情况下现场水泥土强度仅为室内试验的 0.2～0.5[2]，因此按室内试验 90 天龄期的 f_{cu} 值来计算 E_{sp} 是不符合现场桩体的实际工作强度的。

5. 桩土等量变形问题

根据复合地基定义的刚性基础下桩与桩间土等量变形原则，如按 f_{cu} 值所得到的 Ep 来计算桩体变形，其变形值是很小的，这与桩间土的变形是不协调的，实际通过桩土间应力调整达到变形协调。水泥土桩其单桩受力性状应为纯摩擦桩，即桩体承载力靠桩与桩周土的侧摩擦阻力获得，这与桩端支承在较好土层上的半刚性桩受力状况是不一样的，桩体的刚度不能充分发挥。即使是刚性桩在深厚软土中的摩擦型单桩的沉降其桩端沉降所占的比例一般均要大于桩身压缩量。因此用主要反映桩身变形的 Ep 值计算桩端下存在深厚淤泥质软土的水泥桩搅拌复合地基压缩模量 E_{sp} 是不符合桩体的实际应力应变情况的。

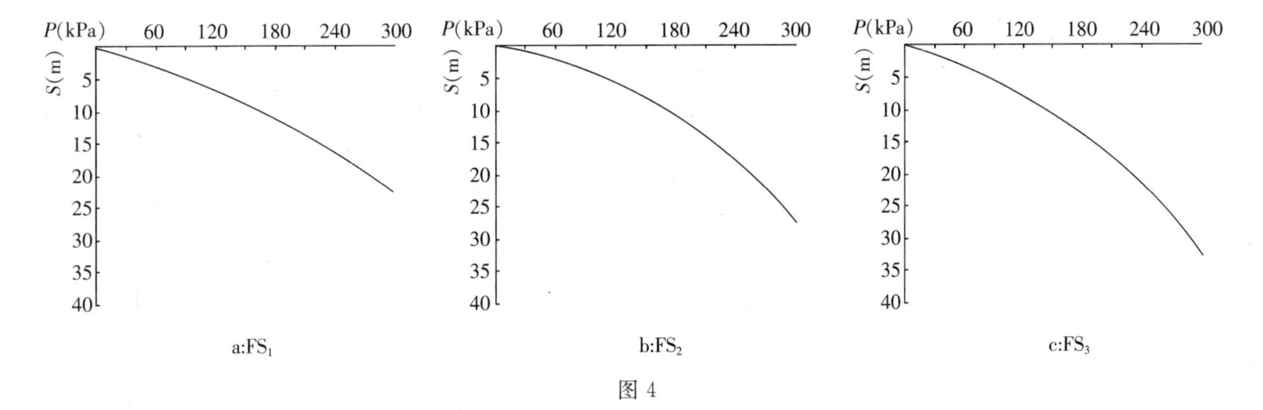

图 4

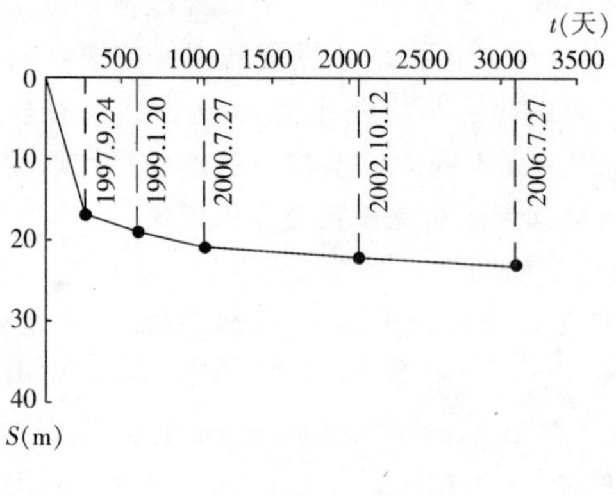

图 5

7. 结论

1. 复合地基仍属地基范畴，桩端以下存在着深厚淤泥质软弱土层的水泥土搅拌桩复合地基的变形特征仍反映为天然地基一般黏性土类的特征。故仍沿用天然地基静载荷试验或原位测试方法获取 E_{sp} 值，采用《地基设计规范》中有关天然地基变形的分层综合法，才能符合工程实际情况。而按《地基处理规范》有关的 E_{sp} 规定来计算复合地基的沉降是偏于不安全的。

2. 根据静载荷试验与实测沉降反算 E_{sp} 值的经验，取 $E_0/E_{sp}=1.5$ 用于桩端下存在深厚淤泥质软弱土层的水泥土搅拌桩复合地基的变形计算所得的结果能符合工程实际情况且偏于安全。

3. 根据水泥土搅拌桩体野外鉴别及其单轴抗压强度一般在 1MPa～4MPa，与坚硬黏性土类或极软岩类似，同时考虑到桩体野外工作实际强度约为室内试验试验强度的 0.2～0.5 倍的差异及一般水泥土搅拌桩体荷载水平在 200kPa～400kPa[3]，笔者建议采用桩体 28 天龄期时标准贯入 N 值与类似黏性土类的 Es 经验值作为桩体 Ep 值，按《地基处理规范》$E_{sp}=mEp+(1-m)Es$ 式计算，视桩体为较均匀加固体，也是一比较简单有效的方法。

参考文献

[1] 韩述，叶书麟．工程勘察(1993.5).
[2] 徐至钧等．新编建筑地基处理手册(中国建材工业出版社).
[3] 秦建庆等．工程勘察(2006.1).

作者简介：陈英(1975—)，男(汉族)，安徽省安庆市人，本科，工程师。
陈立中(1944—)，男(汉族)，安徽省安庆市人，高级工程师。

浅谈建筑设计与建筑节能

石庆昱
（马鞍山市汇华建筑设计有限公司　安徽马鞍山　243000）

摘　要：本文通过对我国建筑节能现状的分析，针对传统设计模式很难适应节能建筑设计要求的现状，结合工程设计实践，阐述建筑设计与建筑节能的关系、建筑节能潜力与技术途径，探讨建筑节能的可持续发展方向。

关键词：建筑设计；建筑节能；工程实践；技术途径；可持续发展

1. 前言

能源问题是当前世界各国普遍重视的问题，各种能源短缺的现实警示着世人。在全世界总的能源消耗中，建筑能耗占25%～40%，西方发达国家，建筑能耗占其国家总能耗的30%～40%。而我国的建筑能耗占社会总能耗的20%～25%，并且随着人民生活水平的不断提高、城镇化进程的加快，以及住房体制改革的深化，我国的建筑能耗必将进一步上升。因此，我国的节能刻不容缓，节能降耗是我国的一项国策，建筑节能是节能中的重中之重。

2. 建筑节能现状

据统计，1996年我国建筑年消耗3.3亿吨标准煤，占能源消耗总量的24%，到2001年已达到3.78亿吨，占能源消耗总量的27.6%，且每年按一定的比例增长。而我国的房屋建设规模与总量堪称世界第一。目前全国房屋建筑总量约400亿平方米，已超过所有发达国家，预计到2010年，我国房屋建筑总面积将达到519亿平方米。节能建筑的总面积却只有2.3亿平方米，约占3%，也就是说我国房屋建筑有97%属于高耗能建筑。加之我国能源综合效率较低，只是先进国家80%的水平，因此，建筑节能直接关系我国资源能耗战略，关系国计民生，关系可持续发展战略的实施。国家发改委于2004年11月25日发布了我国第一个《节能中长期专项规划》，规定中指出“十一五”期间，中国新建建筑要严格实施节能50%的设计标准。其中，北京、天津等少数大城市率先实施节能65%的标准。伴随着一系列关于建筑节能的国家法规及地方标准的颁布与实施。我国的建筑节能工作已进入全面实施阶段。整个建筑行业从业人员通过学习、培训，从节能观念上对建筑节能有一定的理解、认识与重视，使建筑节能在理论研究和实践操作上均获得了一定的经验与成效。

随着我国经济的不断增长，人们对建筑室内环境舒适度要求不断提高，建筑节能是在建筑的全过程中提高能源利用效率，用有限的资源和最小的能源消费代价取得最大的经济、环境效应，而不能以牺牲人的舒适和健康为代价。通过大力发展可再生能源和新能源，替代煤炭、弥补石油、天然气的资源短缺，构建可持续发展的能源消费体系。因此，建筑节能我们还有许多工作要做。

3. 实现建筑节能设计的方法与技术途径

众所周知，建筑节能是一门综合性学科，它涉及建筑规划设计、施工、材料、外围护结构的保温隔热能力、采暖、通风、空调、照明、电器、能源及检测方式等许多专业内容，因此，建筑节能也是一门综合性的技术，包含了多个领域。

3.1 建筑规划设计与节能

建筑节能，首先从源头开始，即从规划设计开始，一个好的建筑规划设计并通过有效的建筑技术措施可以降低2/3～3/4的建筑能耗，因此，在建筑规划和设计时，可根据大范围的气候条件影响，针对建筑自身所处的具体环境气候特征，重视利用自然环境（地形、水系、绿化等）创造良好的建筑室内、室外微气候，以尽量减少对建筑设备的依赖。具体表现为：

① 合理选址，与外部建筑环境的营造

在城市总体规划框架内，针对不同使用功能的建筑，合理选择其地理位置。如居住建筑的选址应考虑自然环境、城市主导风向，天然植被、水系的利用，城市噪声控制，日照、朝向、人造景观环境等。马鞍山西湖花园位于城市东面，主导风向的上方，在规划设计上充分考虑到节能因素，小区沿各城市道路设有宽15m的绿篱，各种灌木、乔木、竹林、草皮等形成立体绿化网，小区中心地带规划中心绿地、水系，有效地改善内部空间环境，形成小区微环境小气候。该小区列为安徽省建筑节能示范小区。在规划设计中，通过规划、结构、景观、暖通空调、给排水、建筑电气、楼宇控制、室内设计等各专业通力合作，有机整合并综合采用成熟的节能新材料、新技术形成一整套生态节能系统，该小区于2008年度荣获詹天佑综合奖。

又如酒店建筑的节能降耗设计：酒店规划设计应从酒店建筑规划功能布置到经营定位、服务流程以及风格格调等方面都应该重视节能降耗方面的设计。表现为：功能布局和房间布局充分利用自然采光；在人流进出频繁的地方安装专用设备，以阻断内外气流交换，减少室内冷暖气的消耗；在建筑材料上使用保温、隔声、节能、防水等新型材料；在照明、节水方面采用节能电光源、节水用具和设备；在空调系统方面选择节能制冷机组和新型制冷剂，实行分区启动管理，降低无效能耗，设计中亦可采用楼宇控制系统，用计算机自动控制达到最佳的功能使用效果和节能目的。

② 合理设计建筑体形，控制体形系数

根据《居住建筑节能标准》与《公共建筑节能设计标准》对不同气候地区的建筑体形系数做了明确的规定，合理、有效控制建筑物体形系数，也就是为建筑节能创造了先天性的条件。如果建筑体形系数不满足规范规定值，就应用权衡判断法，即将设计建筑与相对应参照建筑的年采暖空调总能耗进行比对，如果设计建筑能耗不超过参照建筑能耗，那么可评为节能建筑，否则不能满足节能要求。

3.2 围护结构节能设计

建筑围护结构组成部件即外墙、屋面、门窗、地基、外挑或架空楼板等的设计对建筑能耗、环境性能、室内空气质量、室内舒适环境有着根本的影响。通过技术手段提高建筑围护结构的热工性能，在夏季减少室外热量传入室内，冬季减少室内热量流失，使建筑热环境得以改善，从而减少建筑冷热能耗，达到建筑节能的目的。

① 外墙

建筑外墙是建筑围护结构暴露在大气中面积较大的部位，是围护结构节能重点之一。外墙分为轻质外墙（非承重）、承重外墙（砖混结构或钢筋混凝土结构外墙）和复合墙体（自保温墙体）。不同的外墙形式采用不同的外墙外保温构造系统，以满足建筑节能要求。与此同时，外墙还应满足建筑隔声要求。目前用于外墙隔热材料主要有：聚苯乙烯泡沫板、挤塑保温板、胶粉聚苯颗粒浆料等。

② 屋面

建筑屋面保温、隔热是围护结构节能的重点之一，不同气候技术要求有所不同。在炎热气候区，屋面设置隔热降温层以阻止太阳的热辐射传至室内，即以隔热为主导；在寒冷气候区屋面设置保温层，以阻止室内热量散失，即以保温为主导；而在夏热冬冷气候区，屋面节能则要冬夏兼顾。目前传统的屋面节能保温做法是，屋面防水层下设置导热系数小的轻质材料做保温层，如挤塑板、膨胀珍珠岩板、现浇泡沫混凝土等，屋顶隔热降温的方法有屋面设架空层通风、屋面蓄水、屋顶绿化等，以满足不同使用功能的屋面节能要求。

③ 门窗

门窗是围护结构中最易造成能量损失的部位，约30%的热量是从窗户跑掉的。不同朝向的窗墙比的大小对能耗影响很大，节能规范中对不同建筑、不同气候区、不同朝向的建筑窗墙比做了相应的限值规定。门窗作为建筑构成要素，具有采光、通风及艺术造型功能，它是建筑室内外空间交融的“载体”，因此在满足建筑使用功能的同时，做好建筑门窗节能设计意义重大。目前，对门窗节能处理的主要手段是改善框料材质的保温隔热性能，采用复合层玻璃以及提高门窗整体密闭性能。就门窗框体材料而言，近期出现了铝合金断桥型材、UPVC塑料型材、钢塑整体挤出型材、塑木复合型材及各类多腔体结构型材等都是节能门窗所应广泛使用的材料，它解决了钢、普通铝合金型材能耗大的缺点。具体措施为：

控制建筑的窗墙比。建筑窗墙比是指建筑窗户洞口面积与其该方向立面面积的比值。对不同朝向的民用建筑窗墙比值作了严格的规定。

提高外窗的气密性，减少冷空气渗透。如设置泡沫塑料密封条，使用新型的密封性能良好的门窗材料。而门窗框与墙间的缝隙可用弹性松软型材料、弹性密闭型材料、密封膏以及边框设灰口密封；框与扇的密封可用橡胶、橡塑或泡沫密封条等；扇与扇之间的密封可用密封条、高低缝及缝处压条等；扇与玻璃之间的密封可用各种弹性压条等。

改善门窗的保温性能。如住宅户门、阳台门应结合防盗要求，在门的空腹内墙填充聚苯乙烯板或岩棉板，以增加其绝热性能；窗户最好采用钢塑复合窗和塑料窗，这样可避免金属窗产生冷热桥。宾馆建筑可以采用上旋窗，合理地减少可开启的窗扇面积，适当增加固定窗扇的面积。

设置“温度阻尼区”。所谓温度阻尼区就是在室内与室外之间设有一中间层次，这一中间层次像热闸一样可阻止室外冷风直接渗透，减少外门窗的热耗损。如外门设防风门斗、楼梯间设计成封闭式的、对屋顶上人孔进行封闭处理等措施。

3.3 降低建筑在运行中的能耗

人们在使用建筑物中所耗能量占建筑总能耗的90%以上，综合调配，合理分区、控制，采用智能化管理系统，特别是对建筑采暖、制冷、照明三大主体能耗的降低起着重要的作用。如在马鞍山家和酒店的设计中，空调系统采用的蓄冰制冷设备，利用深夜供电系统用电低谷时间制冰，以备用电高峰时空调冷冻水系统使用；实行分区分层、分室控制，实现分区启动机组，降低无效能耗；在餐厅、宴会厅、KTV等营业场所采用楼宇控制系统，自动控制启动和关闭时间，以达到最佳的使用效果和节能目的。供水系统采用变频恒压供水设备及空气源热水系统以提高供水质量和减少能源消耗，公共场所采用感应式自控温度水龙头，采用中水处理设备和锅炉回水，空调冷却水循环利用等技术设备。

4. 推广使用新材料、新能源与建筑节能的可持续发展

推广使用新材料、新技术、新能源对建筑节能与可持续发展非常重要，如对气密性、水密性、保温性、抗风性、抗变形性、环保、隔音、防污、保温、隔热等节能性能良好的材料要大力推广使用。积极推广使用低辐射镀膜玻璃LOW-E，这种玻璃既可以达到冬季有效利用太阳辐射热能加热室内物体，并阻止室内红外热辐射通过玻璃向室外泄漏的保温效果，在夏季又可以达到阻挡室外的红外热辐射影响室内温度的隔热效果，从而实现降低建筑总能耗的目的。开发利用新能源，如太阳能、地热、风能等可再生能源，有效地节约了现有资源，减少对环境的污染及CO_2的排放，达到建筑节能的可持续发展。

在围护结构隔热方面可以采用传热能力低的新型墙体材料，复合外墙（自保温系统）。如建筑保温绝热板系统、隔热水泥模板外墙系统等；通风式节能玻璃幕墙、通风式节能环保幕墙与传统普通幕墙相比，最大特点在于其独特的双层结构，具有通风换气的功能，隔热、隔声、节能环保，各类断热节能门窗、节能玻璃（如低辐射中空镀膜玻璃）。

在新能源新技术方面可采用太阳能综合系统，如太阳能制热（热水系统）、太阳能制冷（光电转换）、太阳房、太阳能发电等；地源热泵技术，地下水源热泵系统的热源是从地下水井抽取地下水，经过换热的

方式达到制冷制热的节能目的。总之，我们要把建筑节能新技术、新产品、新工艺、新能源及先进适用成套技术的研究、生产成果推广应用摆上重要的议程，加强各行业、学科与部门间的横向联合，形成科研、设计、开发、生产一条龙的产业结构，使我们的建筑成为节能型建筑和绿色环保型建筑。

5. 结语

建筑节能是一项全方位、涉及面广的综合性系统工程，面对我国目前建筑用能浪费极其严重，建筑能耗增长的速度远远超过我国能源生产可能增长的速度的现状，建筑节能刻不容缓。加大对既有建筑节能改造，强化新建建筑节能，积极提高能源的利用率，开发利用新能源实施可持续发展战略，使建筑逐步实现低能耗，使我们中华大地水更清，天更蓝，山川更加秀美。

作者简介：石庆昱，男，1965 年 8 月出生，高级建筑师，一级注册建筑师，香港建筑师学会会员，安徽省科技委员会委员，现任马鞍山汇华建筑设计有限公司总建筑师。

沉管灌注桩复打技术在特殊情况下的应用

谢 松
（马鞍山市汇华建筑设计有限公司 安徽马鞍山 243000）

摘 要：通过对沉管灌注桩三种不同处理方案的分析与检测，提出在遇到类似"土洞"或桩端持力层被击穿等特殊情况下，利用沉管灌注桩复打技术，经济快速解决实际问题的方法，供设计参考。

关键词：沉管灌注桩；复打；变截面桩；砂垫

沉管灌注桩复打指在第一次沉管灌注混凝土后，在原桩位处二次沉管，将第一次灌注且尚未初凝的混凝土向四周土中挤压，进行第二次混凝土灌注，增大桩径、提高桩的承载力。进行一次复打的桩，其桩径约为桩管外径的1.4倍。通过对沉管注浆三种处理方法进行分析，提出了特殊情况下利用复打技术解决问题的方法，供设计参考。

1. 工程实例概述

某6层混凝土框架结构，场地地基土层自上而下分布为：①耕土层；②粉质黏土；③淤泥质粉质黏土夹粉砂；④粗砂夹粉土；⑤淤泥质粉质黏土夹粉砂；⑥中密卵石层(勘探未钻穿)，其中第6层卵石层埋深约在16.00m。

采用沉管灌注桩，设计桩径450mm。桩端持力层为第⑥层卵石层，要求桩极限承载力标准值为1250kN，设计桩长约为16.5m。施工选用25m高桩架，振动沉管，其最大沉管深度达23.20m。施工前试桩，确定最后两分钟贯入度5cm为桩端进入持力层要求深度的标志贯入度。施工中发现，局部桩位当桩管沉到第⑥层土标高时贯入度明显减小，说明管端进入持力层，但贯入度尚未达要求的5cm，继续沉管后，出现贯入度激增现象，至23.2m深仍无法达到要求的贯入度。甚至在不振动的情况下桩管仍下沉。

由于地质勘察资料未能完全反映地质情况，随后进行补勘，补勘点选在异常桩位附近50cm处，勘察结果仍与原勘察报告一致。又补勘了几处都与原勘察报告一致。也就是说，勘察结果不能得到出现上述现象的合理解释。技术人员结合当地的地质状况认为，第⑥层卵石层为中密，但局部尚不能达到中密，或在卵石层存在软弱点，此两种情形使得在中密卵石层中形成"洞"。

处理的困难在于：(1)桩架树好后，再重新树桩架、接桩管很不方便。并且沉管灌注桩桩长一般不超过20m；(2)有相当数量的桩已打完，改桩型不合适；(3)柱下多桩承台，同一承台下有的桩已打完，出现个别桩不满足要求，若通过增加桩数，势必会影响桩位布置和承台尺寸，以及造成桩反力合力作用点与柱脚形心偏离；(4)施工工期要求紧，且机械不可以长时间窝工。

在该工程中笔者对此情况作了相应处理及检测，现列三种处理方法：

A桩，第一次沉管至23.20m，贯入度尚不满足试桩时的要求值。现场采取措施，要求在拔管的同时灌砂，灌实至孔口。首先护住桩孔，类似钻孔灌注桩中的泥浆护壁，待设计定处理方案。继续打其他的桩。这种做法不影响周围沉桩和施工进度。所以选择用砂灌孔，主要是考虑到桩端持力层为砂卵石层，并且取材方便，价格低。同时考虑到，避免调整桩位而造成设计及施工上的麻烦，以及还要在原位进行再次沉管的可行性。另外，再次沉桩时护孔的砂对持力层的"砂洞"能起到填密作用。

再在原桩位沉管。管端至18.20m处时，贯入度已远小于要求值，为4mm/min～6mm/min。拔管灌注混凝土至自然地面，桩长18.20m。理论上形成的桩身如图1(a)。对该桩进行高应变检测，动测成果曲线如图 2(a),其承载力极限值为 1305kN。

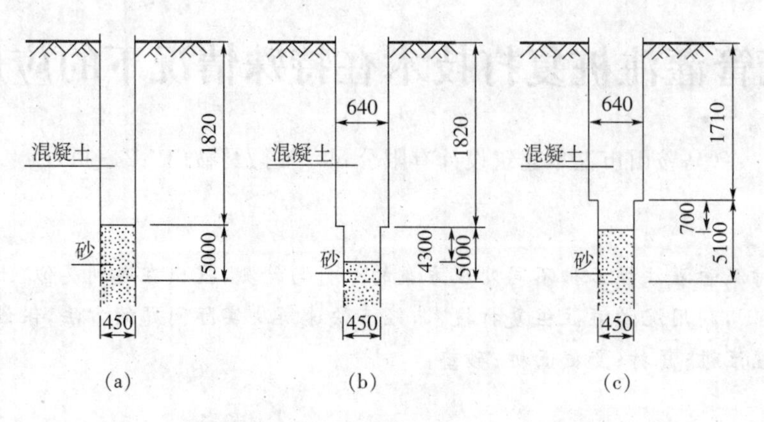

图1　沉管灌注桩的三种处理情况示意图(单位:mm)

B 桩,沉管至 23.20m,未满足贯入度要求,同样灌砂护孔,在原桩位沉管至 22.50m 深后满足贯入度要求。拔管、灌注混凝土、振实至地面。再在一次浇注的混凝土体中二次沉管复打至 18.20m 深。18.20m 深处为勘察报告中的中密卵石层。拔管灌注,形成一变截面桩。桩长 22.50m,其理论形状如图 1(b)。所以选择二次沉管至 18.20m 深处。因为在第一次沉管时明显感到在此深度左右有一相对密实层,但较薄,被第一次沉管打穿。形成变截面后,扩大一圈截面的底面能利用这一层的端阻力。高应变检测的动测成果曲线如图 2(b),承载力极限值为 1420kN。

C 桩,沉管至 23.20m,未达要求贯入度。灌砂护孔,在原桩位沉管至 17.80m 深后满足贯入度要求。拔管、灌注混凝土、振实至地面。再在第一次浇注的混凝土体中复打至 17.10m 深。桩长 17.80m,其理论形状如图 1(c)。高应变检测的动测成果曲线如图 2(c),承载力极限值为 1396kN。

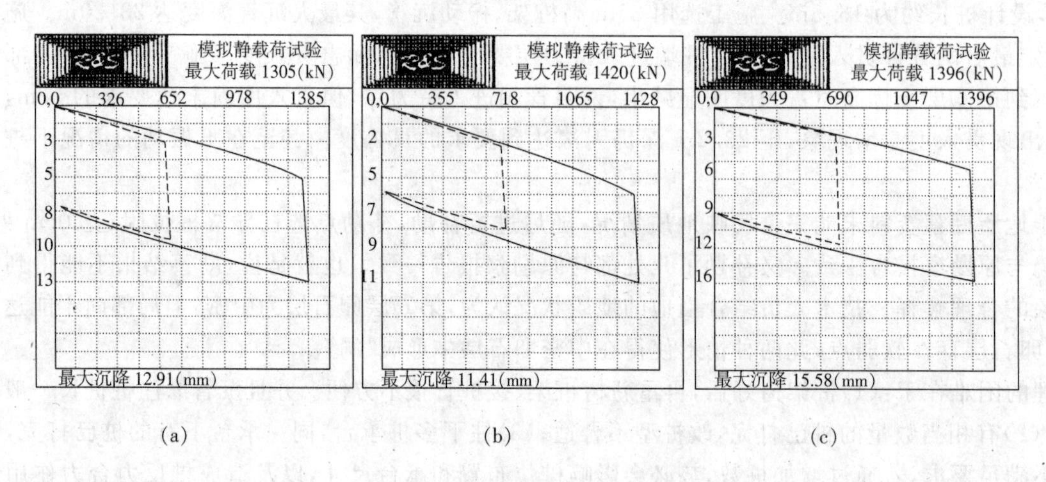

图 2　高应变动测成果曲线

通过高应变检测可看出,三根桩的极限承载力均满足设计要求。C 桩桩长小于 A 桩,由于 C 桩进行了混凝土复打,增大了截面且做了变截面,其承载力值比 A 桩大。B 桩的长度最长、复打后增大了截面且做了变截面,其承载力也最大。对比上述三根桩可看出,通过复打增大桩径,以及在上层硬土层中做变截面扩头能够提高桩的承载力。

本工程已投使用近一年,使用状况良好。据施工沉降观测,本工程沉降均匀,平均在 17mm 左右。

2. 分析与体会

与预制桩相比,采用沉管灌注桩,在施工过程中风险比较大。沉管一般以贯入度控制为主,标高控制为辅。工程中习惯将贯入度定小，以求安全。如本工程，当地下情况复杂，施工前试桩确定的可靠贯入度，在施工中往往显得过严。有的部位会出现打穿原定的持力层。当持力层下还有软卧层时，采用本工程所用的方法，处理起来就显得比较方便。其表现在以下几方面：①桩数不变。一个承台下出现个别沉管达不到要求的贯入度，当处理后的桩其极限承载力满足原设计要求时，采用此方法不需改变承台。对已打好的桩也没影响；②不改变桩的性质。尤其对桩端在土中而不是进入基岩的端承摩擦桩。由于采用砂灌孔，再沉管时，灌孔的砂被挤向四周和孔底，在孔底形成砂垫。既使砂垫下就是岩石层，由于有砂垫的褥垫作用，该桩仍可看成端承摩擦桩，而不必按嵌岩桩对待。这样就使得同一承台下的桩变形能协调一致。相反，如仅采用混凝土填，一会增加造价，二形不成柔性的垫层。

在浅基础设计中，当遇到基底土刚度差异过大，常会用砂石垫层作调整。通过工程的实际运用，可以看出利用复打技术在砂桩中进行复打，在刚性桩下形成一个柔性的砂垫或砂桩，这样做不影响桩的可靠性。可用这样的方法来调整基桩的刚度，进而调整整个桩基的沉降差。如在一些地层岩石层坡度大、局部埋深较浅的场地。当采用沉管灌注桩时，有时遇到绝大多数桩完全置于土中，有少量的桩进入基岩的情形。由于桩端持力层差异过大，造成沉降差过大和桩的性质不同。笔者认为这时可采用复打技术，第一次沉管后灌砂石，振动密实，再在砂石桩中二次沉管灌注砼。形成一底部带砂石垫的桩。以协调整个桩基的沉降。砂石垫的厚度可通过砂石投料的量来控制，并应根据桩周土的性质确定砂石的配合比。

注：本工程高应变检测基桩极限承载力试验成果，引自安徽省地球物理地球化学勘察技术院提供的《桩基检测报告》。特此鸣谢。

参考文献

[1] 建筑地基处理技术规范．JGJ79—2002．中国建筑工业出版社，2002．

[2] 建筑桩基技术规范．JGJ94—94．中国建筑工业出版社，1995．

[3] 谢松．夯扩桩的设计及工程应用体会．建筑结构，2002，(7)．

顺其自然,因势利导
科学规划现代国际旅游城市

胡玉珍

(黄山市建筑设计研究院　安徽黄山　245000)

摘　要:黄山具有旅游、生态、文化“三位一体”的独特优势,正在加快建设风景秀丽山水城市、历史悠久文化城市、现代国际旅游城市,在此过程中,城乡规划需要顺应自然、因势利导,科学处理好城乡建设与旅游、生态、文化之间的关系,突出黄山特色,本文就如何科学规划特色城市提出了初步见解。

关键词:城乡规划;山水城市;文化;旅游

城乡规划是城乡发展的总纲,是城乡建设的蓝图。具体到每一个城市,情况各有不同,功能风格迥异。黄山具有旅游、生态、文化“三位一体”的独特优势,正在加快建设风景秀丽山水城市、历史悠久文化城市、现代国际旅游城市,必须始终坚持从实际出发,因地制宜,顺其自然,因势利导,科学规划。

1. 顺其自然,就是尊重规律、构建和谐

顺其自然是规划的最高境界。顺其自然、尊重自然,就是尊重规律,尊重科学。所有城乡规划、所有规划内容,都必须遵循大自然规律这个理念,体现与自然和谐这个精髓,少一点人定胜天,多一点自然和谐。

1.1　要顺山水这个自然质美

就是用更为稳健的姿态、更为长远的眼光、更为谦和的心态对待大自然,建设选址依山而就、依水而居,建设活动因山就势、量体裁衣,因景而成,营造和谐,构建“天人合一”的景象。

黄山属典型山水城市,境内重峦叠嶂、山水相间,“八山半水半分田,一分道路和庄园”是其真实写照;全市森林覆盖率达77.4%,水资源拥有量为全国平均水平的2.5倍;国家级自然保护区、风景名胜区、森林公园、地质公园(10处)面积占到12.38%,是国家园林城市。

顺山水,就是要依据这些山水资源,在设计导向上注重自然美和视觉美,如太平湖SPG项目规划,建设用地占项目总用地不到10%,留出足够的自然空间营造山水景象。在建筑高度控制上注重天际线和建筑轮廓线,如歙县练江两岸建筑整治工程规划中,合理划分建筑高度控制区域,实现了以自然山体为背景,留出了景观视廊。在道路选型上注重顺其自然、不强求笔直形象,如在徽杭高速公路选线上,基本做到顺应山形,依山势而建。总之,黄山城乡规划建设,就是要依据自然资源,做好山水文章,坚持“亲山近水、显山露水,依山傍势、量体裁衣”。

1.2　要顺文化这个自然特质

就是要道法自然,按照朴素的建筑理论抓好规划;顺应脉络,深入挖掘地域文化内涵;保持特色,推进人文资源永续利用。

黄山是人文荟萃城市,历史悠久的古徽州孕育了灿烂的徽文化,享有“无学不成派、无商不成帮、无徽不成镇”的美誉,是全国第二个文化生态保护实验区。全市现存地面文物古迹1万多处,馆藏文物20余万件;国家级非物质文化遗产15项,居全国同类城市第9位。

顺人文,就是要循着徽文化的脉络,对具有历史与艺术价值的古建筑及其风貌环境予以积极保护,如近年来编制实施的歙县历史文化名城和南屏、关麓等历史文化名镇(村)保护利用规划,都重点在保护目标、保护策略和保护范围等方面予以明确。对与风貌环境不协调的建筑形态开展综合整治,如在屯溪

老街历史文化保护街区和万安、许村古镇的综合整治规划中，都提出了整治原则、整治方案和整治措施。对不适应现代生活的基础设施条件进行必要改善，如在呈坎古村落保护与更新规划中，对水电、道路、环卫等基础设施进行了适应性改造。总之，在徽州古村镇保护建设上，力求“大气、精致、优雅、和谐”，不断丰富文化内涵，提升文化价值，彰显文化景观。

1.3 要顺旅游这个自然禀赋

就是要遵循旅游城市规划的一般规律，充分发挥地域特色和资源特色，注重自然、人文生态的保护利用，实现旅游业可持续发展。

黄山是新兴旅游城市，“国之瑰宝”黄山风景区，集世界自然遗产、文化遗产和地质公园“三冠”于一身，皖南古村落西递、宏村位列世界文化遗产名录。市域国家级以上旅游资源密度，约为全国平均水平的 40 倍。

顺旅游，就是要依托这些自然禀赋，坚持以自然环境为基础、以人文景观为重点、以城镇发展为支撑、以交通建设为框架，综合考虑各种旅游要素，制定实施科学合理的发展目标和实现路径。如近年来编制实施的全市旅游发展总体规划等宏观战略性规划，乡村旅游规划等产品业态规划，以及黄山、齐云山、花山谜窟—渐江、太平湖等风景名胜区总体规划，都为推进黄山旅游发展、转型和升级明确了方向、确立了依据、奠定了基础。

2. 因势利导，就是打造特色、科学发展

因势利导是规划的基本原则。“顺其”自然不是“任其”自然，而是在“顺应”基础上“改造”自然。所有城乡规划、所有规划内容，都必须开展有效调控，推进积极校正，推动科学规划，打造特色优势。

2.1 要因科学发展之势

科学发展是推进城市建设和经济发展的必由之路，体现和落实在规划建设上，最重要的就是实现人与自然山水和谐共融。

与国内同类型城市相比较，我们更加重视处理好山、水、城之间的关系。做到“山在城边、城在山下，水绕城过、城傍水建”。如全市旅游投资规模最大的雨润商务度假区项目，就是利用已有地形地貌，因山就势、独具匠心开展规划建设，工程建筑体量、色彩、线条与周边环境融为一体；新安江综合开发工程规划建设，运用原有水体形态，统筹考虑山、水、路、建筑、绿化、亮化等各项要素，依水临水、遵从自然推进整治。其中南滨江水景观综合整治项目还被授予“中国人居环境范例奖”。更加重视处理好生态保护与产业发展之间的关系。近年来，我市在旅游业蓬勃发展的同时，特色生态农业稳步发展，全市绿色、有机和无公害农产品认证面积扩大到 87.9 万亩，其中“三茶”认证面积 68.4 万亩，占到了安徽省的 40%以上；以轻型为主的工业经济较好起步，初步形成了绿色包装材料、机械电子、纺织服装、农副产品深加工、生物医药、旅游商品等主导产业。三次产业结构已调整优化为 13.7∶39.5∶46.8。

2.2 要因协调发展之势

协调发展内容广泛，对于文化资源丰富、文化底蕴深厚的地方来说，最突出的就是要促进传统文化与现代建筑的协调发展。

保护和利用徽州传统文化，保持和弘扬徽派建筑风貌，是多年来黄山规划建设一直坚持的一项根本原则。更加注重处理好自然生态与人文生态之间的关系。在规划建设中，不仅需要考虑物质因素，更要注重精神需求。在全市现存的 1000 多座古村落中，都做到自然生态和人文生态高度统一，在空间形态上呈现出多样性特征，既有文化气息浓郁、园林情调丰富的文化村落，又有大气洒脱、规模宏大的聚居村镇，还有小巧玲珑、精巧雅致的“临溪别墅”；以“粉墙黛瓦”为基调的单体建筑形态遍布山乡，构成独具地方文化内涵和特色的建筑风貌。更加注重处理好文化保护与文化传承的关系。如今，全市列为国家级历史文化名城、名街、名镇、名村达 12 处，徽州古村落、“古建三绝”列为国家级文物保护单位 17 处；徽文化艺术长廊等文化项目全面启动，屯溪老街被评为国家级文化产业示范基地；徽派建筑甚至走出国门，

在美、德、日等国保护利用、发扬光大，成为中外交往的“文化使者”。

2.3　要因竞争发展之势

后发地区具有后发优势，旅游资源就是黄山最具分量的优势。只有在旅游发展上规划好、建设好，才能在日益激烈的竞争和挑战中争得先机、赢得主动。

多年来，我们始终坚持旅游的中心地位。目前全市国家5A级、4A级景区达16处；年接待游客突破1800万人次，旅游总收入超过140亿元；旅游总收入相当于GDP的比重、以旅游为主的三产提供的税收占财政收入的比重都达到50%以上，旅游服务从业人员则占到了全部从业人员的40%以上。还先后荣获首批中国优秀旅游城市、中国魅力城市、中国旅游竞争力百强城市、最佳国际休闲城市等称号，黄山旅游管理与可持续发展经验被联合国教科文组织和世界旅游组织誉为示范。始终强化规划的龙头作用。通过规划编制，构建规划体系，抓好规划实施。重点抓好新型业态规划的编制和实施，推进新安江、太平湖、东黄山、雨润等一批高水准旅游度假区建设，大力发展以高尔夫温泉为主题的休闲游、以徽州乡村文化为主题的体验游、以会展节庆为主题的商务游和以户外运动为主题的康体游；壮大旅游衍生型服务业态，在中心城区和全市打造若干旅游板块和功能区，推进生产、生活性服务业互动发展，全面加快旅游城市建设步伐。

3. 科学规划，就是突出重点、解决问题

科学规划是规划的本质要求。顺其自然、因势利导，最终是为了编制和实施好规划。所有城乡规划、所有规划内容，都必须围绕关键环节、着力解决突出问题，推进规划科学、合理、协调，建设持续、健康、有序。

3.1　要解决山水城市建设中的突出问题

由于经济的快速发展、城市规模的不断扩大，生态环境承载力面临较大挑战。比如挖山取土，破坏了自然山体环境；水土流失，破坏了自然水体风貌；工业发展，带来了一定环境污染。这种经济欠发达、发展张力强与环境要求高、生态压力大的矛盾，具有一定普遍性，在黄山更有其特殊影响，对城乡规划建设的要求也更高。

必须按照“保护优先，科学规划，合理开发，永续利用”的方针，强化规划的宏观调控手段和作用，切实优化生态环境。以争创国家环保模范城市和联合国人居环境奖城市为抓手，推进生态治理，推行清洁生产，实施产业集聚和区域集中，坚决做到“不符合产业导向的项目不上，能源资源高消耗的项目不上，不利于环境保护的项目不上”。大力发展生态产业，在壮大生态旅游、培育生态衍生型服务业的同时，突出发展文化创意、生物制药、食品加工、旅游商品等生态工业，着力发展茶叶、木竹、蚕桑、果蔬、油茶、贡菊等生态农业，加快山水城市建设步伐。

3.2　要解决文化城市建设中的突出问题

比如木质结构的徽派建筑等遗存，面临着快速变化、消失灭绝的严峻形势；徽派建筑风貌、地域建筑特色，正受到现代建筑、欧式建筑风格的强烈冲击等等。这种文化积淀厚重、建筑风貌价值高与经济全球化、区域一体化背景下城市建设趋洋趋大趋同的矛盾，是文化城市建设中遇到的突出问题，黄山规划工作也同样面临挑战。

必须增强“在保护中发展、在发展中保护，保护是前提、发展是根本”的共识。要打造城市特色。加紧编制实施徽州文化生态保护实验区总体规划，深入挖掘徽文化资源，汲取徽文化精髓，深入开展“保徽、改徽、建徽”行动，强化城乡建筑风貌的控制和管理；遵循人文脉络，整治周边环境，恢复全国唯一历史文化保护街区屯溪老街历史风貌，推进中国四大古州府之一徽州府衙恢复工程。要发展文化产业，抓好徽文化艺术长廊、文化创意产业园项目建设。按照市场需求和游客需要，推进文化与旅游更紧密融合，形成文化旅游系列产品，打造徽文化城市品牌，加快文化城市建设步伐。

3.3 要解决旅游城市建设中的突出问题

比如旅游项目用地问题。由于旅游项目用地有其特殊性，而山区小城人口基数有限，大量的旅游流动人口又不纳入城市人口规划范畴，这就给城市承载力(城市用地、配套设施等)带来巨大压力。同时，城市周边山林植被较好不能破坏，打造最佳人居环境城市又需要新建一批公园和绿地；众多古村落需要保护不能拆迁，普遍采用的土地置换政策又难以有效利用，都使得其他建设用地指标更紧、供需矛盾更突出。

必须积极争取上级在用地指标方面的倾斜和支持，同时在用地比例上，通过规划技术手段和方法的创新，推动城市土地资源的节约、高效利用，促进城镇的集约建设与发展。在用地结构上，区别对待、不搞一刀切，突出旅游城市特性，将城市的用地和空间资源更多地向旅游基础设施、公共服务设施倾斜配置，保障旅游城市建设需求，加快旅游城市建设步伐。

参考文献

[1] 全国城市规划执业制度管理委员会．科学发展观与城市规划．北京：中国计划出版社，2007.
[2] 吴晓勤等．世界文化遗产—皖南古村落规划保护方案、保护方法研究．北京：中国建筑工业出版社，2002.
[3] 黄山市旅游总体规划编制组．黄山市旅游总体规划．广州：中山大学出版社，2006.
[4] 安徽省统计局，国家统计局安徽省调查总队．安徽省统计年鉴 2008. 北京：中国统计出版社，2008.

作者简介：胡玉珍，女，1971 年 1 月，黄山休宁人，黄山市建筑设计研究院设计三所所长，工程师。

以改革激活设计单位内部运行机制

——浅论事业性质设计单位的人事制度改革

刘大勇
(休宁县建筑设计室)

摘 要:设计单位人事制度改革要做好进入出人的加减法,实行聘用合同制是设计单位人事制度改革的核心;人事代理制度是设计单位人事制度改革的根本;建立岗位绩效工资分配激励机制是设计单位人事制度改革的动力;建立健全设计单位全员社会福利保险体制是设计单位人事制度改革的保证。

事业单位是我国教育、科研、文化、卫生等各项事业发展的基础和骨干力量,据统计,事业单位专业技术人员数量占全国国有单位专业技术人员总数的68.8%。同样,具有事业性质的设计单位(以下简称设计单位)仍然是设计领域的主力军,承担了社会主义城乡建设的绝大多数设计任务,在社会主义城乡建设中起着不可替代的作用。设计单位是以设计人才为中心,并通过设计人才的脑力劳动,为社会、单位或个人提供合格的技术产品。因此,做好设计人才的文章,推行设计单位人事制度改革,激活设计单位内部运行机制,激发设计人才的创造力,对落实科学发展观,促进设计人才队伍建设,为城乡建设提供人才保障等具有积极的意义。

作为具有事业性质的设计单位之一,近几年,我们以人为本,在不触及事业单位现有体制的前提下,从解决人的问题入手,在人事制度改革上做了一些尝试并取得了一定的成效。本文将试予论述,希望能够抛砖引玉,得到广大同行和有关领导的指正。

一、设计单位实行人事制度改革的必要性

我国设计单位的建立始于上世纪五十年代初,经过几十年的发展,目前设计单位已遍布全国各地。数十年中,我国的设计单位普遍实行的是事业单位管理模式。近几年,虽有部分设计单位实行了改制,但事业性质的设计单位仍为多数。

人才问题,始终是设计单位改革和发展的核心问题。打造高水准的设计团队,就必须高度重视人才资源的开发和使用,就必须建立与社会主义市场经济相适应的人才资源配置体制。但是,数十年一贯制的事业性质,使得设计单位的人事管理中能上能下、能进能出的问题很难从根本上解决,人才社会化的环境没有真正形成,只要进了事业单位的门,就是事业单位的人,每进出一个人都非常困难,有时甚至要诉之于政府主管部门和人事管理部门;同样,设计人才由于不能自由流动、没有择业权,设计单位和设计人才同时面临着不能自主用人和自主择业的尴尬局面。

造成这种状况的原因,就在于现行设计单位的体制陈旧老化,不能适应社会主义市场经济发展的需要,对走向市场,搞活内部运行机制形成钳制。因此,设计单位现行体制已经到了必须要进行改革和完善、积极推行人事制度改革的时候了。只有在以科学发展观为指导,大力实施人才强国战略,贯彻尊重劳动、尊重知识、尊重人才、尊重创造方针的基础上,建立符合社会主义市场经济体制,完善内部人事管理制度,转换用人机制,激发人才活力,设计单位才能真正为社会主义城乡建设提供强有力的人才保证。

二、设计单位人事制度改革的基本思路和具体做法

基本思路是:以转换用人机制和搞活用人制度为重点,以推行聘用合同制为主要内容。通过制度创新,配套改革,实现由事务性的人事管理向开发性的人才管理转变;由固定用人向合同用人转变,增强设

计单位的生机和活力。我们的具体做法为：

1. 做好进人出人的加减法。一提起人事制度改革，人们总是习惯性地想到“减员增效”。事实上，设计单位的沉疴并不在于人员众多，而在于能干事的设计人员不能满足需要，而管理及工勤人员过多。正如一些专家所说的，设计单位人事制度的改革不是简单地做“减法”，更要做“加法”。2004年以来，我们大胆进行了单位内部人事制度改革，采用的是减编增员的办法。几年来，单位总人数增加了，增加的人员全部是单位急需的技术人才，有的是应届大学生，有的是具有一定工作经验的技术骨干，有的是具有国家注册资格的建筑师和工程师。新进的人员，我们全部采用合同聘用的方式，没有一个占用单位原有的事业编制。同时，通过正常调动和退休等自然减员，单位占事业编制的职工数量逐渐减少。也就是说，新进人员不与编制挂钩。

2. 实行全员聘用合同制。实行聘用合同制是设计单位人事制度改革的核心。实行聘用合同制，取消了设计单位原有的身份制度，套用行政级别、确立级别待遇制度，打破职务、身份终身制，以聘用关系取代传统的行政任用关系，使设计单位切实拥有了用人自主权，设计人员切实拥有了择业自主权。2004年以来，我们实行了全员聘用制，单位与全体职工在平等自愿的基础上签订聘用合同。合同从期限上分三类：长期合同、中短期合同、因某项具体业务而签订的合同；我们对在编职工采用签订长期合同的方法，对新进人员采用签订中短期合同的方式，因某项业务需要外聘专家采用一事一签的方式。这样，新进人员与在编职工在身份上是平等的——都是设计单位的聘用人员，从而消除了新进人员与在编职工之间的隔阂，协调了单位内部人与人之间的关系，增强了全体职工尤其是新进人员的归属感，单位凝聚力和战斗力得以加强。

3. 配套推行人事代理制度。人事代理制度是在适应社会主义市场经济发展过程中所产生的一种新型的人事管理制度。自人事部明确提出要建立和推行人事代理制度以来，我们结合实际，不断探索，并使之成为我们人事制度改革的一项重要内容，视之为人事制度改革的根本、实行聘任合同制的保证。2004年以来，我们一直坚持新进人才不与编制挂钩，而是与单位签订聘用合同。其人事关系，我们主动交给政府人事部门所属人事代理机构管理，聘用合同由人事代理机构备案。打破了传统的所有制限制，单位成为独立的用人主体，在聘用合同的约定下享有人才的使用权，承担相应的因使用人才而产生的按劳付酬、考核奖惩等义务，逐步把原来由单位承担的社会责任从本单位中分离出去，走向社会化管理。对人才个体来说，则是实现从“单位人”向“社会人”的转变。人事管理工作也因之从传统的事务型管理向人才资源开发和有效利用转变。建立了能进能出、能上能下的用人机制，做到了设计人才的两转换。设计单位和设计人员则充分享受到了用人与择业的自主权。

4. 建立岗位绩效工资分配激励机制。建立岗位绩效工资分配激励机制是设计单位人事制度改革的动力。由于新进人员与编制不挂钩，在设计单位内部事实上形成了两类人员：一类是占有事业单位编制的老职工，一类是与设计单位签订中短期聘用合同的新进职工。怎样才能激发所有员工的活力，建立岗位绩效工资分配激励机制是关键。我们将设计单位岗位设置为三种类型：管理岗位、专业技术岗位、工勤岗位。按照单位需要设置岗位数量，强化中间，弱化两头，鼓励一人两岗，甚至一人数岗，改变了以往因人设岗的弊病。把政府人事部门核定的工资作为档案工资，档案工资与实际收入相分离。彻底打破员工的身份界限，以个人完成设计产值为核心，以设计产品质量和售后服务态度为标杆，个人收入与任务、业绩挂钩，实现了能者多劳、多劳多得的分配机制。全面调动广大职工的积极性，极大地激活了设计单位内部运行机制。

5. 建立健全设计单位全员社会福利保险体制。建立健全设计单位全员社会福利保险体制是设计单位人事制度改革的保证。为解决设计单位职工的后顾之忧，疏通设计单位人员出口，促进设计单位人员的有序流动，加快设计人才的新陈代谢。我们于1999年就为全体员工购买了社会福利保险，单位给予一定补贴，个人按照一定比例缴纳保险费。到目前为止，我们的全体员工（包括不在编的新进人员）均享受五险一金（养老保险、医疗保险、失业保险、工伤保险、生育保险、公积金）的政策待遇。

三、推行设计单位人事制度改革的意义

1. 为类似性质的单位提供了有益的借鉴。现行包括设计单位在内的事业性质单位的人事管理制度基本上实行封闭式静态的管理模式，人才的使用权和所有权高度结合。通过设计单位人事制度改革的有益尝试，淡化“身份管理”，强化“岗位管理”，人才的流动加快，市场化程度明显提高，人力资源得以优化配置。设计单位人事制度改革着眼于发展，着眼于让绝大多数人受益，既不治老，也不治弱，而要治懒。在改革的过程中，我们就遇到了富余人员的问题，这个问题是事业单位体制和旧的人事制度遗留下来的。对这类既在编又不适合上岗的职工，我们并不是简单地推向社会或把它当成包袱抛给上级主管部门，我们是在解决养老、医疗等社会福利保障问题的基础上，坚持内部消化。根据富余人员的特点，采取了与其他技术咨询单位合作的方式，扩大服务面，增加收入渠道，积极为富余人员提供上岗机会。

2. 促进了优秀人才选拔任用机制。人才是一个单位尤其是设计单位的生存之本。各个设计单位都是人才集聚的地方，也是对人才创造性要求很高的地方，如何最大限度地发挥人才的积极性，必须要有一种竞争的机制。实行人事制度改革，有利于建立以公开、竞争、择优为导向，建立一种优胜劣汰公平竞争的机制，使各级各类人才各尽其能，增强职工工作的危机感和责任感，促使他们更加刻苦学习，努力工作，提高自身素质。形式有利于优秀人才脱颖而出、充分展示才能的选拔任用机制。

3. 拓宽用人渠道和用人方式。随着市场化程度的不断提高，各种资源矛盾日益尖锐。从人力资源角度来看，仅仅依靠主渠道来补充人员已经越来越多地受到诸如编制制度、户籍制度等多方面的限制。“不求所有，但求所用”的理念已被各设计单位普遍推崇，不拘一格广纳人才。

四、结语

推行人事制度改革是设计单位改变传统用人方式、实现人力资源配置市场化的一个重要措施。但现阶段仍处于发展之中，还有不少问题需要深入研究，不断完善。从人事制度改革的推出到实施，都有一个质疑、认同的过程。同时，人事制度改革本身也有一个在实践中不断完善的过程。设计单位人事制度改革并不能解决所有问题，例如，在编人员的身份问题就没有彻底解决，即使是采用了全员聘用制，在编职工依然是由政府人事部门管理的国家干部。这类问题的解决尚有待于政府人事部门进一步推出强有力的政策。人事制度改革作为社会转型时期人事管理的一种过渡性模式，如何充分发挥其积极的作用，帮助促进设计单位人力资源的优化配置，在实践中还需要不断地探索和完善。

设计单位的根本出路在于建立全新的现代企业制度。人事制度改革只不过是设计单位体制改革的问路石。对于现行事业体制下的设计单位来说，真正的改革想来已经为期不远了，那才是设计单位的真正出路。

参考文献

[1] 李子刚．事业单位岗位设置管理的“四难”与“四要”．中国人事报，2008－07－25．
[2] 柏树良．事业单位制度重构的基本理论问题．中国人事报，2007－09－14．
[3] 钱大吉．事业单位人事制度改革的历程与经验．中国人事报，2008－11－14．

作者简介：刘大勇，1963 年 6 月出生，1985 年 7 月毕业于安徽建工学院，2004 年至今，担任休宁县建筑设计室主任。

对合肥地区 Q_3 黏土场地地下室抗浮问题的探讨

彭克传 陈 瑞
（合肥市勘察院有限责任公司）

摘 要：本文通过对合肥地区 Q_3 黏土场地出现的地下室抗浮问题进行细致分析，提供几种有针对性的抗浮设计措施，以期达到既保证质量，又节约投资，减小工程造价的目的。

关键词：Q_3 黏土；地下水；抗浮措施

1. 引言

合肥地区 Q_3 黏土为非含水层，然而随着地下室数量的增加，由地下水浮力引起的地下结构损坏的例子不断发生。对 Q_3 黏土场地中的地下室要不要进行抗浮设计、抗浮设防水位取值多少、采取何种抗浮措施等问题，笔者根据在合肥地区多年从事岩土工程的体会，对此问题进行探讨，不妥之处请各位同行加以指正。

2. 工程实例

实例一：某多层住宅小区位于合肥市北二环以外，地层以 Q_3 黏土为主，地下一层车库，深 4.8m。工程于 2007 年 3 月建成并回填土方，2007 年 4 月中旬遇连续阴雨天气后，发现底板开裂冒水，柱子的上下端出现水平贯穿裂缝，与柱相交的连梁也出现斜裂缝，裂缝宽度 0.1～1.5mm，外墙出现宽 1～4mm 的斜裂缝。

设计图纸要求对地下室外侧土方夯实处理，压实度不小于 0.93，除此外未考虑其他抗浮措施。现场观察发现，地下室基坑外侧回填土方成分为黏性素土、状态较松散、饱和，地下水水位与地表基本持平。

实例二：某高层住宅小区位于合肥市南二环外，地层以 Q_3 黏土为主，地下二层车库，深 9.8m。工程于 2008 年 5 月建成并浇筑所有预留后浇带，此后陆续发现后浇带位置有零星渗水现象，至 2008 年 8 月上旬遇数天较强降水后，发现有底板隆起、开裂、冒水现象，施工人员当时错误地采取了一些封堵裂缝措施，导致了底板隆起高度增加，底层柱子上下端出现水平贯穿裂缝，连梁及外墙亦出现斜裂缝。

设计图纸要求在地下室底板外侧采用 1.2m×1.2m 混凝土防渗墙封堵地表水进入地下车库底板，回填土方采用 2∶8 灰土分层碾压夯实，压实度不小于 0.93。

受业主委托，我单位于 2008 年 11 月初现场钻探查验，发现回填土方以黏性素土为主，较松散，底部确为混凝土防渗墙，各钻孔地下水位深浅不一，为地表下 3.0～6.0m（此时距上次较明显降水已有两个月未降雨）。

3. 原因分析

上述工程事故发生之后，业主单位均邀请多位专家进行现场分析、查找原因，最终的结论为：地下室结构体系设计时未考虑到地下水浮力的作用，而施工单位在周边回填土质量控制上存在不足，当地下水位达到一定高度时，必然导致地下室底板的隆起、开裂及梁柱损坏。

笔者根据在合肥地区多年从事岩土工程的经验，认为专家结论是准确的。原因如下：

3.1　地下室周边及底板确实有地下水存在

尽管 Q_3黏土层中不含地下水，但由于地下室的施工周期较长，地表水及大气降水或多或少的在底板下找到赋存的空间，如局部低洼处、预留后浇带位置、铺设的防水层带等，当周边回填土方密实度不够或方法不对时，地表水就会源源不断地下渗。正是由于 Q_3黏土的不透水性，导致这些下渗的地表水全部集中于地下室的周边及底板下，促使地下水位不断抬升。

根据工程事故现场的补勘资料，地下室外侧回填土中均存在深浅不一的地下水位。

3.2　地下室周边土方回填质量达不到设计要求

设计院一般均在设计图纸中注明土方回填采用 2∶8 或 3∶7 灰土分层夯实，压实度不小于 0.93，对埋深较大的还要求在地下室底板外围设置一道混凝土防渗墙。由于受工程工期、造价、场地条件等多种原因影响，现场施工过程中大多未能按设计要求实施。

根据工程事故补勘资料，出现问题的场地填土均以素土回填为主，状态较松散，饱水状态，密实度远达不到设计要求。

3.3　地下室的结构体系设计未考虑浮力作用

建设单位为了节省工程造价，往往要求设计单位不考虑浮力或少考虑浮力的作用；也有的设计、勘察部门认为合肥地区 Q_3黏土中不含地下水，只要采取适当措施阻挡地表水的下渗即可不考虑浮力作用。根据工程事故调查，设计图纸中的地下室底板厚度为 30～50cm，根本承受不起一般水头高度的浮力，何况遇到强降雨天气时的高水位了。

4. 地下室抗浮设计

4.1　抗浮设计原则

(1)根据经验，合肥地区 Q_3黏土中地表水下渗形成的地下水对地下结构基础的浮力作用是确实存在的一种力学作用，应按照相关规范、规程进行设计。

(2)《岩土工程勘察规范》(GB50021—2001)第 7.3.2 条规定：对地下结构物，应考虑在最不利组合情况下，地下水对结构物的上浮作用，原则上应按设计水位计算浮力，对节理不发育的岩石和黏土且有地方经验或实测数据时，可根据经验确定。

有渗流时，地下水的水头作用宜通过渗流计算分析评价。

(3)《高层建筑岩土工程勘察规程》(JGJ72—2004)第 5.0.6 条规定：对地基基础、地下结构应考虑在最不利组合情况下，地下水对结构的上浮作用。第 8.6.5 条规定：地下室在稳定地下水位作用下所受的浮力应按静水压力计算，对临时高水位作用下的浮力，在黏性土地基中可以根据当地经验适当折减。

4.2　抗浮设防水位的确定

根据抗浮设计的基本原则，即地下水对基础的浮力作用应考虑最不利组合，抗浮设防水位应是指地下室基础埋置深度范围内地下水层位在建筑物运营期间的最高水位，主要是通过预测方式来确定。

1. 预测抗浮设防水位需考虑的因素

(1)区域气象资料、工程地质、水文地质背景资料；

(2)地下水位的长期观测资料；

(3)建筑物周围的环境与周边水系的联系；

(4)建筑场地的地形、地貌、地下水补给与排泄条件等。

2. 合肥地区 Q_3黏土场地抗浮设防水位的确定

(1)对平坦或较平坦场地，一般可取室外设计地坪标高下 0.5～1.0m 作为抗浮设防水位。其主要依据是建筑物周边的排水设施埋深一般在地表下 1.0m 左右，当遇较强降水时，地表水及渗入地下的雨水能顺排水设施排泄。

(2)对位于周边地势较高的低洼场地位置，宜取室外设计地坪标高作为抗浮设防水位。理由是遇较强降水时会出现排水不畅产生地表积水，应按不利组合取值。

(3)对高耸场地或斜坡场地，宜取周边较低位置的室外设计地坪标高下1.0m作为抗浮设防水位。理由是遇较强降水时，雨水能快速排泄。

3. 地下水对地下室基础浮力的确定

(1)静水环境下

浮力计算可按阿基米得原理计算。对地下室周边为松散填土回填的情况，应按预测的抗浮设防水位计算基底浮力；对周边采用压实填土回填的，由于渗透过程的复杂性，地下室基底所受的浮力往往小于实际水头高度，但设计院设计计算时是否折减则必须有足够的当地经验或实测数据。

(2)渗流环境下

由于地下室底板及外墙的存在，改变了场地原有地下水运动的边界条件，地下水的赋存体系变得复杂化，上层水与下层水相互之间亦存在一定的水力联系。地下室底板所受的水压力并不完全取决于水位高低，而必须由渗流分析来确定。根据某工程的实测资料，根据渗流分析确定的基底水浮力比按静止水状态计算的浮力低18%～36%。

表4-1为某水库大坝黏土墙下实测孔隙水压力与按实际浸润线位置计算得到的静水压力值与实测的孔隙水压力的比较。

表4-1

测试日期	对比项目	测点号				
		208	222	237	239	242
2002年6月7日	实测孔隙水压力	56.4kPa	60.5kPa	57.6kPa	/	29.6kPa
	计算静水压力	74.1kPa	74.1kPa	73.5kPa	61.7kPa	46.1kPa
	比 值	0.76	0.82	0.78	/	0.64

注：引自张彬深基础水土压力共同作用试验研究与机理分析，博士论文，2004。

4.3 抗浮措施

对于合肥地区Q_3黏土场地的地下室抗浮措施，归纳起来可采取三种方案，即“抗、堵、疏”。

1.“抗”的方案

即设计时主要是在结构体系中采取预防浮力措施。主要方案有：

(1)配重，即增加底板荷重，用以抵抗地下水浮力。对有条件的场地，亦可将底板向外延伸，利用覆土重量抵消浮力。

(2)抗浮桩，即主要利用桩的侧摩阻力产生抗拔力用以抵抗地下水浮力。桩基类型一般可选用预应力管桩或人工挖孔扩底灌筑桩，对柱下桩基需同时满足抗压和抗拔要求，对底板下仅需满足抗拔要求，桩长、桩径及扩底端尺寸应根据荷载大小确定。对预应力管桩，桩径宜为400～600mm，桩长宜为12～20m；对人工挖孔桩，桩径宜为900～1200mm，桩长宜为8～15m，扩底直径一般为1500～2400mm。

(3)抗浮锚杆，即主要利用锚杆侧壁摩阻力用以抵抗水浮力。锚杆布置一般以梅花形或正方形为主，在地下室底板下均匀布置，锚杆直径宜为120～200mm，锚杆长度宜为15～30m，具体杆间距、长度、直径等应根据地下水浮力大小确定。

“抗”方案的最大优点是安全、可靠，且施工质量易检查、控制；缺点是底板厚度大，钢筋、混凝土用量大，工程造价高。

2.“堵”的方案

即采取措施隔绝地表水的下渗通道，地表水不能顺着基础外侧的人工回填区域下渗到地下室底板下，形不成水头压力，不会对底板产生浮力。合肥Q_3黏土地区常用的方案是周边采用3∶7或2∶8灰土分层夯实回填，压实度不小于0.93。采用该方案的重点是要把好三道关：(1)灰、土要破碎成粉粒状并拌制均匀；(2)回填之前应将基坑底部积水、浮土等清理干净，对边坡表面的扰动层亦应清除；(3)每次回填厚度不能超过300mm，并应及时检测压实度能否满足要求。

该方案的优点是经济，能充分利用合肥地区Q_3黏土中不含地下水的特性；缺点是需要较大面积的场地用以拌制灰土，分层压实耗时较长，施工质量控制有一定难度，若仅有一个局部的位置未压实渗水则将导致整个项目"堵"水方案的失败。

3."疏"的方案

该方案是通过设置地下排水系统，允许地下水自然排泄，使地下水在地下室基础底部不产生水头压力，达到地下结构体系可不考虑抗浮设计的目的。对合肥Q_3黏土地区一般可采取两种方案，即"外疏"和"内疏"。

(1)"外疏"：是在地下室周边外侧设置地下排水沟和若干集水井，深度与地下室底板一致，有条件的场地可直接将地下排水系统与城市道路排水设施连通自然排出，无条件的场地可在集水井设置水泵提水。

(2)"内疏"：是在地下室内设置若干出水孔和排水沟、集水井，定期将渗入集水井中的积水用水泵抽走。

该方案的优点是前期投入小，能合理利用合肥地区Q_3黏土中不含水、而地表水下渗量有限的特点；缺点是后期维护成本较高。

5. 结语

合肥地区Q_3黏土场地地下室应该考虑地下水的浮力作用，但采取抗浮措施时如简单地等同于地下水位高的滨海、滨江地区，单纯地采用"抗"的方案，将大大增加工程造价，未能充分发挥Q_3黏土层强度高、状态好、本身不含地下水的特点，也是不符合科学发展观要求的。

(1)关于地下室底部和外侧地下水浮力的计算取值，建议有关部门选择场地现场试验，取得经验数据后确定一个合理的折减比例，使计算的浮力降低，达到减少投资的目的。

(2)对于埋深较小(小于5.0m)，地势较高的地下室，可考虑采用"堵"或"疏"的方案。

(3)对于埋深较大的两层地下室，抗浮设计施工应慎重对待，应根据具体情况选择方案。

参考文献

[1]《岩土工程勘察规范》(GB50021—2001). 北京：中国建筑工业出版社，2002.

[2]《高层建筑岩土工程勘察规程》(JGJ72—2004). 北京：中国建筑工业出版社，2004.

[3]《工程地质手册》第四版. 北京：中国建筑工业出版社，2007.

[4] 张彬，深基础水土压力共同作用试验研究与机理分析，博士论文，2004.

作者简介：彭克传，男，高级工程师，1985年大学毕业以来一直从事岩土工程技术工作。

浅谈太阳能光伏系统在住宅小区照明中的应用

沈成立
(安徽寰宇建筑设计院)

摘　要:本文讲述了太阳能光伏发电系统的结构和工作原理,太阳能光伏系统的类型以及各种类型在现实生活中的实际应用。探讨当前在住宅小区照明中太阳能光伏发电系统的应用形式,并对存在的问题作简要的分析。

关键词:太阳能;光伏发电;住宅小区照明;应用

1. 太阳能光伏发电的重要意义

人类社会进入21世纪,全球经济增长引发的能源消耗达到了前所未有的程度。常规化石燃料能源不仅在满足人类社会发展上已经捉襟见肘,而且因化石燃料过度消耗引起的全球变暖以及生态环境恶化给人类带来了更大的生存威胁。因此,能源和环境的可持续发展已成为人类最关注的重大问题之一。大力发展可再生能源技术是解决这个重大问题的唯一选择。从长远的观点看,在各种可再生能源技术中,太阳能光伏发电具有最理想的可持续发展特征:最丰富的资源和最洁净的发电过程。因此,太阳能光伏发电成为世界可再生能源发展的最大着力点,也是最大亮点之一。太阳能是重要的战略替代性能源。发展太阳能光伏发电对增加能源供应,改善能源结构,减少温室气体排放具有重要意义。

在节电减排的全球大背景下,太阳能越来越引起人们的关注。我省于2009年3月1日颁布了《太阳能利用与建筑一体化技术标准》(DB34854—2008)作为安徽省地方标准,而在太阳能利用中,太阳能光伏系统是其中的一个重要方向。当前,住宅小区太阳能光伏发电照明市场潜力巨大。用太阳能光伏发电为住宅小区的道路照明、亮化照明、住宅楼梯间、公共走道以及地下车库公共照明等提供电源,照明灯具采用LED光源,能有效达到建筑节能的目的,且此系统具有寿命长、可靠性高、高效环保、零排放无污染等优点,并能在停电时起到应急灯的作用,对节约资源和绿色环保具有重要意义。

2. 太阳能光伏发电原理

太阳能光伏发电系统主要包括:太阳能电池组件(阵列)、控制器、蓄电池、逆变器、用户即照明负载等组成。其中,太阳能电池组件和蓄电池为电源系统,控制器和逆变器为控制保护系统,负载为系统终端。

2.1　太阳能电源系统

(1)太阳能电池

由于技术和材料原因,单一电池的发电量是十分有限的,实用中的太阳能电池是单一电池经串、并联组成的电池系统,称为电池组件(阵列)。单一电池是一只硅晶体二极管,根据半导体材料的电子学特性,当太阳光照射到由P型和N型两种不同导电类型的同质半导体材料构成的P－N结上时,在一定的条件下,太阳能辐射被半导体材料吸收,在导带和价带中产生非平衡载流子即电子和空穴。同时P－N结势垒区存在着较强的内建静电场,因而能在光照下形成电流密度J,短路电流Isc,开路电压Uoc。若在内建电场的两侧面引出电极并接上负载,理论上讲由P－N结、连接电路和负载形成的回路,就有“光生电流”流过,太阳能电池组件就实现了对负载的功率P输出。

理论研究表明，太阳能电池组件的峰值功率 P_k，由当地的太阳平均辐射强度与末端的用电负荷决定。

(2)蓄电池

由于太阳能发电要受到气候条件的影响，只能在白天有阳光时才能发电，通常与负载用电规律不符合，因此需要配置储能装置，将方阵在有日照时发出的多余电能存储起来，供晚间或阴雨天使用。最常用的储能装置是蓄电池。太阳能电池产生的直流电先进入蓄电池储存，蓄电池的特性影响着系统的工作效率和特性。蓄电池技术是十分成熟的，但其容量要受到末端需电量、日照时间(发电时间)的影响。因此蓄电池瓦时容量和安时容量由预定的连续无日照时间决定。

2.2 控制器

光伏系统中的控制器是对光伏系统进行管理和控制的设备。在不同类型的光伏系统中，控制器不尽相同，其功能多少及复杂程度差别很大，要根据系统的要求及重要程度来确定。控制器的主要功能是使太阳能发电系统始终处于发电的最大功率点附近，以获得最高效率。而充电控制通常采用脉冲宽度调制技术即 PWM 控制方式，使整个系统始终运行于最大功率点 P_m 附近区域。放电控制主要是指当电池缺电、系统故障，如电池开路或接反时切断开关。

2.3 逆变器

由于光伏系统发出的是直流电，如果要为交流负载供电，必须配备逆变器。逆变器是通过半导体功率开关的开通和关断作用，将直流电能转变为交流电能供给负载使用的一种转换装置，是整流器的逆向变换功能器件。其主要功能是将蓄电池的直流电逆变成交流电。通过全桥电路，一般采用 SPWM 处理器经过调制、滤波、升压等，得到与照明负载频率 f，额定电压 U_N 等匹配的正弦交流电供系统终端用户使用。

3. 太阳能光伏系统的类型

一般我们将光伏系统分为独立系统、并网系统和混合系统。如果根据太阳能光伏系统的应用形式，应用规模和负载的类型，对光伏供电系统进行比较细致的划分。还可以将光伏系统细分为如下六种类型：小型太阳能供电系统，简单直流系统，大型太阳能发电系统，交流、直流供电系统，并网系统，混合供电系统，并网混合系统。

3.1 小型太阳能供电系统

该系统的特点是系统中只有直流负载而且负载功率比较小，整个系统结构简单，操作简便。其主要用途是一般的家庭用户系统，各种民用的直流产品以及相关的娱乐设备。如在我国西部地区就大面积推广使用了这种类型的光伏系统，负载为直流灯，用来解决无电地区的家庭照明问题。

3.2 简单直流系统

该系统的特点是系统中的负载为直流负载而且对负载的使用时间没有特别的要求，负载主要是在白天使用，所以系统中没有使用蓄电池，也不需要使用控制器，系统结构简单，直接使用光伏组件给负载供电，省去了能量在蓄电池中的储存和释放过程，以及控制器中的能量损失，提高了能量利用效率。其常用于光伏水泵系统、一些白天临时设备用电和一些旅游设施中。

3.3 大型太阳能供电系统

与上述两种光伏系统相比，这种光伏系统仍然是适用于直流电源系统，但是这种太阳能光伏系统通常负载功率较大，为了保证可以可靠地给负载提供稳定的电力供应，其相应的系统规模也较大，需要配备较大的光伏组件阵列以及较大的蓄电池组，其常见的应用形式有通信、遥测、监测设备电源，农村的集中供电，航标灯塔、路灯等。我国在西部一些无电地区建设的部分乡村光伏电站就是采用的这种形式，中国移动公司和中国联通公司在偏僻无电网地区建设的通讯基站也有采用这种光伏系统供电的。

3.4 交流、直流供电系统

与上述三种太阳能光伏系统不同的是，这种光伏系统能够同时为直流和交流负载提供电力，在系统结构上比上述三种系统多了逆变器，用于将直流电转换为交流电以满足交流负载的需求。通常这种系统的负载耗电量也比较大，从而系统的规模也较大。在一些同时具有交流和直流负载的通讯基站和其他一些含有交、直流负载的光伏电站中得到应用。

3.5 并网系统

这种太阳能光伏系统最大的特点就是光伏阵列产生的直流电经过并网逆变器转换成符合市电电网要求的交流电之后直接接入市电网络，并网系统中太阳能电池方阵所产生电力除了供给交流负载外，多余的电力反馈给电网。在阴雨天或夜晚，光伏阵列没有产生电能或者产生的电能不能满足负载需求时就由电网供电。因为直接将电能输入电网，免除配置蓄电池，省掉了蓄电池储能和释放的过程，可以充分利用太阳能电池方阵所发的电力从而减小了能量的损耗，并降低了系统的成本。但是系统中需要专用的并网逆变器，以保证输出的电力满足电网电力对电压、频率等指标的要求。因为逆变器效率的问题，还是会有部分的能量损失。这种系统通常能够并行使用市电和太阳能光伏组件阵列作为本地交流负载的电源，降低了整个系统的负载缺电率。而且并网光伏系统可以对公用电网起到调峰作用。但是，并网光伏供电系统作为一种分散式发电系统，对传统的集中供电系统的电网会产生一些不良影响，如谐波污染、孤岛效应等。

3.6 混合供电系统

这种太阳能光伏系统中除了使用太阳能光伏组件阵列之外，还使用了柴油发电机作为备用电源。使用混合供电系统的目的就是为了综合利用各种发电技术的优点，避免各自的缺点。比方说，上述的几种独立光伏系统的优点是维护少，缺点是能量的输出依赖于天气，不稳定。这种混合供电系统还可以达到可再生能源的更好利用，具有较高的系统实用性，负载匹配更佳的灵活性。所以混合系统可以适用于范围更加广泛的负载系统，例如可以使用较大的交流负载、冲击载荷等。还可以更好地匹配负载和系统的发电。只要在负载的高峰时期打开备用能源即可简单地办到。有时候，负载的大小决定了需要使用混合系统，大的负载需要很大的电流和很高的电压，如果只是使用太阳能成本就会很高。很多在偏远无电地区的通信电源和民航导航设备电源，因为对电源的要求很高，都是采用的混合系统供电，以求达到最好的性价比。我国新疆、云南建设的很多乡村光伏电站就是采用光/柴混合系统。

3.7 并网混合供电系统

随着太阳能光电子产业的发展，出现了可以综合利用太阳能光伏组件阵列，市电和备用油机的并网混合供电系统。这种系统通常是控制器和逆变器集成一体化，使用电脑芯片全面控制整个系统的运行，综合利用各种能源达到最佳的工作状态，并还可以使用蓄电池进一步提高系统的负载供电保障率，例如AES的SMD逆变器系统。该系统可以为本地负载提供合格的电源，并可以作为一个在线的UPS(不间断电源)工作。还可以向电网供电或者从电网获得电力。系统的工作方式通常是将市电和太阳能电源并行工作，对于本地负载而言，如果光伏组件产生的电能足够负载使用，它将直接使用光伏组件产生的电能供给负载的需求。如果光伏组件产生的电能超过即时负载的需求还能将多余的电能返回到电网；如果光伏组件产生的电能不够用，则将自动启用市电，使用市电供给本地负载的需求，而且，当本地负载的功率消耗小于SMD逆变器的额定市电容量的60%时，市电就会自动给蓄电池充电，保证蓄电池长期处于浮充状态；如果市电产生故障，即市电停电或者是市电的品质不合格，系统就会自动地断开市电，转成独立工作模式，由蓄电池和逆变器提供负载所需的交流电能。一旦市电恢复正常，即电压和频率都恢复到上述的正常状态以内，系统就会断开蓄电池，改为并网模式工作，由市电供电。有的并网混合供电系统中还可以将系统监控、控制和数据采集功能集成在控制芯片中。这种系统的核心器件是控制器和逆变器。

4. 太阳能光伏系统在住宅小区照明中的应用

4.1　太阳能光伏系统在住宅小区照明中的应用形式

(1)小区的道路景观照明

目前太阳能光伏技术在住宅小区道路景观照明中的应用已起步并以快速发展的势头逐步普及。小区的路灯、草坪灯、景观灯以及广告灯箱等均可采用太阳能光伏照明技术,使公共照明更方便、安全、环保、节能。太阳能光伏照明的工作原理是:由太阳能电池板作为发电系统,让电池板电源经过大功率二极管及控制系统给蓄电池充电,当蓄电池电源达到一定程度时,控制系统内设的自动保护系统动作,电池板自动切断电源,实行自动保护。到晚上,太阳能电池板又起到了光控作用,给控制系统发出指令,此时控制系统自动开启,输出电压,使各式灯具达到设计的照明效果,并可调节所需的照明时间。

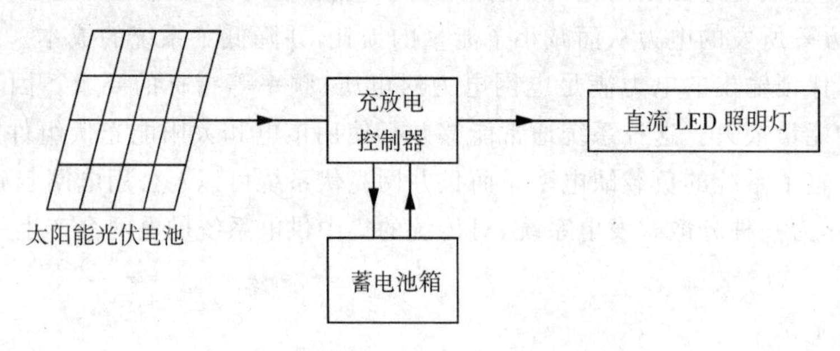

图 1　太阳能道路景观照明系统框图

这种系统是最简单、最典型的,它的优点是简单、经济、灵活、使用范围广泛,具有一次性投资、无长期运行费用、安装方便、免维护、使用寿命长等特点,不会对原有植被、环境造成破坏,同时也降低了各项费用,节约能源。缺点是用电可靠性差,在连续阴雨天气里,供电很难保证,管理、控制也较分散、麻烦。

(2)建筑物楼道照明

太阳能走廊灯由太阳能电池板供电。整栋建筑采用整体布局、分体安装、集中供电方式。太阳能板安装在天台或屋面,用专用导线(可预留)传送到每层走道和楼梯口。系统采用声、光感应,延时控制。白天系统充电、夜间自动转换开启装置,当探测到有人走动信息后,自动启动亮灯装置,并延时 3～5 分钟后自行关闭。当楼内发生区域停电时,仍可连续供电 3～5 小时,可以作为应急灯使用,在降低各项费用的同时体现了人性化的设计理念。此种产品还可用在小区的楼号牌、单元门牌等部位,为夜归人及来访的客人提供方便。

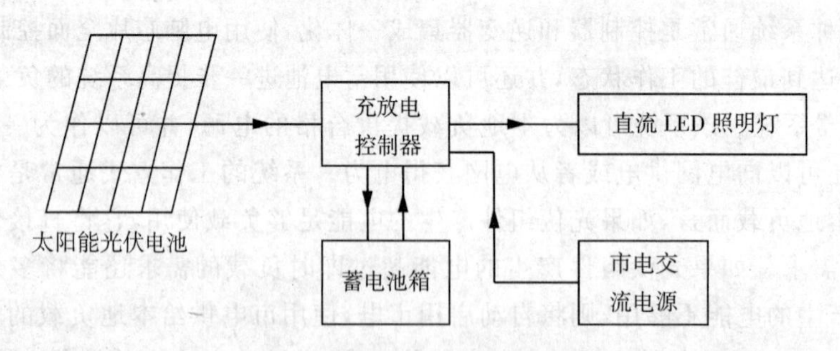

图 2　太阳能楼道照明系统框图

这种系统是在上一简单的系统上增加一路市电交流电源,显而易见,比起上一系统要优越许多,它除了具有上一系统优点之外,更重要的是解决了供电可靠性问题,一旦太阳能光伏发电供电不足或中断,可利用控制器切换至市电供电,也可适量地减少配置蓄电池容量,节约一定的投资。

随着经济的发展,高层住宅已经在我们身边大范围地开发起来。高层住宅公共部分面积大,用电量大,供电距离远,若采用直流供电,线路电流大,相应的线路的电能损失及电压降大,这时需采用交流供电给照明负载。

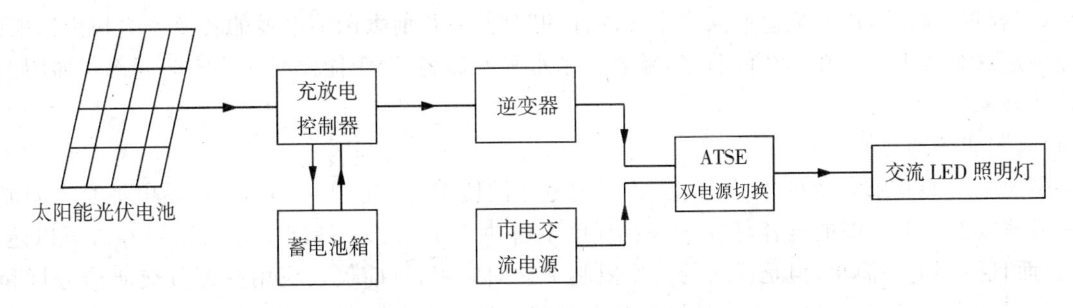

图 3 太阳能楼道照明系统框图

这种系统采用交流供电,减小了线路的电压损失和电能损失,扩大了供电范围。缺点是采用了逆变器,在逆变过程中存在电能损失,而这种损耗也比较严重。光伏电力本来就由于成本较高而不具有与网电价格竞争的能力,如果再加上电力损耗,就难加以实用。

(3)小区地下车库照明

用太阳能光伏发电给地下车库照明是太阳能光伏技术在建筑领域的最新应用,其应用效果比较令人满意。首先是解决了以往太阳能光伏发电白天发电,夜晚用电完全依赖蓄电池储存电力所产生的诸多技术难题。由于在给地下车库照明时,部分光伏电力白天能直接应用,即提高了光伏供电系统的效率也降低了系统造价,是光伏照明应用中最理想的一种系统形式。

太阳能地下车库照明同样可采用太阳能楼道照明系统,而采用直流供电或交流供电要根据车库的规模大小确定,优缺点也同上所述。这种系统还面临太阳能电池摆放的问题,在高层住宅大范围开发的今天,在地面安装太阳能电池很难保证其充足的日照,而在屋顶安装因受到楼宇屋顶可用面积的限制,其总功率不可能做成很大,且从数十层楼顶上将光伏电力输送到地下车库,就免不了百米的电缆连接,其中存在着电压损失和电能损失,降低了太阳能光伏系统的效率。

(4)"光伏—建筑照明一体化"技术

目前已成功地把太阳能组件和建筑构件加以整合,如太阳能屋面(顶)、墙壁及门窗等,实现了"光伏—建筑照明一体化(BIPV)"。本系统的工作原理是:由多片单晶硅太阳能光电池组合而成的电池板,经过太阳光的照射之后产生光电效应而发出直流电,再由系统中的电源转换器将直流电转换成一般电器所需的交流电,经由配电系统供照明、空调等系统使用,以及蓄电池储存电力,尚可提供防灾紧急用电需求。建筑物的墙面和屋顶的 PV 组件的造型、色彩、建筑风格与建筑物结合,与周围的自然环境整合,以期达到完美的协调。国内某铝板幕墙制造公司研制成功一种"太阳房",把发电、节能、环保、增值融于一房,成功地把光电技术与建筑技术结合起来,称为太阳能建筑系统(SPBS),已通过专家论证。这将有力地推动太阳能建筑节能产业化与市场化的进程。

4.2 太阳能光伏系统在住宅小区照明应用中存在的问题

(1)太阳能光伏系统的成本

太阳能光伏系统投资大,发电成本较高。根据有关资料介绍太阳能光伏电池板价格比较高,大约为 24.9 元/W,发电成本大约为 2.0 元/kW·h,建造一套太阳能光伏发电系统,按市场用电价来换算发电价,大约要 20 年才能收回成本。

(2)太阳能光伏系统的效率

太阳能光伏系统的总效率由电池组件的 PV 转换率、控制器效率、蓄电池效率、逆变器效率及负载的效率等组成。目前,太阳能电池的转换率只有 17%左右,而控制器、蓄电池、逆变器的效率均高于此。因此提高电池组件的转换率,降低单位功率造价是太阳能发电产业化的重点和难点。

(3)太阳能电池的容量

目前太阳能电池还很难使用在高层住宅的楼梯间照明及公共走道照明上。高层公共部位照明数量较多,总的容量比较大,以及应急照明供电可靠性的问题,就目前太阳能电池的转换效率和价格来讲,还不能够满足这个要求。但在不久的将来,随着技术水平的提高,太阳能照明在住宅公共部位照明的应用将会普及开来。

(4)太阳能储能元件

太阳能电池的使用寿命在25年以上,普通蓄电池的使用寿命在2～3年,所以蓄电池是太阳能电力系统中最薄弱的环节。储能电容可以在一定程度上解决这个问题。储能电容的使用寿命可以达到10年以上,而且控制电路简单,但是昂贵的价格限制了它的应用,目前仅仅应用在部分交通信号灯和装饰灯上。随着技术和经济的发展,它将是一种最有希望成为和太阳能电池配套的理想储能元件。

(5)太阳能产品的质量

近年来,太阳能光伏技术发展很快,产品生产厂家如雨后春笋。但是,有些产品没有形成系列,质量参差不齐,甚至在光源的选择以及电路设计中存在许多缺陷,降低了产品的经济性和可靠性。同时,国家缺少相应的产品质量标准和检测系统,使太阳能光伏技术产业化受到影响。

5. 结束语

绿色能源和可持续发展问题是本世纪人类面临的重大课题,开发新能源,对现有能源的充分合理利用已经得到各国政府的极大重视。推广太阳能光伏技术在住宅小区照明中的应用是一个新的课题。随着太阳能产业化进程和技术开发的深化,太阳能光伏技术的效率、性价比将得到迅速提高,它在各个领域都将得到广泛的应用,也将极大地推动我国“绿色照明工程”的快速发展。

参考文献

[1] 王长贵,王斯成．太阳能光伏发电实用技术[M]．北京:化学工业出版社,2005.
[2] 杨金焕,于化从,葛亮．太阳能光伏发电应用技术[M]．北京:电子工业出版社,2009.
[3] 余发平．LED光伏照明系统优化设计[J]．合肥工业大学,2006.5.
[4] 金步平．家用太阳能光电照明系统[J]．照明工程学报,2001.1.
[5] 黄家室．建筑小区应用太阳能光伏发电供配电方式探讨．建筑电气,2009(2)22－25.
[6] 周民康,朱晓勇．高效非逆变光伏技术在建筑公共照明上的应用．建筑电气,2009(2)26－28.
[7] 安徽省地方标准《太阳能利用与建筑一体化技术标准》(DB34854—2008).

作者简介:沈成立,男,安徽寰宇建筑设计院,助理工程师,注册电气工程师,从事建筑电气设计工作。

关于设计中若干易忽视问题的探讨

陈 炜

（安徽寰宇建筑设计院）

摘 要：采用塑料管材的排水系统中专用通气立管的设置尤显重要。随着建筑物体量越来越大，人们对居住环境的要求越来越高，在设计中充分考虑排水管道中污秽气体的快速导流外排，防止臭气入户非常重要。生活水泵吸水喇叭口设置不当将直接导致管网内空气含量过高，从而引起水表异动及压力不稳等情况。对规范的正确理解，严格执行是优秀设计的根基。

关键词：建筑给水排水规范；专用通气立管；环形通气管；吸水喇叭口

随着国家经济发展重心逐步内移，位于长江三角洲经济核心区的合肥市近些年获得前所未有的大发展，城市建设进入一段井喷发展期，大规模住宅小区、大体量建筑单体大量涌现，建筑物的新颖多样化对设计工作也提出更高要求。笔者在近几年的图纸审查中，感觉到一些设计要点常常被设计人员忽视，其不良后果已在一些投入使用的工程中显现，降低了用户的使用安全性及舒适度。

1. 高层建筑物排水系统中通气管的设置

在工程设计中有些设计人员往往仅从经济角度出发，充分利用《建筑给水排水规范》第 4.4.11 条中表 4.4.11－1 及表 4.4.11－2 对仅设伸顶通气排水管的上限流量值，在设计时不分析具体情况，多采用仅设伸顶通气的单立管排水系统。

由于目前排水管道多选用普通塑料排水管。塑料管道光滑的内壁对提高排水量、防止阻塞有一定好处，但对加快立管中水流由水塞流状态转变成环膜流状态则不利，较长时间的水塞流状态对立管内气压变化影响很大。因此在采用塑料管材的排水系统中专用通气立管的设置尤显重要。

近些年来，住户反映卫生间溢冒臭气的情况比以往要多。高层建筑中卫生间污水由于气味浓、瞬间流量大应尽量采用配置专用通气立管的双立管排水系统。而厨房废水由于杂质多、油污重且瞬间流量小，防止阻塞成为主要处理点，则可以采用较大管径的单立管排水系统。对于管径为 DN75 的双立管排水系统运用在高层建筑物内的厨房油污废水排放上应谨慎，虽然可满足流量要求，但小管径管道的易阻塞现状应引起重视。

裙房是商业或办公性质而主楼为住宅的大型综合楼越来越多。主楼排水立管往往需要在转换层折弯变向，引至柱边墙角后再行下穿到一层外排。贴临转换层的上层排水横支管，常常无法按照《建筑给水排水规范》第 4.3.12 条中表 4.3.12 要求的最小垂直距离接入未折弯前的排水立管。常规设计处理方式有两种，一是直接接入主楼立管折弯后的水平横干管上，保证接入点与主楼立管底端水平距离不得小于 1.5 米。另一种是排水横支管接入横干管折弯后再次下行的主立管上，保证接入点距横干管折弯点垂直距离不小于 600mm。一般设计图纸均能满足以上要求，但对该部位通气管的设置往往忽视。首先，贴临转换层的上层排水横支管已接入超过 4 个以上卫生洁具且长度超过 12 米时，此状态已完全满足《建筑给水排水规范》第 4.6.3 条要求设置环形通气管的前提条件，而许多设计人员则按底层单独排水的外排横支管处理，并不特别设置环形通气管。其次，在采用下行主立管接入法或下行主立管上仍有下部楼层排水横支管接入时，转换层内横干管折弯后下行立管顶端应设置伸顶通气管。这一条设计人员常常忽视。

主楼立管排水流量达到一定程度时，在排水立管的底部，水流以终限流速的高速度状态进入排水横干管。水流方向由垂直下流经弯头转入水平时，由于水的离心作用，在弯头底部曲面上产生一小段厚度大致相等的水膜状高速水流，此流速随水流断面的增大而减小，水流的水深急剧增加，最终形成满流的水跃现象。试验表明水跃现象一般发生于离立管底部10倍立管管径处，这也就是《建筑给水排水规范》中"排水支管连接在排出管或排水横干管上时，连接点距立管底部下游水平距离不宜小于3米，且不得小于1.5米"的制定依据。

在水跃发生点之后的管道内因空气受压形成正压状态，在该区域内接入的贴临转换层的上层排水横支管内随之产生压力波动。排水横支管上环形通气管的设置显得尤为重要。

被水挟带流下的空气与横管中原有的空气混合形成剧烈波动的气水混合物，将使横干管折弯后的下行立管内流态更加紊乱。如果下行主立管顶端不设置伸顶通气管泄出空气，而仍接入排水横支管，则使排水横支管内空气受压呈正压状态，臭气将可能通过卫生洁具外溢入户内。而目前常用的塑料管材的低摩阻、高流速特性加剧了排水管道内气压的变化。

在过去以多层建筑物为主且多选用排水铸铁管的情况下，对排水管道内气体的快速导流并不显得特别重要。随着建筑物体量越来越大，楼层越来越高，人们对居住环境的要求也越来越高，在设计中充分考虑排水管道中污秽气体的快速导流外排，防止臭气入户将非常重要。

2. 生活给水泵吸水喇叭口设置

高层建筑物内市政给水管网无法直接供水的楼层，需由建筑物自设泵房加压供水，满足用户的使用要求。

目前，合肥地区采取住宅小区内生活供水网由建筑设计单位完成设计，建设方投资建设，最终交由自来水公司管理的模式。自来水公司在设计图纸审阅时，侧重于管道及设备材质、安装空间及为降低运行成本要求的水泵配组。而对许多设计图纸中出现的水泵吸水喇叭口设置不当，将直接导致管网内空气含量过高，从而引起水表异动及压力不稳等情况重视不足。设计人员在处理此部分细节时也较为马虎。

《建筑给水排水规范》第3.8.6条及第3.8.7条规定均是为防止水泵进水流态紊乱而制定的。平稳的进水是水泵正常工作的前提。小区内生活泵房常设置在地下车库内，车库层高常在3.5～5米。在保证水箱上下部检修高度及考虑水箱维修清理的安全性前提下，水箱高度一般定为2～2.5米，实际有效水深并不大。生活泵较消防泵而言，各项参数均较小，许多设计人员在设计布置生活水泵吸水喇叭口时较为随意。喇叭口直接安装在水平吸水管管端，喇叭口垂直于箱底。加之水箱有效水深较小，用水高峰时，随着水位下降极易产生旋涡流，将大量空气卷入水中吸入水泵。流态紊乱的含气水流进入水泵直接影响设备出水压力的稳定。笔者曾遇到此类工程实例，一栋高层办公楼由于二次加压设备出口压力较高，同时水泵吸水喇叭口设置不当，在使用过程中经常发生高速带气水流从出水龙头(包括大便器的自闭式冲洗阀)喷射而出，给用户使用造成精神压力。

尽量减少二次供水网中空气含量，对提高使用舒适度起着重要作用。首先吸水管口应设置向下的喇叭口，其次在水箱有效深度无法大幅度增加的情况下，可在喇叭口小口端设置"防旋罩"，减少旋涡流产生。还可以对水箱做适当改造，利用水箱下部的抬高空间，在水箱内做出1000×1000×500吸水坑供吸水喇叭口安装，可提高水箱有效水深。

3. 其他

在设计图纸中还出现一些由于设计人员对规范条文制定原因了解不透彻而造成的错误。

对于临时消防系统中泄压阀的设置很随意。无论系统工作压力大小均设置泄压阀。无谓管件的设置增加系统漏点，有害而无益。而确定的泄压值则高出系统工作压力达几十米水柱，也完全失去保护超压管网的作用。泄压值比系统工作压力高3～5米水柱即可。

在设计地下车库自动喷水灭火系统时，有些设计人员常常简单说明要求在宽度大于1.2米风管下增设喷头，对此类喷头完全无平面设计。如果简单按照风管上部喷头位置增设风管下喷头，则无法满足规范对喷头间距的一些基本要求。因此设计中应对风管下增设喷头的布置做详细设计。

4. 结论

设计的最终目的是为投资者提供经济合理的设计产品，为使用者提供舒适安全的使用产品。在执行规范条文时应究其所以才能更好地理解规范。而对规范的正确理解、严格执行是优秀设计的根基。

参考文献

[1] 钱维生．高层建筑给水排水工程．上海：同济大学出版社．
[2]《建筑给水排水规范》GB50015—2003. 北京：中国计划出版社，2003.
[3] 全国民用建筑工程设计技术措施—给水排水．

作者简介：陈炜，女，安徽寰宇建筑设计院工程师，注册公用设备工程师，从事建筑给排水设计工作。

高强钢绞线网—聚合物砂浆加固技术探讨

苑　藜
(合肥市市政设计院有限公司　安徽合肥　230001)

摘　要:高强钢绞线网—聚合物砂浆加固法是一种新型的加固工艺,本文重点阐述高强钢绞线网—聚合物砂浆这一新型加固技术的原理、材料性能、特点及加固设计方法,并将其与其他传统加固方法进行比较,从而凸显该加固技术的优越性。

0. 引言

高强钢绞线网—聚合物砂浆加固方法首先由韩国开始研究和应用,近几年引进我国。高强钢绞线网是由高强钢绞线编织成的钢绞线网,强度高、运输和施工方便,聚合物砂浆为无机材料,不含有机溶剂,无有害挥发性气体,属"绿色"材料,与混凝土材料黏结性能良好,耐久、耐高温。这些材料的生产全部在现代化工厂完成,然后运送到施工现场进行加固施工[1]。该技术在我国立交桥和工业与民用建筑加固改造工程中多次使用,如表1所示[2]。

表1　高强钢绞线网—聚合物砂浆加固技术的工程应用情况

工程名称	加固技术
北京方兴宾馆办公楼	楼板抗弯
石油勘探院办公大楼	梁抗剪、抗弯
中国美术馆	楼板抗弯
沧县东关大桥加固工程	梁抗剪、抗弯
北京三元桥加固工程	梁抗剪、抗弯
山东某招待中心大楼	梁、柱、砖墙
郑成功纪念馆办公大楼	砖墙、梁、板

1. 高强钢绞线网—聚合物砂浆加固技术原理

高强钢绞线网—聚合物砂浆加固技术需要将被加固构件进行界面处理,然后将钢绞线网片敷设于被加固构件的受拉区域,再在其表面涂抹聚合物砂浆,见图1。

在加固结构层中钢绞线是受力的主体,在加固后的结构中发挥其高于普通钢筋的抗拉强度;聚合物砂浆有良好的渗透性、黏结强度和密实性,它一方面起保护钢绞线网片的作用,同时将其黏结在原结构上形成整体,使钢绞线网片在任一截面上与原结构变形协调。在结构受力时,通过原构件与加固层的共同工作,可以有效提高其刚度和承载能力。

该加固技术的主要工序是:加固处混凝土表面处理→按加固方式布置钢绞线网→张拉紧并用特制的锚固钉固定→在加固部位涂刷界面剂,以保证加固砂浆与原混凝土有良好的黏结→在钢绞线网外层抹聚合物砂浆,砂浆的厚度一般为20～40mm。

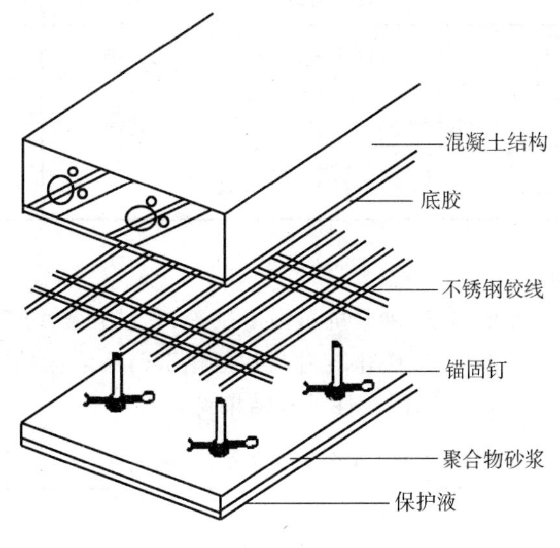

图 1 加固结构剖面图

2. 材料性能研究

2.1 钢绞线的力学性能

韩国不锈钢绞线有三种直径，钢绞线均为 7×7 钢丝组成，钢绞线网成品规格为 30m 长、1m 宽，如图 2 所示。韩国汉城产业大学金成勋教授等进行了不锈钢绞线抗拉强度试验，试验得到的抗拉强度、弹性模量等结果见表 2[3]。目前，中国建筑科学研究院抗震研究所对高强钢绞线网—聚合物砂浆加固技术的材料进行了国产化的开发研究，目前所用钢绞线为镀锌钢丝绳，其型号为 6×7＋IWS，由 6×7 钢丝组成，其相关力学性能指标见表 3[4]。

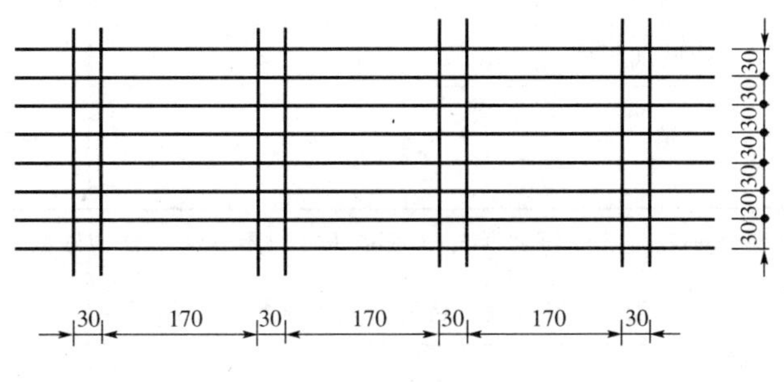

图 2 钢绞线网片示意图

表 2 高强不锈钢绞线性能试验结果

序号	钢绞线直径 (mm)	公称面积 (mm^2)	最大抗拉强度 (N/mm^2)	延伸率 (%)	弹性模量 (N/mm^2)	重量 (kg/100m)
1	ϕ2.4	2.93	1704.7	1.6	1.05×10^5	2.38
2	ϕ3.2	5.20	1653.8	1.7	1.16×10^5	4.17
3	ϕ4.8	11.66	1405.7	—	1.26×10^5	9.23

表 3 镀锌钢丝绳力学性能指标

钢绞线直径(mm)	公称面积(mm^2)	最大抗拉强度(N/mm^2)	延伸率(%)	弹性模量(N/mm^2)	重量(kg/100m)
ϕ3.05	4.68	1641.0	—	1.34×10^5	3.83

2.2 聚合物砂浆的性能

渗透性聚合物砂浆的力学性能包括:砂浆抗压强度试验、黏结强度、抗弯强度、热膨胀系数等;耐久性试验内容有:透水性、氯离子的渗透、抗碳化能力及其他化学药品溶液的阻抗性试验等。渗透性聚合物砂浆力学性能试验结果见表 4 和表 5;耐久性试验结果见表 6[4]。

表 4 渗透性聚合物砂浆力学性能试验结果

时 间(d)	1	3	7	28
抗压强度(N/mm^2)	9.8	24.3	37.3	43.4
黏贴强度(N/mm^2)	—	—	2.8	3.1
抗弯强度(N/mm^2)	—	—	8.0	13.6

表 5 渗透性聚合物砂浆与普通砂浆力学性能比较

力学特性 \ 砂浆划分		普通砂浆	聚合物砂浆	MS—504
抗压强度(N/mm^2)		31.7	42.0	41.4
黏贴强度(N/mm^2)	混凝土两层	1.4	3.1	1.85
	钢绞线网加固后	1.1	2.7	—
热膨胀系数(℃)		9.8×10^{-6}	10.2×10^{-6}	—

注:MS—504 为中国建筑科学研究院抗震研究所自行研究开发的渗透性聚合物砂浆。

表 6 渗透性聚合物砂浆耐久性试验结果

耐久性 \ 砂浆划分		普通砂浆	聚合物砂浆
透水阻抗性(cm/s)	7d	2.64×10^{-6}	1.01×10^{-6}
	28d	4.23×10^{-6}	1.54×10^{-6}
氯离子渗透试验(coulombs)		4100	340
碳化深度试验(mm)	28d	9	3
	60d	18	7
化学药品阻抗性(%)	5% H_2SO_4	63	86
	10% Na_2SO_4	97	100
	10% $CaCl_2$	96	99

渗透性聚合物砂浆在工厂生产、包装，在工地现场按比例混合、搅拌均匀。通过上述表格可见聚合物砂浆具有下列特点：

(1)该材料强度比一般混凝土的要高，并且早期强度增长快；

(2)由于该材料具有渗透性，即使不使用底漆，与原混凝土结构的黏结性能也很好，如使用界面剂，黏结强度还会提高；

(3)收缩性小，因此基本不会产生收缩裂缝；

(4)密实度高，二氧化碳的透过性差，可以延缓混凝土的碳化；

(5)抗氯化物的渗透性好，可以防止内部钢筋的腐蚀；

(6)力学性质与混凝土相近，长期黏结性能很好；

(7)冻结溶解及耐久性很好；

(8)耐其他化学药品的阻抗性很好；

(9)该砂浆材料无毒，对人体无害。

3. 高强钢绞线网—聚合物砂浆加固技术特点

3.1 试验研究结论

清华大学结构工程研究所和中国建筑科学研究院抗震研究所对该项加固技术及高强钢绞线网和渗透性聚合物砂浆的加固效果分别进行了抗弯加固、抗剪加固、节点加固等多项试验研究。大量的试验结果表明：

(1)采用该技术加固的构件耐火、耐腐蚀、耐老化。由于渗透性聚合物砂浆为无机材料，它不存在如碳纤维加固、粘钢加固需要使用结构胶这样的有机加固材料的老化、耐高温性能差等问题，不锈钢绞线和镀锌钢丝绳也不存在粘钢加固中钢材腐蚀的问题。渗透性聚合物砂浆密实度高，抗碳化和抗侵蚀性介质能力强[1][4]。

(2)高强钢绞线强度高，其标准强度约为普通钢材的5倍，但其单位长度质量较小，因此加固后对结构自重增加很小。

(3)该技术易于大规模机械化施工，在结构加固的过程中不影响建筑的使用，对被加固的母体表面没有平整要求，节点处理方便，可以加固有缺陷或强度低的混凝土结构[4][5]。

(4)该技术用于抗弯加固时，不仅可以显著地提高承载力，而且可以显著地提高刚度，这是碳纤维加固所不可比的[6]。

(5)该技术加固性能可靠，解决了加固后的耐久性、抗火、耐高温性能等问题。

3.2 与其他加固技术比较

现在工程中常用的加固技术有下面几种：①加大截面加固法，②粘钢加固法，③粘贴碳纤维或玻璃纤维加固法。这几种技术各有优劣，现对这几种加固方法做个比较。

1. 加大截面加固法。其加固方法是通过加大构件的截面面积以提高构件承载能力和满足正常使用要求的方法，其间可辅以化学植筋锚固技术和免振混凝土技术。其方式有：外包柱、叠合梁、叠合板(主要针对混凝土构件)；夹板墙(主要针对砌体砖墙)。这种加固技术的优势较显著，具有适用范围广、施工技术要求低、工程造价低的特点；但是也有施工周期长，施工作业对周边环境干扰和污染较大，加固后构件几何尺寸和自重增加，影响建筑的美观和明显的减少建筑有效使用空间的缺点。

2. 粘钢加固法。该方法一般用于混凝土结构，是一种在构件表面粘贴钢板的加固方法。一般多用湿式施工工艺，即用结构胶将型钢或钢板粘贴到混凝土结构构件的表面来提高其承载和变形能力，常辅以化学锚栓技术。该技术也具有适用范围广的特点，被加固构件截面和自重增加不大，不影响建筑效果，且施工工期较短，对周边环境的干扰较小。但是这种加固方法的缺陷较多，如：建筑结构胶属高分子类建材易对室内环境造成污染；结构构件节点的加固处理不易实施；使用时不耐高温，且钢材表面需严格封闭或进行防腐、防火处理，施工费用和后期维护费用相对较高；施工工艺复杂，需专业施工单位进行；加固钢材截面存在应力、应变滞后等。

3. 粘贴碳纤维或玻璃纤维加固法。该加固法类似粘钢加固技术，只是用碳纤维或玻璃纤维片材和板材以及配套树脂替代钢材和结构胶，充分发挥其材料高强度、高弹模和可塑性强的特性。该方法的优势和粘钢法相同，但也存在易污染环境、不耐高温、费用高和工程验收可操作性不强的缺点[1]。

4. 加固设计方法

4.1　梁、板加固

在梁、板构件的受拉区固定钢绞线网片进行受弯加固时（见图3）钢绞线网片主线方向应与加固的受力方向一致。采用高强钢绞线网片对梁、板等混凝土构件进行受弯加固承载力计算时，除应符合现行国家规范关于钢筋混凝土构件正截面受弯承载力计算的基本假定外，还应考虑钢绞线的应力水平发挥系数和复合面层与原构件的共同工作系数。

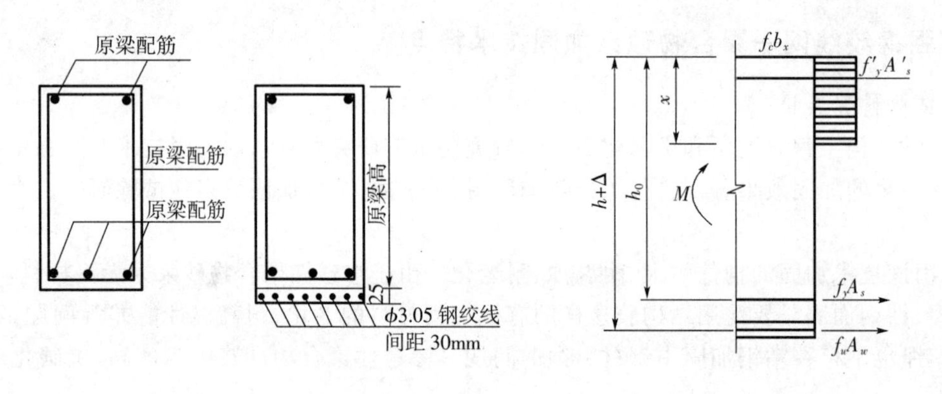

(a)加固前后梁截面示意图　　(b)梁截面应力分布图

图3　受拉区固定钢绞线网片受弯示意图

当钢绞线网片挂于两侧面受拉区进行受弯加固时，挂网区域宜在距离受拉区边缘1/4梁高范围内。进行受弯加固的构件，尚应验算其受剪承载力，避免受剪破坏先于受弯破坏发生。

当对梁、板正弯矩进行受弯加固时，钢绞线网片应延伸至支座边缘。在集中荷载作用点两侧宜设置构造钢绞线网片U型箍进行锚固。

对梁、板负弯矩区进行受弯加固时，钢绞线网片的截断位置距支座边缘的延伸长度，对板不小于1/4跨度，对梁不小于1/3跨度。

当钢绞线在框架梁负弯矩区进行受弯加固时，应采取可靠锚固措施与柱端或墙体连接[7]。

4.2　柱加固

加固柱所用钢绞线网片形式同梁板（见图4），采用挂网方法对柱进行抗震加固时，钢绞线网片主线受力方向应与柱轴向垂直。应优先采用封闭加固形式，也可采用U形加固。

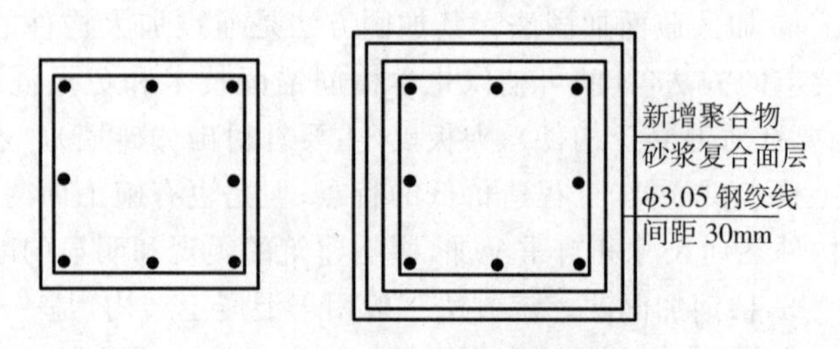

图4　加固前后柱截面示意图

当对柱进行抗震加固时，钢绞线网片在箍筋加密区宜连续布置。钢绞线网片两端应采用搭接或可靠连接措施形成封闭形式，各网片搭接位置应相互错开。

4.3 砖墙砌体加固

采用钢绞线网片对砖墙(见图 5)进行抗震加固时,钢绞线网片布置方向应按水平和竖直方向同时进行。

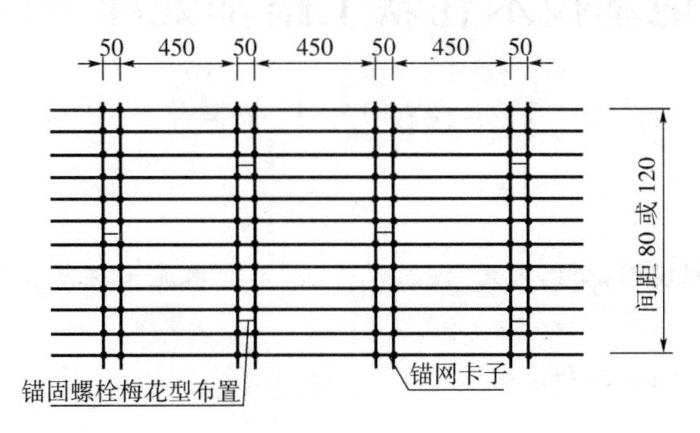

图 5 加固砖墙砌体钢绞线网片示意图

5. 结束语

通过上述对传统加固技术的比较和结合高强钢绞线网—聚合物砂浆加固技术的试验结果,可以看出高强钢绞线网—聚合物砂浆加固技术在工程应用中的优势,它不仅继承了传统加固技术的优点还弥补了它们的不足,是传统材料与现代科技的完美结合。从已实践的实际工程可以看出该加固技术的设计方法及施工工艺简便、快捷,也利于工程中程序化操作。在建筑业追求绿色环保的今天,该项加固技术的成功实践带给我们的不仅是可观的经济效益,更为我们创造了健康环保的人居环境。

参考文献

[1] 田新. 浅谈高强钢绞线网—聚合物砂浆加固技术[J]. 江苏建筑,2006 增刊:30－31.

[2] 曹忠民,李爱群,王亚勇. 高强钢绞线网—聚合物砂浆加固技术的研究和应用[J]. 建筑技术,2007,38(6):415－418.

[3] 金成勋,金成秀. 高强不锈钢绞线网—聚合物砂浆加固钢筋混凝土板的延性评估[D]. 北京:清华大学出版社,2000.

[4] 韩继云,李浩军. 钢绞线网和聚合物砂浆加固技术及工程应用[J]. 工程质量,2006,(5):20－23.

[5] 曹忠民,李爱群,王亚勇等. 高强钢绞线网—聚合物砂浆复合面层加固震损梁柱节点的试验研究[J]. 工程抗震与加固改造,2005,27(6):45－50.

[6] 聂建国,王寒冰,张天申等. 高强不锈钢绞线网—渗透性聚合物砂浆抗弯加固的试验研究[J]. 建筑结构学报,2005,26(2):1－9.

[7] 姚秋来,王忠海,王亚勇等. 高强钢绞线网片—聚合物砂浆复合面层加固技术——新型“绿色”加固技术[J]. 工程质量,2005,(12):17－20.

复合地基技术在软土路基处理中的应用

吴 祯
（合肥市市政设计院有限公司 安徽合肥 230001）

摘 要：本文通过工程实例，介绍采用“深层搅拌法”形成水泥土桩复合地基处理软土路基的设计、施工及检测结果。

关键词：复合地基；设计；施工和检测

1. 概述

近年来，复合地基技术在我国工程建设中得到广泛应用，国内土木工程界不仅仅注意从实际工程出发合理地采用此项技术，而且从理论上对复合地基技术进行研究，形成了复合地基的作用机理、地基承载力和沉降计算等一系列新的理论，对工程实践起到了很好的指导作用。本文结合工程实践，介绍采用“深层搅拌法”形成水泥桩复合地基处理软土地基的设计、施工的情况和工程的检测结果，并对复合地基技术的运用提出一些粗浅的看法。

2. 复合地基的设计与施工

2.1 工程概况

安徽省池州市九华山大道是一条城市主干道，该路连接池州市新、老城区，交通量大，重型车辆多，而且整条路的大部分路基均在圩区内，场地土为广泛的淤泥质软土地基。该路的建设完全为了满足城市发展的要求，在原先 10 米宽的老路基上，两侧进行加宽、加高，形成路幅为 60 米宽的城市主干道。其中机动车道宽为 22.5 米。对于机动车道的路基进行技术处理是本工程设计的核心内容之一。

2.2 工程地质情况及存在的问题

根据岩土工程勘察报告揭示，建设场地土分层如下：

第①层：素填土，厚 0.70～4.10m、黄褐色、松散～稍密、稍湿～湿，$f_{ak}=70$kPa。

第②层：黏土，厚 0.20～3.00m，（大部分路段缺失，此层原先有老路基，仅 10 米宽）。$f_{ak}=110$kPa，$Es=4.5$MPa。

第③层：淤泥质粉质黏土，厚 2.70～19.80m、灰黑色、流塑状，$f_{ak}=70$kPa，$Es=3.4$MPa。

第④层：砾砂浑圆砾，厚 0.30～6.40m、青灰色、中密状，混较多圆砾，角砾及中、粗砂。$f_{ak}=300$kPa，$Es=15.2$MPa。

第⑤层：黏土浑圆砾，厚 0.40～5.90m、灰黄色、硬塑，混较多圆砾，含少量灰白色高岭土。$f_{ak}=320$kPa，$Es=16.4$MPa。

从岩土工程地质勘察报告反映：整条道路路基均处于软土地基区域，且软土厚度较深。因为建设年代的不同，老路基经过数年的固结和沉降基本已经稳定。如果对新填路基不进行处理，不控制其沉降，那么必将导致不均匀沉降的产生，在 22.5 米的机动车道范围内新填土路基将发生严重变形，使路面结构破坏。因此，本项目的设计重点就是要控制不均匀沉降，保证新填路基和机动车道及有关城市管线的安全。

2.3 设计与施工

根据建设场地的地质条件和存在的问题，通过技术、经济等多方面综合比较，设计确定采用"深层搅拌法"形成水泥桩复合地基加固软土路基。

其中：桩径 $\phi=500\text{mm}$，桩长 $l=15.0\text{m}$，采用桩距为 $1.5\text{m}\times1.3\text{m}$ 的梅花桩布置，搅拌桩面积置换率 m 设计采用 10%～12%，桩身无侧限抗压强度(28 天)大于 0.9MPa。

根据公式：
$$R_a=\mu_P\sum_{i=1}^{n}q_{si}l_i+\alpha q_p+A_P \tag{1}$$

$$R_a=nf_{cu}A_P \tag{2}$$

(1) 和(2) 中取其中较小值，求得设计值 $R_a\geqslant80\text{kN}$

根据公式：
$$f_{sp\cdot k}=m\frac{R_a}{A_P}+\beta(1-m)f_{s\cdot p}$$

求得复合地基承载力 $f_{sp\cdot k}\geqslant120\text{kPa}$

根据现场地质条件，采用干法施工。在施工时要求施工单位必须是专业施工队伍，应具有专门的施工设备。施工按照设计要求：首先进行试桩、试喷；针对本工程的特点，粉喷桩处理深度达到 15m，应当提供大功率的空气压缩机(一般为 $3\text{m}^3/\text{min}$ 空压机)。规定搅拌头每旋转一周其提升高度小于 15mm。同时配置自动记录喷粉量的水泥粉体计量装置及搅拌深度自动记录仪。在距桩顶高程 5m 处，再复喷、复搅一次，形成桩体。

其施工流程为：就位—钻进—提升—复搅—成桩。

3. 复合地基的检测

为检验施工完成后复合地基的结果，安徽省建设工程勘察设计院抗震测试研究所对水泥搅拌桩复合地基进行了检测。其中主要进行三项试验：第一，单桩载荷试验 20 组；第二，复合地基载荷试验 20 组；第三，低应变检测桩身质量 1500 根。

3.1 单桩竖向抗压静载荷试验

本次试验加载装置采用 30 吨试验系统，加载能力大于 300kN。根据规范要求对单桩进行加载，加载分级表如表 1：

表 1 单桩竖向抗压静载试验加载分级表

序 号	1	2	3	4	5	6	7	8	9	……
荷载(kN)	40	60	80	100	120	140	160	180	200	……

荷载测量采用联结千斤顶的压力表测定油压，沉降量采用 50mm 大量程位移计安置在桩顶，加载过程中测读下沉量。

当出现下列情况之一时，终止加载：

某级荷载作用下，桩顶沉降量大于前一级荷载沉降量的 5 倍；

某级荷载作用下，桩顶沉降量大于前一级荷载沉降量的 2 倍，且 24 小时尚未达到相对稳定标准；

已达到设计要求的最大加载量。

当荷载、沉降曲线呈缓变型时，可加载至桩顶总沉降量 60～80mm。在特殊情况下，可根据具体要求加载到桩顶累计沉降量超过 80mm。

试验结果见表 2：

表 2 单桩竖向抗压静载试验结果一览表

桩 号	最大加载量(kN)	最大沉降量(mm)	单桩承载力特征值(kN)
1#	180	1.77	90
2#	180	1.68	90
3#	160	2.33	80
4#	180	2.81	90
5#	180	3.22	90
6#	160	1.62	80
7#	180	1.88	90
8#	160	2.58	80
9#	180	2.23	90
10#	180	3.39	90
11#	160	8.87	80
12#	160	6.44	80
13#	160	4.16	80
14#	160	7.95	80
15#	180	4.00	90
16#	180	4.17	90
17#	160	6.95	80
18#	160	7.02	80
19#	160	7.03	80
20#	160	7.06	80

从表 2 中分析，取 20 根单桩竖向承载力最大试验值的平均值作为单桩承载力的统计值，即为 169kN。单位工程同一条件下的单桩竖向抗压承载力特征值按单桩极限承载力统计值的一半取值，即 $R_a=84.5\mathrm{kN}$。

单桩竖向静载试验典型 Q—S 曲线(图 1)，S—lg$t$ 曲线(图 1)附后。

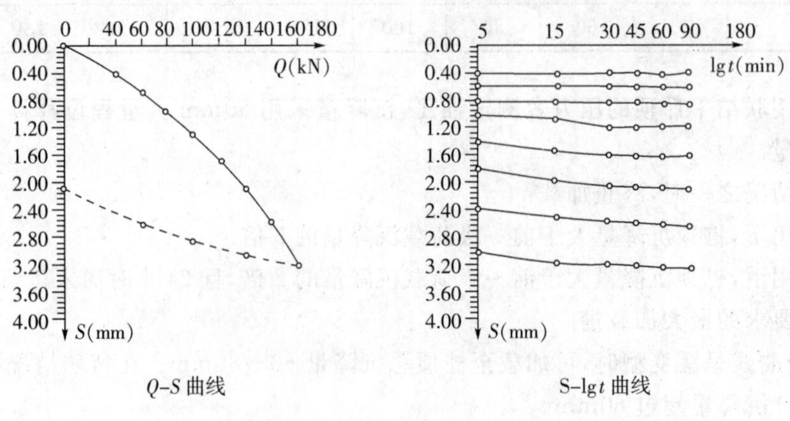

Q-S 曲线 S-lgt 曲线

图 1

3.2　复合地基载荷试验：

复合地基载荷试验用于测定承压板下应力主要影响范围内复合土层的承载力。承压板采用1400mm×1400mm的方形板，面积为1.96m^2，与一根桩承担的处理面积一致，并将桩头破到设计标高。以桩为中心开挖一尺寸为2.2m×2.2m的试坑，承压板底面下先铺200mm的碎石层，再铺50mm的粗砂，基准梁的支点设在试坑之外，桩中心与承压板中心保持一致，并与荷载作用点相重合。在试验前采取一定的措施，防止试验场地地基土含水量变化或地基处扰动，以免影响试验的结果。

根据设计要求，采用10级加载等级，加载分级情况见表3：

表3　复合地基载荷试验加载分级表

分级	1	2	3	4	5	6	7	8	9	10
荷载(kPa)	60	90	120	150	180	210	240	270	300	……

荷载测量的方式和设备与单桩载荷相同。每加一级荷载前后均应各读记承压板沉降量一次，以后每半个小时读记一次。当一小时内沉降量小于0.1mm时，即可加下一级荷载。当出现下列现象之一时可终止试验：

沉降急剧增大，土被挤出或承压板周围出现明显的隆起；

承压板的累计沉降量已大于基宽度或直径的6%；

当达不到极限荷载，而最大加载压力大于设计要求值的2倍。

试验结果见表4：

表4　复合地基载荷试验结果一览表

桩号	最大加载量(kPa)	最大沉降量(mm)	单桩承载力特征值(kPa)
1#	300	8.77	150
2#	300	4.10	150
3#	300	8.51	150
4#	300	9.05	150
5#	300	4.73	150
6#	300	4.53	150
7#	300	3.71	150
8#	300	5.48	150
9#	300	2.33	150
10#	300	6.17	150
11#	300	9.32	150
12#	300	9.70	150
13#	300	7.96	150
14#	300	8.32	150
15#	300	6.48	150
16#	300	6.54	150
17#	300	8.32	150
18#	300	7.96	150
19#	300	7.92	150
20#	300	7.77	150

根据试验结果分析：试验取 20 点复合地基承载力最大试验值的平均值作为复合地基极限承载力统计值，即为 300kPa，单位工程同一条件下的复合地基承载力特征值按复合地基极限承载力统计值一半取值，即为 $f_{ak}=150$kPa。

复合地基静载试验典型 $P-S$ 曲线(图 2)、$S-\lg t$ 曲线(图 2)附后。

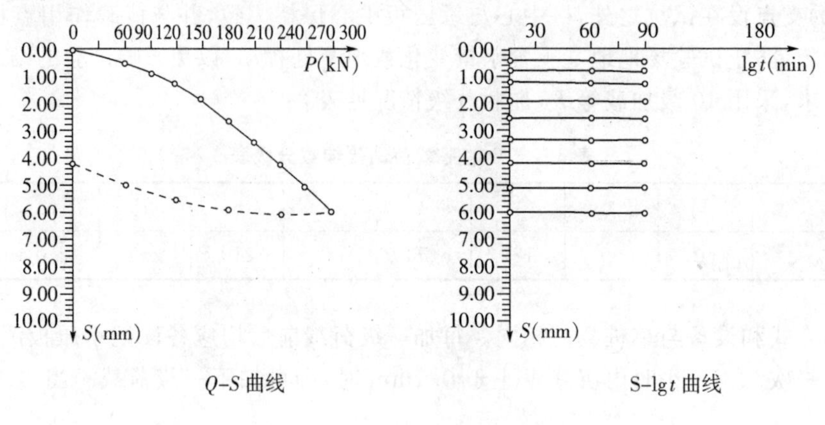

图 2

3.3 桩身完整性检测

采用反射波法进行桩身完整性检测。根据波动原理利用波在不同阻抗和不同约束条件下传播特性来判定桩身质量。本次检测的 1500 根基桩中，I 类桩 1440 根，II 类桩 60 根。桩身波速范围 1510～2460m/s，桩身平均波速 1980m/s。基桩完整性满足设计和规范要求。

表 5　单桩竖向静载试验

工程名称：池州九华山大道及配套工程粉喷桩					试验桩号：5#(33＋83.5－7)			
测试日期：2005－07－24			桩长：15m		桩径：500mm			
载荷(kN)	0	40	60	80	100	120	140	160	180
累计沉降(mm)	0.00	0.42	0.68	1.23	1.64	2.11	2.65	3.22	

表 6　复合地基静载试验结果

工程名称：池州九华山大道及配套工程粉喷桩					试验桩号：10#(37＋50.1－9)			
测试日期：2005－07－26			压板面积：1.96m²		置换率：10％			
载荷(kN)	0	60	90	120	150	180	210	270	300
累计沉降(mm)	0.00	0.44	0.83	1.31	1.93	2.61	3.43	5.19	6.17

4. 结论

从本次工程实践看，采用“深层搅拌法”形成水泥桩复合地基处理软土地基，控制不均匀沉降是成功的。理论计算、施工过程及检测效果反映的问题都比较好，满足设计与使用的要求。通过实践，笔者认为采用该法形成复合地基应当注意下列问题：

(1)从建设场地的条件出发，结合工程的使用功能，正确选择形成复合地基的技术方案；

(2)从现有的理论出发，在概念上、设计上把握住地基处理的要求和相关技术指标；

(3)必须强调专业施工，在施工过程中发现并调整出现的问题，修正和完善设计；

(4)采用一系列必要的手段检测、检验实际的处理效果,并不断地总结经验,发展和完善复合地基理论,提出更好的施工工法,改进施工设备和机器。

借此机会感谢参加设计工作的石贤增同志和建设、施工、监理、检测等有关单位的专家们。

参考文献

[1] 龚晓南．地基处理技术发展与展望．北京:中国水利水电出版社,知识产权出版社,2004.

[2] 龚晓南．复合地基设计和施工指南．北京:人民交通出版社,2003.

[3]《地基处理手册》编写委员会．地基处理手册．北京:中国建筑工业出版社,1998.

作者简介:吴祯:男,1963 年出生,1984 年毕业于同济大学结构工程系道桥专业。国家一级注册结构工程师,高级工程师。毕业至今,一直从事城市道路、桥梁等结构工程设计与研究,尤其擅长于软地基处理。完成各类工程设计近百余项。在国内重要刊物上已发表学术论文近十篇。

浅谈新农村住宅设计

应文浩　徐永德
（天长市规划建筑设计院）

摘　要：本文阐述了住宅对人们生活的重要意义和新农村住宅设计的基本原则、指导思想、特点，并从宏观上分析了新农村住宅设计和建设存在的问题以及做好新农村住宅设计的思路。

一、设计住宅就是设计生活

孟子曰："居可移气，养可移体，大哉居室。"其大意是说：摄取有营养的食品，可使一个人身体健康，而居所却足以改变一个人的气质。《三元经》云："地善即苗茂，宅吉即人荣。"《黄帝宅经》指出："凡人所居，无不在宅"。"故宅者，人之本。人以宅为家，居若安，即家代昌吉。"英国前首相丘吉尔也曾说过："人造房屋，房屋塑造人。"现实生活的人，至少有三分之一以上的时间是在家中度过，作为人生四大要素（衣食住行）之一的住宅，与人类有着极其密切的关系，它是人类赖以生存的最基本条件之一，也是人类关心的永恒话题。住宅即生活。有什么样的人，就有什么样的生活；有什么样的生活，就有什么样的住宅。住宅作为人类日常生活的物质载体，为生活提供了必要的客观环境，与千家万户息息相关。住宅的设计直接影响到人的生理和心理需求。住宅即生活，这一观点其实在某种程度上暗合了孟子的"居可移气"思想。

二、新农村住宅设计，规划先行

建设部提出农村整治的主要目标是："道路硬化、统一供水、房屋整洁、人畜分离，水冲厕所、沼气入户、环境优美、林果成荫、文明和睦。"新农村住宅区规划应该紧紧围绕这一目标展开。村镇规划建设的总体思路是：以全面建设小康社会和率先基本实现现代化为总目标，以体制创新为动力，以提高中心镇和试点村规划建设水平，整治农村环境脏乱差为重点，以建立健全村镇规划编制实施机制为突破口，加强政策引导和经验交流，全面推进村镇建设事业的健康发展。总之，新农村住宅区规划十分重要，要力争做到既有前瞻性，又能结合本村的实际情况。

三、新农村住宅设计的基本原则

新农村住宅，首先它属于住宅，所以建筑设计的基本原则（安全、适用、经济和美观）对农村住宅也是适合的。但其内涵侧重点是不同的：

1. 安全。除了满足强度、刚度、稳定性、耐久性外，更强调重视抗震、防灾、防盗。对于抗震，汶川大地震有过沉痛的教训，这里不再赘述。另外，农村建房往往不安装防护栏，防卫意识淡薄，致使盗贼轻易入室盗窃的案件屡屡发生，也应当引起高度重视。

2. 适用。应以满足农村不同层次农家生活和生产需要为依据，并具有一定的超前意识，满足可持续发展的需要。

3. 经济。对农村住宅，我们更强调的是因地制宜，就地取材。充分体现节约材料、节约用地、节约能源的"三节"原则。

4. 美观。在安全、适用、经济的前提下，对新农村住宅，更强调弘扬民族文化；与自然生态环境相协；具有地方特色或具有民族风俗和富有乡土气息的特征。

四、新农村住宅的设计指导思想

胡锦涛总书记指出：科学发展观，第一要义是发展，核心是以人为本，基本要求是全面协调可持续，根本方法是统筹兼顾。并在《在全党大力弘扬求真务实精神，大兴求真务实之风》、《在中央人口资源环境工作座谈会上的讲话》、《高举中国特色社会主义伟大旗帜，为夺取全面建设小康社会新胜利而奋斗》等重要讲话中还多次强调："要坚持以人为本"。

以现代新农村居民生活为核心的规划和设计思想，符合科学发展观的理论，体现了以人为本的思想，是新农村住宅设计指导思想中的首要问题。

第二，着力排除影响居住环境质量的功能空间。

第三，弘扬传统建筑文化，既继承又创新，既创新又保持地方特色。

第四，千方百计改进结构体系，做到运用灵活，轻隔方便，便于改造，满足可持续发展的需要。

第五，加强对新农村住宅室内装修的正确引导，提倡自然、简洁、温馨、高雅、安全、舒适、有利身心健康和节约空间的居住环境。尽可能减少华而不实、盲目攀比、侵占室内空间较多、破坏原有建筑结构和使用有毒有害建材的现象发生。

五、新农村住宅的特点

新农村住宅是以农村家庭为单位，聚居住生活和生产活动于一体，并能够满足可持续发展需要的实用性住宅。它不是城市住宅、洋房，更区别于别墅。

新农村住宅有以下特点：

1. 使用功能的双重性：生活和生产。
2. 持续发展的适应性：便于改造。
3. 服务对象的多变性：不同区域生活习惯不同。
4. 建筑技术的复杂性：功能复杂，资金缺乏，同时受自然环境和当地文化影响较多。
5. 乡土文化、地方特色的独特性：应考虑历史文化、地方文化和乡土文化等诸多因素。

六、当前新农村住宅设计和建设存在的问题

新农村住宅建设存在重住宅轻环境、重面积轻质量、重房子轻设施、重现实轻科技、重近期轻远期、重现代轻传统和重建设轻管理的现象，其普遍存在问题可概括为：一是设计理念陈旧，二是建筑材料原始，三是建筑技术落后，四是组织管理不善。其中首要问题是设计理念陈旧。影响农村住宅设计水平提高的主要因素有：

1. 多种渠道的宣传误导。不少地方在农村把用资金和各种支持扶持起来的"小康住宅区"、"洋房"、"别墅"等政绩工程作为典型，向其他农村地区推广，脱离农村实际。

2. 设计人员压力大。有的地方领导不懂规范也不学管理，甚至不遵守法律法规，凭自己的需要和愿望办事。在这种高压下规划、设计人员常常变成贯彻长官意志的制图员或赶进度的绘图机。

3. 设计队伍鱼目混杂：(1)设计市场化，导致某些设计单位，一切以效益为重，以业主和地方长官意志为重。(2)从业人员忽视应尽的职责和基本的职业道德，脱离"以人为本"的指导思想。(3)县级设计队伍里建筑专业人员严重缺乏，加上收费低等因素形成恶性循环。

4. 先期调查研究工作投入不够。虽然不少地方政府、领导也很重视农村的住宅设计和建设，但就从整体来看，依然缺乏实质性投入和符合实际的相关政策和措施，其结果是收效甚微。究其原因主要可概括为以下几点：(1)缺乏专门从事农村住宅设计研究的人才队伍。由于农村条件差，设计市场效益低，所以很难吸引人才专门研究农村设计。很多设计任务和设计竞赛都是根据行政命令下达的，不少设计人员未进行深入调查研究，仅根据个人的理解去匆忙应付，提交成果。

(2)一些从事农村住宅设计的人员认识上有误区。一是认为新农村住宅既然有一个“新”字，就和小康住宅、城市住宅无异了。二是认为农村群众文化知识水平低，自己比群众聪明，不愿深入基层，习惯伏于院所进行研究，其成果自然很难指导农村住宅的建设。

(3)某些设计竞赛是为竞赛而竞赛。一是竞赛期限短、任务急，即使想去搞调研，也没足够时间去安排，更谈不上让公众去参与。二是评委绝大多数是研究城市建筑的，评奖结果难免有偏差。

(4)缺乏系统的总结和广泛深入的讨论。

七、把握新农村生活的脉搏设计好农民的家园

我国政府提出城乡一体化，建立和谐社会的目标。专业人员应该首先树立起重视农村住宅规划和设计的观念，无论是建筑师、规划师，还是其他专业人员，都应积极投入到新农村规划和设计的研究工作中去，以饱满的热情将自己的知识与广大农民群众的实际生活融为一体，不断改进设计方法。防止出现五“只”现象：只用城市的生活方式来设计农村的生活方式，只用现在的观念进行设计，只用以“我”为本的观点来进行设计，只用简陋的技术进行设计，只用模式化进行设计。总之，只有不断更新理念，把握农村生活的脉搏，才能真正做好新农村住宅的设计。

参考文献

[1] 科学发展观重要论述摘编[M]. 北京：中央文献出版社、党建读物出版社，2008.
[2] 张万方. 中国新农村规划建设简明实用教程[M]. 北京：中国建筑工业出版社，2008.
[3] 骆中钊，王学军，周彦. 新农村住宅设计与营造[M]. 北京：中国林业出版社，2008.
[4] 骆中钊，张惠芳，宋煜. 新农村住宅设计理念[M]. 北京：中国社会出版社，2008.

作者简介：应文浩(1965—)，男，国家二级注册结构师，国家注册监理师，国家注册咨询师，国家一级注册建造师，曾在国家级、省级刊物发表专业论文十多篇，现任天长市规划建筑设计院院长。

TEQC 测量环境测试分析

王保国
(蚌埠市勘测设计研究院　安徽蚌埠　233000)

摘　要:随着 GPS 在测量及相关行业的应用,全球定位系统的作用日渐明显。为了更好地利用现有资源,众多单位部门建立了自己的 GPS 参考站以提高作业效率,节约成本。在建立基准站过程中,基准站站址选定至关重要,本文介绍了 TEQC(Translation,Editing and Quality Checking)在环境测试中的应用,讨论分析了各基站的观测条件。分析结果可有效地帮助相关工作者选择基准站建站位置。

关键词:TEQC;GPS 基准站;环境测试;Trimble GPS

1. 引言

经过近二十年的发展,GPS 已获得测量界的认可,成为测量及其相关工作中一种重要技术方法与手段。为了更好地了利用 GPS 资料,近年来全国部分省市建立了自己的 GPS 参考站网络或单基站。在建立基准站之时,基准站的选址是相当重要的一个环节,它很大程度上会影响基准站运行效果。本文将利用 Trimble GPS 采集的数据通过 TEQC(Translation,Editing and Quality Checking)软件进行数据分析,以介绍如何进行 GPS 测量环境测试分析,从而实现基准站的合理选址。

2. TEQC

TEQC 是 UNAVCO Facility 研制的 GPS 预处理软件,广泛地用于监测站数据管理。其主要功能包括格式转换、数据编辑以及质量检核。通过 TEQC 可编辑 RINEX 头文件、分割及合并 RINEX 文件,删减观测值类型及卫星;同时 TEQC 支持不同厂家多种格式 GPS 数据的转换,以生成统一的标准 RINEX 格式;质量检核方面 TEQC 可根据观测文件反映 GPS 数据的有效观测、电离层延迟、多路径效应、接收机周跳、卫星信号信噪比等信息。

多路径效应和数据完备性是本次测试分析的主要参考指标。多路径效应可通过以下公式计算:

$$Mp_1=P_1-[1+2/(a-1)]L_1+[2/(a-1)]L_2=M_1+B_1-[1+2/(a-1)]m_1+[2/(a-1)]m_2 \quad (1)$$

$$Mp_2=[P_2-2a/(a-1)]L_1+[2a/(a-1)-1]L_2=M_2+B_2-2a/(a-1)m_1+[2a/(a-1)-1]m_2 \quad (2)$$

$$B_1=-[1+2/(a-1)]n_1\lambda_1+2/(a-1)n_2\lambda_2$$

$$B_2=-2a/(a-1)n_2\lambda_1+[2a/(a-1)-1]n_2\lambda_2$$

$$a=f_1{}^2/f_2{}^2$$

式中,P_1、P_2是双频伪距观测值,L_1、L_2是双频载波相位观测值,M_1、M_2是双频伪距的多路径效应,m_1、m_2是双频载波相位观测值的多路径效应,n_1、n_2是整周模糊度,f_1、f_2是频率,λ_1、λ_2是波长。

3. 数据采集及数据预处理

3.1　数据采集

本文实验数据分别取某省 A、B、C、D、E 五个基站,选择了不同的观测条件以对数据结果进行分析比较。

本次观测采用的是 Trimble NetRS GPS 接收机，该接收机是专为高精度监测应用的连续参考站而设计的。以 IP 为主要通信标准可使该接收机实现完全的远程操作，保证了观测过程的实时监控。

3.2　格式转换

数据采集完毕，首先通过 TEQC 将观测文件转换为 RINEX 文件，同时检查因人工失误及断电造成的无效观测，并将其删除。通过 TEQC 的编辑功能分割文件，生成有效观测文件。

```
> teqc-tr d [filename]. dat > [filename1]. yyo
> teqc-st [start_time] - e [end_time] [filename1]. yyo >[filename2]. yyo
```

3.3　批处理文件的制作

TEQC 支持 dos，cmd 及 unix 操作平台，为了操作方便，我们编写了相应的批处理文件进行 GPS 数据的预处理。本次测试采用的平台是 Cygwin，Cygwin 是 Window 下模拟 UNIX 的虚拟平台，故批处理脚本文件采用 Bash 文件。Bash 文件内容如下：

```
> teqc +qc . /directory1/[filename2]. yyo >. /directory/[name2]. txt
  teqc +qc /directory2/[filename3]. yyo > . /directory/[name3]. txt
……
```

3.4　预处理结果整理和编辑

为了有效地分析观测数据，本文用 FORTRAN 语言编写了相关程序以提取预处理结果中本次测试所关注的信息，提高了观测数据处理的效率。这些信息包括：开始时间、结束时间、观测历元总数、实际完好观测历元数、预计的观测值总数、删除观测值总数、完好观测值比例、MP_1 平均值、MP_2 平均值、小于截止高度角的观测值个数、各观测类型大于截止高度角但无观测值个数、低信噪比观测数等。

4. 数据结果分析

通过数据预处理及结果我们得到了基准站环境测试数据报告，本例中择取以下信息作为参考依据对观测条件进行分析：

从下表中可以发现，多路径效应除 B 站和 E 站外，MP 平均值都在 0.3 以下，B 站 MP_1 为 0.373079m，E 站 MP_2 为 0.326618m。以 B 站为例，通过 TEQC 测试发现 B 站 L_1 多路径大的主要原因是在卫星高度角在 5～10 度和 0～5 度范围内的多路径影响比较大，说明该站在低高度角范围内可能存在多路径误差源（如树木等）。如果除去 10 度以下的多路径影响，则 MP_1 的平均值为 0.29m。

E 站的完好观测值比例比较小，为 89.1%；大于截止高度角但无 L_1 和 L_2 观测值的历元数较多，分别为 1969 个和 14098 个，表明此站周围环境较差。经多次观测核实，认为 E 站不适合建立 GPS 基准站。

5. 结论

数据处理结果表明通过 TEQC 测试可对 GPS 观测数据的各项指标进行有效的检核，发现不利于 GPS 数据采集的各项因素。通过对 GPS 观测数据的处理分析，本文讨论分析了各候选基准站的观测条件。分析结果表明 B 站多路径效应明显，不适于建立 GPS 基准站。E 站数据完好性差，经多次实验发现该站址观测条件较差，应排除该站址。分析结果可帮助相关单位合理选择基准站建站位置，以有效地利用科研资源。

质量指标 \ 站名		A	B	C	D	E
仪器	仪器类型	Trimble NetRS	Trimble NetRS	Trimble NetRS	Trimble NetRS	Trimble NetRS
历元	观测历元总数	15477	43230	19000	55928	48142
	完好观测历元数	15301	43097	19000	55928	48142
观测值统计	预计的观测值总数＞0.00度	143396	493277	175615	628210	518027
	预计的观测值总数＞10.00度	121324	400880	148108	504536	415035
	接收到的伪距/相位观测值总数	137803	462712	157647	556494	411013
	删除观测值总数(任何原因)	18209	63732	10627	61977	41320
	完好观测值总数＞10.00度	119594	398980	147020	494517	369693
	删除观测值总数＞10.00度	60	65	779	5234	14098
	完好观测值比例	98.6	99.5	99.3	98	89.1
MP 及 *SN*	MP_1 平均值(m)	0.239018	0.373079	0.241437	0.259880	0.289283
	MP_2 平均值(m)	0.312114	0.310841	0.277380	0.297669	0.326618
观测值删除统计	小于截止高度角的观测值个数	18149	63667	9848	56743	27222
	大于截止高度角但无 L_1(个)	22	26	51	498	1969
	大于截止高度角但无 L_2(个)	60	65	779	5234	14098

参考文献

[1] 范士杰,郭际明,孔祥元. TEQC单点定位的系统性偏差分析[J]. 测绘科学,2007(04).

[2] 陈中新,奚长元. 应用TEQC对GPS连续参考站数据进行质量分析[J]. 全球定位系统,2007(03).

[3] 郭淑艳,付常玲,马娜. 应用TEQC软件对GPS载波相位数据进行质量分析[J]. 科技经济市场,2006(04).

作者简介:王保国(1979年9月),男,工程师,安徽淮北市人,2003年毕业于安徽理工大学,任蚌埠市勘测设计研究院高新区办事处主任。

建筑结构设计计算探讨

张王送
（铜陵房建工程设计有限责任公司）

摘　要：如何正确运用设计软件进行结构设计计算，以满足规范的要求，是每个设计人员都非常关心的问题。本文以SATWE软件为例，提出结构设计计算中应注意的相关问题，以供同行共同探讨。

关键词：建筑结构；设计计算；SATWE软件；计算参数；试算

前言

现行建筑结构设计在高度和难度上越来越复杂，而规范在结构可靠度、设计计算、配筋构造，特别是对抗震及结构的整体性、规则性的要求越来越严格，使结构设计不可能一次完成。如何正确运用设计软件进行结构设计计算，以满足规范的要求，是每个设计人员都非常关心的问题。本文以SATWE软件为例，提出结构设计计算中应注意的相关问题，以供同行共同探讨。

一、"多塔结构"与"分缝结构"的区别

1."塔"的概念。这里的塔是个工程概念，指的是四边都有迎风面且在水平荷载作用下可独自变形的建筑体部。多塔结构的定义：将多个塔建在同一个大底盘上，叫多塔结构。

对大底盘多塔结构，如果把裙房部分按塔的形式切开计算，则裙房部分误差较大，且各塔的相互影响无法考虑。因此，程序采用了分块平面内无限刚的假定以减少自由度，且同时考虑塔与塔的相互影响。对于多塔结构，各刚性楼板的信息程序自动定义，但其包含区域需由用户定义。对多塔结构应特别注意第一扭转周期与第一平动周期的周期比限值、最大平动位移比限值，目前程序计算结果不能直接采用，必须将多塔结构分开计算，方可判断两者的比值。

2. 分缝结构。在一个大的建筑体部里，因设伸缩缝、沉降缝、抗震缝，分成了若干小的建筑体部，叫分缝结构。分缝结构与多塔结构区别是四边中有的边不是迎风面。对分缝结构各块要分开计算。

二、"刚性楼板"与"弹性楼板"

1. 刚性楼板是指平面内假定为刚度无限大，内力计算时不考虑平面内外变形、与板厚无关，程序默认楼板为刚性楼板。

2. 弹性楼板。必须以房间为单元进行定义，与板厚有关，分以下三种情况：

弹性楼板6：程序真实考虑楼板平面内、外刚度对结构的影响，采用壳单元，原则上适用于所有结构。但采用弹性楼板6计算时，楼板和梁共同承担平面外弯矩，其结果是梁的配筋偏小，楼板承担的平面外弯矩计算配筋又未考虑，此外计算工作量大，因此该模型仅适用板柱结构。

弹性楼板3：程序设定楼板平面内刚度为无限大，而仅考虑平面外刚度对结构的影响，采用壳单元，因此该模型仅适用厚板结构。

弹性膜：程序真实考虑楼板平面内刚度，而假定平面外刚度为零。采用膜剪切单元，因此该模型适用钢楼板结构。弹性楼板仅适用于高层钢筋混凝土结构，不适用于多层钢筋混凝土结构及钢结构建筑。多层钢筋混凝土结构及钢结构建筑中存在有弹性楼板时，可近似地按开洞处理，但要注意人工将荷载分配到周边梁上。

三、整体计算参数的正确设定

计算开始以前，设计人员首先要根据规范的具体规定和软件手册对参数意义的描述，以及工程的实际情况，对软件初始参数和特殊构件进行正确设置。但有几个参数是关系到整体计算结果的，必须首先确定其合理取值，才能保证后续计算结果的正确性。这些参数包括振型组合数、最大地震力作用方向和结构基本周期等，在计算前很难估计，需要经过试算才能得到。

1. 振型组合数是软件在做抗震计算时考虑振型的数量。该值取值太小不能正确反映模型应当考虑的振型数量，使计算结果失真；取值太大，不仅浪费时间，还可能使计算结果发生畸变。《高层建筑混凝土结构技术规程》第 5.1.13－2 条规定，抗震计算时，宜考虑平面扭转耦联计算结构的扭转效应，振型数不宜小于 15，对多塔结构的振型数不应小于塔楼数量的 9 倍，且计算振型数应使振型参与质量不小于总质量的 90%。一般而言，振型数的多少取决于结构层数及结构自由度，当结构层数较多或结构层刚度突变较大时，振型数应当取得多些，如有弹性节点、多塔楼、转换层等结构形式。振型组合数是否取值合理，可以看软件计算书中的 x，y 向的有效质量系数是否大于 0.9。具体操作是：首先根据工程实际情况及设计经验预设一个振型数计算后考察有效质量系数是否大于 0.9，若小于 0.9，可逐步加大振型个数，直到 x，y 两个方向的有效质量系数都大于 0.9 为止。必须指出的是，结构的振型组合数并不是越大越好，其最大值不能超过结构的总自由度数。例如对采用刚性楼板假定的单塔结构，考虑扭转耦联作用时，其振型数不宜超过结构层数的 3 倍。如果选取的振型组合数已经增加到结构层数的 3 倍，其有效质量系数仍不能满足要求，也不能再增加振型数，而应认真分析原因，考虑结构方案是否合理。

2. 最大地震力作用方向是指地震沿着不同方向作用，结构地震反映的大小也各不相同，那么必然存在某个角度使得结构地震作用值最大，即为最不利地震作用方向。设计软件可以自动计算出最大地震力作用方向并在计算书中输出，设计人员如发现该角度绝对值大于 15 度，应将该数值回填到软件的“水平力与整体坐标夹角”选项里并重新计算，以体现最不利地震作用方向的影响。

3. 结构基本周期是计算风荷载的重要指标。设计人员如果不能事先知道其准确值，可以保留软件的缺省值，待计算后从计算书中读取其值，填入软件的“结构基本周期”选项，重新计算即可。

上述的计算目的是将这些对全局有控制作用的整体参数先行计算出来，正确设置，否则其后的计算结果与实际差别很大。

四、正确判断整体结构的合理性

整体结构的科学性和合理性是规范特别强调的内容。规范用于控制结构整体性的主要指标主要有：周期比、位移比、刚度比、层间受剪承载力之比、刚重比、剪重比等。

1. 周期比是控制结构扭转效应的重要指标。它的目的是使抗侧力构件的平面布置更有效、合理，使结构不至出现过大的扭转。也就是说，周期比不是要求结构的强度足够结实，而是要求结构承载布局合理。《高规》第 4.3.5 条对结构扭转为主的第一自振周期 T_t 与平动为主的第一自振周期 T_1 之比的要求给出了规定。如果周期比不满足规范的要求，说明该结构的扭转效应明显，设计人员需要增加结构周边构件的刚度，降低结构中间构件的刚度，以增大结构的整体抗扭刚度。软件通常不直接给出结构的周期比，需要设计人员根据计算书中周期值自行判定第一扭转（平动）周期。以下介绍实用周期比计算方法：(1)扭转周期与平动周期的判断。从计算书中找出所有扭转系数大于 0.5 的扭转周期，按周期值从大到小排列。同理，将所有平动系数大于 0.5 的平动周期值从大到小排列。(2)第一周期的判断。从列队中选出数值最大的扭转（平动）周期，查看软件的“结构整体空间振动简图”，看该周期值所对应振型的空间振动是否为整体振动，如果其仅仅引起局部振动，则不能作为第一扭转（平动）周期，要从队列中取出下一个周期进行考察，以此类推，直到选出不仅周期值较大而且其对应的振型为结构整体振动的值即为第一扭转（平动）周期。(3)周期比计算。将第一扭转周期值除以第一平动周期即可。

2. 位移比(层间位移比)是判断结构平面是否规则的重要指标。其限值在《抗规》和《高规》中均有明确的规定,不再赘述。需要指出的是,规范中规定的位移比限值是按刚性板假定作出的,如果在结构模型中设定了弹性楼板,则必须在软件参数设置时选择"对所有楼层强制采用刚性楼板假定",以便计算出正确的位移比。在位移比满足要求后,再去掉"对所有楼层强制采用刚性楼板假定"的选择,以弹性楼板设定进行后续配筋计算。此外,对选择偶然偏心,单向地震,双向地震下的位移比,设计人员应正确选用。

3. 刚度比是控制结构竖向是否规则的重要指标。根据《抗规》和《高规》的要求,软件提供了三种刚度比的计算方式,分别是剪切刚度、剪弯刚度和地震力与相应的层间位移比。正确认识这三种刚度比的计算方法和适用范围是刚度比计算的关键:(1)剪切刚度主要用于底部大空间为一层的转换结构及对地下室嵌固条件的判定;(2)剪弯刚度主要用于底部大空间为多层的转换结构;(3)地震力与层间位移比是执行《抗规》第 3.4.2 条和《高规》第 4.3.5 条的相关规定,通常绝大多数工程都可以用此法计算刚度比,这也是软件的缺省方式。

4. 层间受剪承载力之比也是控制结构竖向是否规则的重要指标。其限值可参考《抗规》和《高规》的有关规定。

5. 刚重比是结构刚度与重力荷载之比。它是控制结构整体稳定性的重要因素,也是影响重力二阶效应的主要参数。该值如果不满足要求,则可能引起结构失稳倒塌,应当引起设计人员的足够重视。

6. 剪重比是抗震设计中非常重要的参数。规范之所以规定剪重比,主要是因为长期作用下,地震影响系数下降较快,由此计算出来的水平地震作用下的结构效应可能太小。而对于长周期结构,地震动态作用下的地面加速度和位移可能对结构具有更大的破坏作用,但采用振型分解法时无法对此作出准确的计算。因此,出于安全考虑,规范规定了各楼层水平地震力的最小值,该值如果不满足要求,则说明结构有可能出现比较明显的薄弱部位,必须进行调整。除以上计算分析以外,设计软件还可以允许按照规范的要求对整体结构地震作用进行调整,如最小地震剪力调整、特殊结构地震作用下内力调整、$0.2Q_0$ 调整、强柱弱梁与强剪弱弯调整等等,因程序可以完成这些调整,就不再详述了。

五、结构构件的优化设计

结构构件的优化设计,前几步主要是对结构整体合理性的计算和调整,这一步则主要进行结构单个构件内力和配筋计算,包括梁、柱、剪力墙轴压比计算,构件截面优化设计等。

1. 软件对混凝土梁计算显示超筋信息有以下情况:(1)当梁的弯矩设计值 M 大于梁的极限承载弯矩 Mu 时,提示超筋;(2)规范对混凝土受压区高度限制:四级及非抗震:$\xi \leqslant \xi_b$ 二、三级:$\xi \leqslant 0.35$(计算时取 $A_S' = 0.3A_S$)一级:$\xi \leqslant 0.25$(计算时取 $A_S' = 0.5A_S$)当 ξ 不满足以上要求时,程序提示超筋;(3)《抗规》要求梁端纵向受拉钢筋的最大配筋率 2.5%,当大于此值时,提示超筋;(4)混凝土梁斜截面计算要满足最小截面的要求,如不满足则提示超筋。

2. 剪力墙超筋分三种情况:(1)剪力墙暗柱超筋。软件给出的暗柱最大配筋率是按照 4%控制的,而各规范均要求剪力墙主筋的配筋面积以边缘构件方式给出,没有最大配筋率。所以程序给出的剪力墙超筋是警告信息,设计人员可以酌情考虑;(2)剪力墙水平筋超筋则说明该结构抗剪不够,应予以调整;(3)剪力墙连梁超筋大多数情况下是在水平地震力作用下抗剪不够。规范中规定允许对剪力墙连梁刚度进行折减,折减后的剪力墙连梁在地震作用下基本上都会出现塑性变形,即连梁开裂。设计人员在进行剪力墙连梁设计时,还应考虑其配筋是否满足正常状态下极限承载力的要求。

3. 柱轴压比计算。柱轴压比的计算在《高规》和《抗规》中的规定并不完全一样,《抗规》第 6.3.7 条规定,计算轴压比的柱轴力设计值既包括地震组合,也包括非地震组合;而《高规》第 6.4.2 条规定,计算轴压比的柱轴力设计值仅考虑地震作用组合下的柱轴力。软件在计算柱轴压比时,当工程考虑地震作用,程序仅取地震作用组合下的柱轴力设计值计算;当该工程不考虑地震作用时,程序才取非地震作用组合下的柱轴力设计值计算。因此设计人员会发现,对于同一个工程,计算地震力和不计算地震力其柱轴压比结果会不一样。

4. 剪力墙轴压比计算。为了控制在地震力作用下结构的延性,《高规》和《抗规》对剪力墙均提出了轴压比的计算要求。需要指出的是,软件在计算短肢剪力墙轴压比时,是按单向计算的,这与《高规》中规定的短肢剪力墙轴压比按双向计算有所不同,设计人员可以酌情考虑。

5. 构件截面优化设计。计算结构不超筋,并不表示构件初始设置的截面和形状合理,设计人员还应进行构件优化设计,使构件在保证受力要求的条件下截面的大小和形状合理,并节省材料。但需要注意的是,在进行截面优化设计时,应以保证整体结构合理性为前提,因为构件截面的大小直接影响到结构的刚度,从而对整体结构的周期、位移、地震力等一系列参数产生影响,不可盲目减小构件截面尺寸,使结构整体安全性降低。

六、施工图设计阶段,还必须满足规范规定的抗震措施要求

《混凝土规范》、《高规》和《抗规》对结构的构造提出了非常详尽的规定,这些措施是很多震害调查和抗震设计经验的总结,也是保证结构安全的最后一道防线,设计人员不可麻痹大意。

1. 设计软件进行施工图配筋计算时,要求输入合理的归并系数、支座方式、钢筋选筋库等,如一次计算结果不满意,要进行多次试算和调整。

2. 生成施工图以前,要认真输入出图参数,如梁柱钢筋最小直径、框架顶角处配筋方式、梁挑耳形式、柱纵筋搭接方式、箍筋形式、钢筋放大系数等,以便生成符合要求的施工图。软件可以根据允许裂缝宽度自动选筋,还可以考虑支座宽度对裂缝宽度的影响。

3. 施工图生成以后,设计人员还应仔细验证各特殊或薄弱部位构件的最小纵筋直径、最小配筋率、最小配箍率、箍筋加密区长度、钢筋搭接锚固长度、配筋方式等是否满足规范规定的抗震措施要求。

4. 最后设计人员还应根据工程的实际情况,对计算机生成的配筋结果作合理性审核,如钢筋排数、直径、架构等,如不符合工程需要或不便于施工,还要做最后的调整计算。

参考文献

[1] 建筑抗震设计规范(GB50011—2001)2008年版.

[2] 高层建筑结构设计规范.

[3] PKPM软件说明. 赵兵讲义.

作者简介:张王送(1966—),男,铜陵房建工程设计有限公司总经理,高级工程师,国家一级注册结构工程师。

用科学发展观指导宿州城市规划设计

唐世进
（宿州市规划设计研究院）

摘　要：科学发展观理论的提出，要求城市规划设计要按照“五个统筹”要求进行。本文结合宿州规划设计情况，分析了宿州城市规划设计的现状和问题，提出必须用科学发展观指导宿州城市规划设计

一、城市规划理论的发展过程

城市规划是对城市化和城市发展的预测和设定，是一项集技术性、政策性、法规性之于一体的复杂的综合性工作。作为一门学科，城市规划虽然还没有形成完善、系统的学科体系，但在实践中对经济建设环境优化、城乡建设科学化、合理化、程序化等方面起着积极的推动作用。城市规划理论发展经历了以下几个重要的阶段：

19 世纪末英国社会活动家 E·霍华德关于城市规划的设想提出了“田园城市”的概念，对 20 世纪初以来对世界许多国家的城市规划有很大影响。法国建筑师勒·柯布西耶根据城市发展的历史和对巴黎市的调查研究，提出一个 300 万人口的“现代城市”设想方案。美国建筑师赖特提出的“广亩城市”认为城市应与周围的乡村结合在一起，平均每公顷居住 2.5 人，被称为城市分散主义，这种城市模式影响甚广。雅尼茨基提出的“生态城市”是指在生态系统承载能力范围内运用生态经济学原理和系统工程方法的高度统一和可持续发展。

1933 年现代建筑国际会议（简称 CIAM）通过了一项文件，即后来著名的“雅典宪章”，以“功能城市”为主题，提出了现代城市思潮的城市观念和规划方法。1977 年 12 月，一些城市规划设计师聚集于利马（LIMA），以雅典宪章为出发点进行了讨论，讨论时四种语言并用，提出了包含有若干要求和宣言的马丘比丘宪章，指出城市分区“牺牲了城市的有机构成”，强调“必须努力创造一个综合的多功能的环境”，指出“建筑－城市－园林绿化”的再统一是城乡统一的结果。

1992 年，在巴西里约热内卢举行的“联合国环境与发展大会”上通过了包括《21 世纪议程》在内的五项文件和条约，提出了全球可持续发展框架。

1992 年，我国著名科学家钱学森提出“山水城市”的构想（“山水城市”是指未来城市要建成一座超大型园林，城市范围有山有水，风景优美，城市结构符合生态学的要求，人类生活将融入自然，达到“天人合一”的境界）。

第 20 届世界建筑师大会 1999 年 5 月在北京通过《北京宪章》指出：未来由现在开始缔造，现在从历史中走来，我们总结昨天的经验与教训，剖析今天的问题与机遇，以期 21 世纪时能够更为自觉地把我们的星球——人类的家园——营建得更加美好、宜人。

二、规划研究现状和宿州所面临的城市规划问题

1. 基础理论

目前，我国城市规划界基础理论研究中的主流学术理论是吴良镛、周干峙等提出的人居环境科学理论体系。“人居环境科学”是一门以人类聚居（包括乡村、集镇、城市等）为研究对象，着重探讨人与环境之间的相互关系的科学。

2. 应用型研究

城市规划的应用型研究具有极强的针对性，研究课题均来自于实践工作，同时对实践工作可以起到直接的指导作用。应用型的研究主要集中于对一些特定地域的城市规划问题的理论性探讨，研究范围除国内热点话题外，对于老工业城市更新、资源型城市转型期的规划对策、山区城市规划的基础理论问题、内陆城市发展以及城市在工业化、城镇化进程中的各种宏观和微观城市规划问题等。但是从总体上来讲，宿州市的规划研究机构几乎没有，规划研究工作水平较低。

3. 规划设计项目

规划设计项目的成果质量可以集中体现设计单位和设计者的技术水平，也体现了当地政府和规划管理部门的决策水平。前期研究深入、中期论证充分、后期成果反复推敲的规划项目一般质量较高、对规划实践的指导作用较好，而编制仓促、地方领导个人意志体现充分、规划技术人员"拿来主义"的规划成果往往会导致规划的失效甚至造成重大损失。我国经济较发达的地区由于规划设计经费投入、编制单位规划技术人员和规划管理人员水平较高，一般规划设计水平较高；宿州由于受到人才、经费、思想意识等条件的限制，规划设计的总体水平较低。

三、宿州所面临城市规划问题

改革开放30年来，城市规划理论和技术水平有了一定的提高，宿州城市(包括县城)总体规划、控制性详细规划、修建性详细规划成果水平也有了较大的提高。规划设计市场的逐步开放也使国内外高水平设计单位进入，新的设计理念、设计手法、技术路线对促进宿州城市规划水平的提高起到了积极的带动作用。但是，由于经济条件、思想意识等因素的制约，宿州市仍有大量的规划成果技术水平不高，自身编制的规划设计和研究成果很少获得省一级的设计奖项。

四、用科学发展观来指导宿州城市规划

当前，宿州市经济社会发展已经进入了一个新的关键时期。2008年全市二产首次超过一产，产业结构日趋合理，人均GDP达到1000美元以上，城镇化水平达29.6%，宿州已经进入城镇化快速发展时期。科学发展观要求经济和社会协调发展，城市规划在这方面遇到的矛盾可能最多，解决得怎样？近年来，诸多环境事件(如新汴河死鱼事件、铁路运河污染、奎河污染等)暴露了发展中的一些问题，这其中有自身发展的问题，也有周边区域的协调问题。在城市规划过程中，社会发展的现状怎样？怎样去加强？这是个重大的课题。城市作为人类居住的集中地，它的环境主要看社会发展的水平，加强居住环境的建设的同时，应大力加强教育、科技、文化、卫生、体育等事业建设的同步，着眼于城市社会发展的公正、公平与和谐。要运用科学的发展观来指导宿州城市规划设计，必须树立以人为本的观念，树立保护环境的观念，树立节约资源的观念，树立人与自然相和谐的观念。

1."以人为本"为核心指导宿州城市规划设计

城市规划是城市发展的龙头，只有把科学发展观融合、渗透到城市规划设计之中，充分协调城市与人的关系，才能使城市的发展与人的需要达到和谐。首先，在规划理念上，既要注重客观实际，又要坚持以人为本。无论是城市总体规划，还是城市修建性详规、重点片区规划、重要单体建筑和新农村规划设计，都要充分考虑人的需要，把满足人的需要作为立足点和着眼点，真正做到以人为本。其次，在规划机制上，既要面向市场，又要依靠群众，对重大规划项目，要广泛征求市民意见，组织国际国内招标，充分吸纳现代文明成果。

2."环境保护"为前提指导宿州城市规划设计

环境问题是随着人类社会和经济的发展而发展的。随着宿州城镇化水平的快速发展，城市人口数量也迅速增长。宿州发展中城市环境问题和生态破坏、水资源短缺的问题也已逐步显现。宿州的环境问题突出表现在以下方面：部分河段水质在Ⅴ类以下，环境空气质量有不同程度超标率，城区区域功能

噪声和交通噪声超标严重,固体废弃物无害化、减量化、资源化处理不足等。

用科学发展观,树立保护环境的观念指导城市规划设计,优化城市布局,将治理污染与调整产业结构和调整城市布局结合起来,实行以工业污染防治和城市基础设施建设为主要内容的环境综合治理。在治理和保护环境的同时,还要积极进行有关宿州及周边人口、资源和环境问题的研究和协作,为治理和保护环境,作出规划设计人员的应有贡献。

3."节约资源"为保证指导宿州城市规划设计

众所周知,能源、原材料、水、土地等自然资源是人类赖以生存和发展的基础,是经济社会可持续发展的重要的物质保证。而随着经济的发展,资源约束的矛盾日益凸显,一些主要原材料、能源、水、土地纷纷告缺,资源的利用与保护再次成为人们关注的焦点。宿州的具体情况是城市水资源、土地资源利用等发展问题。

(1)水资源问题。树立节约资源的观念指导水资源规划,一是要实现水资源的可持续利用,水资源管理的体制和机制必须创新。要实现水资源优化配置,就必须实行流域和区域的水资源统一管理,特别是淮河流域水资源的统一管理。二是为加强水资源保护,防止对水资源的破坏、浪费和严重污染,可采用增加水资源收费范围,提高收费价格、提高水污染排污费的收缴额度、提高水资源的利用率和重复利用率;加强对地下水资源污染和破坏的处罚力度、研究解决污水的资源化利用等手段。三是要对地下水进行有序开采,统一管理,逐步减少城市自备水源井。

(2)土地资源利用问题。土地是人类生存的根本,也是城市最大的资源,更是城市资源和城市发展其他因素的载体。无论城市规模的变动还是经济总量的增长,最终都要通过城市土地利用的规模、密度和结构来显示;城市竞争力的衡量也是最直接地反映在城市土地总体价值的高低之上。土地是城市资源的重要组成部分,城市经营首先必须搞好城市国有土地资本运营,从而实现整个城市社会经济的协调发展和土地资本效益的最大化。但是,城市经营又不仅仅指土地拍卖,它涉及政府的总体规则、分区规划和实施蓝图等,并保证严格实施、严格管理、合理经营。用科学的发展观,树立节约资源的观念指导土地资源规划管理,应根据城市性质和规模,结合用地条件、自然地理条件、历史文化背景、社会经济状况等因素综合确定城市整体容积率,以空间垂直利用代替平面利用,开发利用地上、地下空间,提高城市土地的空间利用率。注重社会-经济-环境效益为导向,通过完善的法律约束机制,集约利用土地,保障城市可持续发展。在符合客观规律的前提下,不盲目扩大占地规模,把城市的不合理发展用地予以纠正。

4."人与自然相和谐"为目标指导宿州城市规划设计

人与自然和谐发展是人类追求的最高目标,是人实现其本质力量的重要标志。要实现这个目标,首先必须树立经济环境统筹兼顾、协调发展的观念。我们强调发展是第一要务,但必须是全面的、协调的、可持续的发展,而不是先污染后治理的发展,不是以浪费资源、牺牲环境为代价的发展,当然也不是为了单纯保护环境而制约经济的发展。一些地方把发展与环保对立起来,认为要发展就必须牺牲环境,保护环境必然会阻碍经济发展。近几年来,我国一些城市环境与经济协调发展的成功实践证明,这种认识是片面的。环境与发展是一种互相促进、相互协调、共同进步的关系,经济发展会为环境保护提供有力支持,而环境优势会变成经济优势、发展优势、竞争优势。

用科学的发展观,树立人与自然相和谐观念指导宿州城市规划设计,结合宿州创建优良人居环境,规划新汴河、沱河滨水特色景观,积极打造园林城市、滨水城市,为达到人与自然相和谐做进一步的努力。

人与自然和谐发展是一种崇高的社会理想,是一项艰巨、持久的挑战性工作。在新世纪,要把这种理想作为指引城市规划设计的灯塔,积极探索,大胆实践,不断推陈出新,为实现宿州在皖北的崛起而努力。

作者简介:唐世进,副院长,注册规划师。

宿州地区农村住宅设计初探

赵本杰
（宿州市建筑勘察设计院）

摘　要：简明分析宿州地区农村住房居住情况。从本人多年从事基层住宅设计的角度分析今后农村住房条件的改善及发展。

关键词：农村住房；总体规划；节约土地；结构类型

宿州市在黄淮海平原区，属温带季风气候，特殊的地理位置和历史上战乱等原因，经济相对落后，居民生活水平较低，住房条件亦较简单。随着改革开放的深入发展，经济状况逐年好转，居民生活水平逐步提高，住房条件也较过去有较大改善，特别是国家对村镇规划的实施，加快了村镇住宅建设，群众迫切希望有专业设计人员进行设计的、适合农村居民建造的住宅图纸，为此，结合本人工作实践，对本地区农村住宅的现状及设计应注意的问题作一粗浅分析，供设计时参考。

一、农村住宅的特点

1. 农村住宅的地方性

我国地域广阔，人口众多，各地区群众生活习惯、生产方式、文化特点、自然条件、技术水平、地方材料等均不相同，因此，各地的住宅平面布局、立面风格有较大的差异。

宿州地区农村住宅，虽没有形成固有的鲜明特色但也有它自身独到之处，最典型的平面布局是一明两暗三开间的平面形式，独门独院，厕所建在院外。由于平原地区风沙大，冬季寒冷，习惯使用旱厕，故每家有封闭院落，北墙较少开窗。（图 1）

2. 农村住宅多种功能性

农村住宅既有城市住宅的某些特征，又具有农村住宅自身的功能要求，主要表现在农村住宅的功能不单纯是居住，还兼有生活和生产两重性，农村居民大多要从事一些农业生产或手工生产。

3. 农村住宅要服从总体规划

农村住宅设计和院落的布置，与村镇的总体规划有密切关系。现在，各乡镇规划正在编制，结合规划，对有些分散的自然村落该合并的一定要合并，合理安排住宅用地。给住宅创造良好的通风和日照条件，规划设计出新的，具有地方特色的农村住宅群。

4. 农村住宅建设要考虑节约土地

我国人多地少，农业人口所占比重很大，农村住宅建设量大面广，这对节约土地和节省建筑材料具有重要意义。农村住宅建设用地应尽量改分散为相对集中，充分利用荒山、废地，不用或少用耕地是我们规划设计应重视的问题。对毁田建房、多占宅基地的行为要加强管理、合理规划、正确设计，提倡盖楼、少盖平房，这对节约土地、改善环境都具有十分重要的意义。

二、宿州地区农村住宅的组成

（一）结构类型

1. 块材堆砌型

以土坯和毛石堆砌而成，都只限于平房，砂浆用石灰炉渣，很少用水泥砂浆，有的甚至干砌而成。其承重墙为土坯或毛石，屋面用木桁条，高粱秆扎把，抹泥挂瓦。此类房屋保温隔热性能好，造价低，但结构整体性差，耐久性亦差，对抗震极为不利，属淘汰型。

2. 木构架型

以木构架承重，土坯或植物杆作围护结构，此类房屋抗震性能好，但因围护结构过于简陋，需经常维修，且建筑速度慢，故不宜发展。

3. 砖混型

以砖横墙承重，水泥楼板，木桁条，木屋面挂瓦的结构形式，是目前宿州地区用量最大、使用最普遍的结构形式，但缺乏专业人员设计指导，构造措施不当，质量较差，不利抗震，有待改进。

（二）平面布局方式

1. 三开间式

三开间一明两暗房适合家庭人口不多、经济条件不富裕的居民，这也是当地最常见的形式。中间明间为堂屋，供起居、进餐使用，只开前门，不设后门，很少开窗。两边为卧室和厨房。南边一般都带院落，入口设在南边或东西两侧，主要取决于门前道路的走向。

2. 厢房内院式

这种布局有主房和厢房构成，用院墙围合成整体，厢房可东可西，亦可东西都有，厢房一般作为厨房、车库，也可作次要卧室。厢房层高低于主房，且与主房不连接。（图 2）

3. 双户毗连式

为了节约材料，降低造价，往往两户毗连建造，共用一道山墙，厢房亦并连建造。这种形式既节约土地，降低造价，又可互相照应，安全性亦较独门独户好，值得提倡。

4. 连排住宅和楼房住宅

有些农村建条形连排住宅，以节约耕地。有些富裕农户盖二至三层楼房，平面布局大多仿城市住宅，室内带卫生间，但由于缺少自来水，大多数卫生间只是摆设，无法正常使用。

三、各组成部分的现状分析

1. 院落

宿州地区冬冷夏热，多刮西北风，风沙较大，所以住宅都用院子围合，减少风沙袭击，一般只设前院，不设后院，院落面积一般在 50 平方米左右。

2. 堂屋

堂屋是供家人团聚、会客、进餐并兼做家庭副业和存放用具等，面积一般在 20 平方米以上，随着电视的普及，堂屋功能增加了娱乐性，堂屋北墙不开窗，挂中堂和摆放长条案机，采光和通风均较差。

3. 卧室

卧室较大，不仅为了睡眠，还作为储存粮食的地方，冬季还升煤炉取暖，故卧室功能复杂，又不设壁橱等储存空间，卧室内显得脏乱，需要改进。

4. 厨房

这儿的农民，大多将厨房设在厢房里，但吃饭在堂屋，使用不方便，厨房既烧煤又烧草，故既有煤炉，也有地锅，当地群众习惯面食，常做烙馍及饼，用地锅又不带烟囱，厨房内又黑又脏，很不卫生。

5. 厕所

当地农民习惯旱厕，气味极大，不能在院子里建造，

只得在院外下风向另建，不仅使用不便，也污染环境。

6. 地窖

宿州盛产水果、红芋，为了储存，每户都挖地窖，地窖一般设在自家院内，深度在两米左右，有出入口和透气孔。

四、几点改进意见

综上所述，由于当地民情风俗及自然条件等因素影响，居民形成自己的生活习惯，这些习惯中，有不少是值得继承和发展的，但也有少部分陋习是需要改进的。下面谈谈个人的看法：

1. 堂屋。堂屋是家庭的活动中心，理应有较好的通风和采光条件，现有民居中，普遍存在通风采光不好的现象，建议入户门带亮字，也可以将门向一侧偏移，在另一侧增加一扇窗，有条件最好北面墙上开窗。

2. 院子。院落的设置应考虑节约用地，不能过分追求大，要布置合理，应将禽舍、厕所建在院内，改旱厕为水厕，改善卫生状况。

3. 厨房。尽量使用煤做燃料，柴草灶要带烟囱，厨房面积适当扩大，供家人用餐，不要将堂屋兼作餐厅。

4. 车库、车房。机动农用车放在自家院内或专建车库房。农村住宅设计时，应考虑专用粮库，并注意防鼠防潮。

根据以上设想。试作两个方案以供参考：

方案一，在传统一明两暗三开间基础上，加大进深，设专用粮库，厨房对外留门，夏天可在院里纳凉进餐。地窖上部作为鸡舍使用，增设农用机动车库。

方案二，采用双户毗连式楼房方案，缩小每户面宽，节约土地。厨房带餐厅，卧室在楼上，并有较大屋顶晒台，使用很方便。

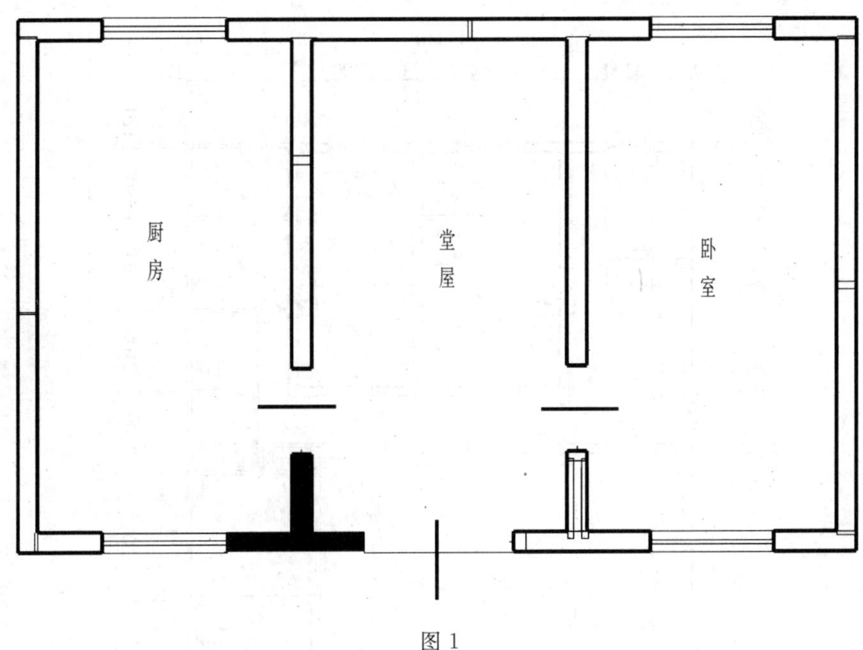

图 1

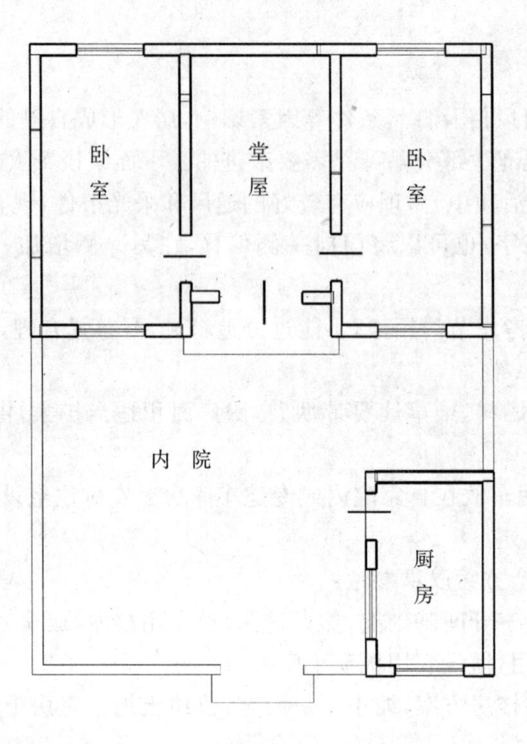
卧
室
堂
屋
卧
室
内　院
厨
房

图 2

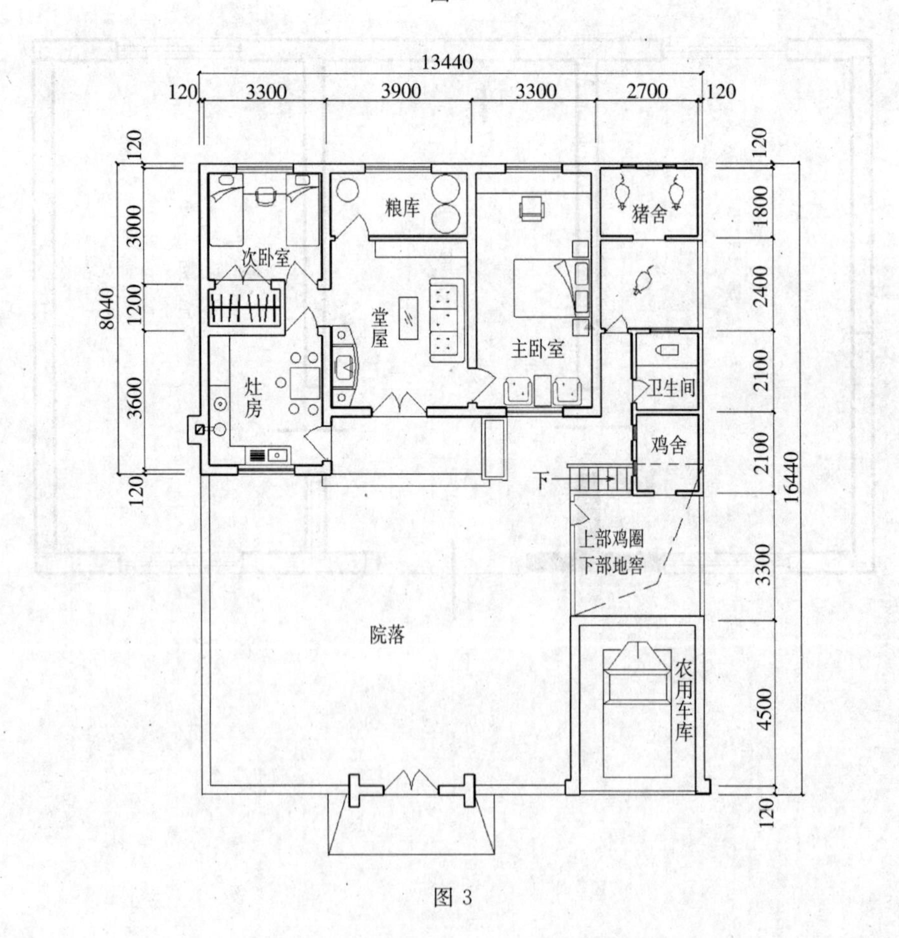
13440
120
3300
3900
3300
2700
120
8040
3000
1200
3600
16440
1800
2400
2100
2100
3300
4500
粮库
次卧室
堂
屋
主卧室
猪舍
灶
房
卫生间
鸡舍
下
上部鸡圈
下部地窖
院落
农
用
车
库

图 3

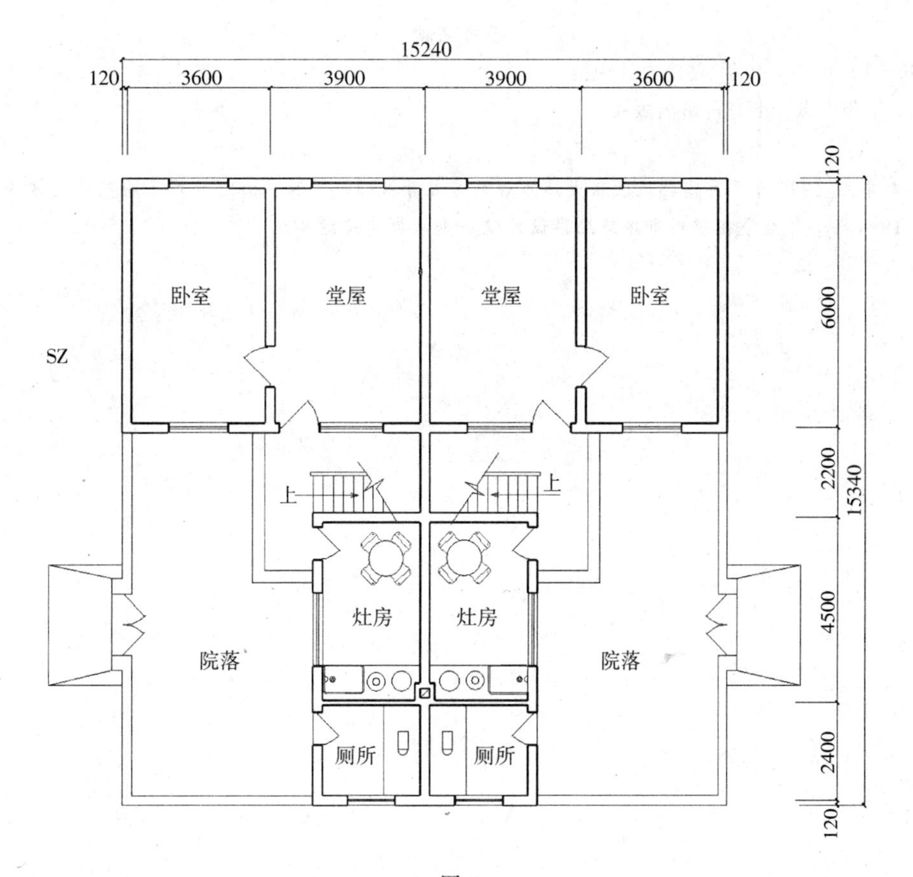
15240
120
3600
3900
3900
3600
120
卧室
堂屋
堂屋
卧室
SZ
上
上
灶房
灶房
院落
院落
厕所
厕所
120
6000
2200
4500
2400
120
15340

图 4

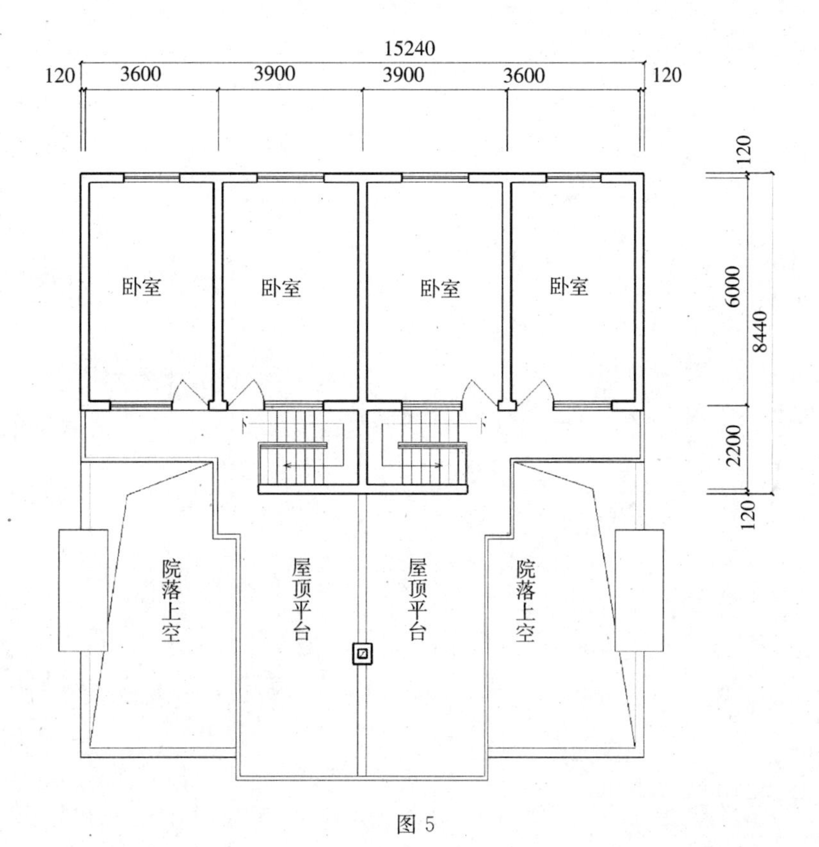
15240
120
3600
3900
3900
3600
120
卧室
卧室
卧室
卧室
院落上空
屋顶平台
屋顶平台
院落上空
120
6000
2200
120
8440

图 5

参考文献

1. GB50096－1999(2003 年版)住宅设计规范。
2. 李承志．宿州市志．上海古籍出版社。

作者简介:赵本杰,1996 年 7 月宿县地区联大城市规划专业毕业,1996 年－2002 年在上海同济大学建筑工程专业学习,本科学历。1996 年 7 月至今在宿州市建筑勘察设计院一直从事建筑结构设计工作。2004 年 12 月晋升工程师职称。

宿州市某住宅楼局部地基处理分析

张 剑
（宿州市建筑勘察设计院 安徽宿州 234000）

摘 要：当地基土持力层的强度不够，或局部差异沉降大，不能满足作为天然地基的要求时，应针对不同地基土层的条件和地区特点等，采取人工加固处理，以改善地基土的性质。地基处理的目的是增大地基的强度和稳定性，减少地基的变形。地基处理的方法很多，需要根据具体的条件选择合理、经济的处理方法。

关键词：地基处理；差异沉降；工程概况

拟建工程位于宿州市境内东部，地貌上场地属于淮北冲积平原，覆盖层为杂填土、黏土、粉质黏土、粉土，见基岩深度大于 50 米。拟建建筑范围内有一暗塘（建筑垃圾填埋），塘深 2.5 米，塘底见老土深度为 0.50 米，具体位置见图 1：

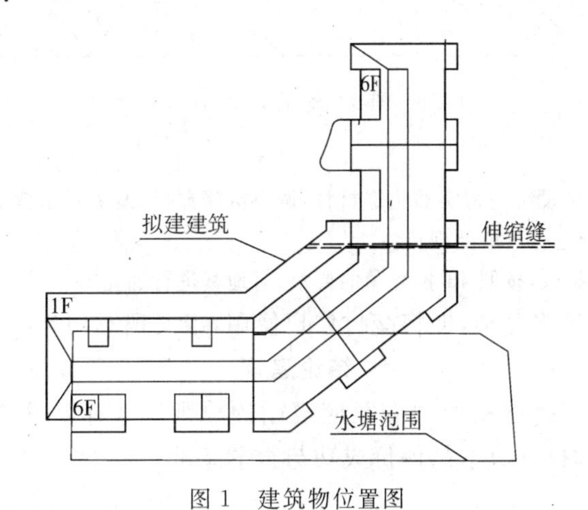

图 1 建筑物位置图

杂填土挖除以后，基底剖面见图 2：

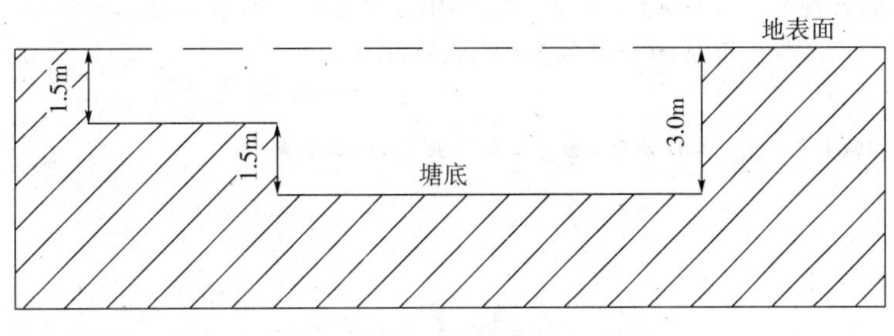

图 2 基底剖面

结构措施

根据本工程的地基和结构特点，为避免差异沉降对结构的影响，在如图 1 所示位置高低变化处设置一伸缩缝。

地基处理方案比较

1. 换填法。该法即将回填的垃圾土挖除，然后按规范要求分层回填素土、灰土或沙石料直至设计标高。它要求回填材料均匀不含杂质，施工过程严格控制其含水量和夯填密实度。

2. 碎石桩法。采用振动沉管工艺或柱锤夯实成孔将碎石挤入建筑垃圾中，对桩间土击碎并挤密加固作用，这种办法对地基承载力的提高幅度不大，对处理深度范围有地下水的情况，处理效果还需通过试验确定。另外其处理范围必须扩到基础以外一定范围。

3. 桩基础。桩基的基本概念是将基础以上的荷载通过桩传至深层地基，虽然造价较高，然而有些情况如高层和超高层或特殊软弱地基，采用桩基可靠性好，经过技术经济对比也是常用的方法。

方案的选择

针对本工程的地质情况、环境条件和设计要求(地基承载力特征值大于 160kPa，不均匀沉降满足规范要求)，上述各种方法中，通过稳定性、经济性、可操作性以及施工周期的安排统筹考虑，选择第一种换填法作为本基础的处理方案。

施工方法如图 3 所示：

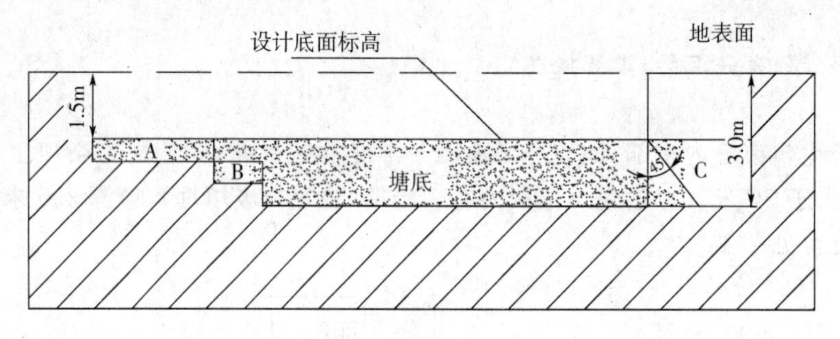

图 3　施工剖面图

说明：

1. A 块段向下开挖 0.50 米，铺设统一密实的垫层材料，调整沉降差异，避免对结构的影响；
2. B 块段为按照 1∶2 的标准进行放坡处理；
3. C 块段为满足垫层的压力扩散，按照 45°扩散角的要求，对地基进行加宽。

该项目工程已经封顶并装修完毕，即将交付住户使用，未发现不均匀沉降现象，已达到预期效果。

结论建议

有针对性和因地制宜是选择地基处理方案应遵循的原则。选择处理方案时要着重分析其作用机理，地基处理后的实际效果和投资成本是评价成功与否的基准。

参考文献

[1]《建筑地基基础设计规范》(GB50007－2002). 北京：中国建筑工业出版社，2002.
[2]《工程地质手册》(第三版). 北京：中国建筑工业出版社，1993.

作者简介：张剑，男，1981 年 9 月，本科学历，地质工程专业，助理工程师。

粉喷桩加固穿堤涵洞地基的体会

张树军
（宿州市水利水电建筑勘测设计院　安徽宿州　234000）

摘　要：通过水泥粉喷桩加固技术成功运用于穿堤涵洞的实践，对设计与施工作用简要论述，并结合工程实践介绍了设计应注意的事项及施工工艺、保证质量的组织技术措施。

关键词：水泥粉喷桩；搅拌；承载力

1. 概述

水泥粉喷法是利用喷粉桩机，将水泥干粉喷入软弱基土中，并在原位进行强制搅拌，通过水泥和土的一系列复杂的物理化学作用形成水泥土桩体，与基土共同作用形成复合地基，达到提高承载力和减少沉降的目的。该技术成本低、工效快，曾大量运用于铁路、建筑工程地基加固，水利工程近年来也逐渐采用。奎河穿堤涵地基加固成功运用了该技术。

2. 工程设计

2.1 工程概况

奎濉河是淮北地区跨苏皖两省的骨干排水河道，发源于徐州市西南云龙山区，流经江苏省徐州市铜山县，安徽省宿州市埇桥区、灵璧县、泗县，于江苏省泗洪县进入洪泽湖的溧河洼，流域面积3598km^2。程庄涵、汪楼涵、杨楼涵三涵是奎濉河干流河道奎河的主要穿堤建筑物。工程等级为Ⅲ等3级。

2.2 地质条件

勘察揭露程庄涵、汪楼涵、杨楼涵三涵的土层自上而下分为5个自然层：即①层素填土，②层砂壤土，③层砂壤土，④层淤泥质壤土，⑤层黏土夹粉质黏土。涵基坐落在③层砂壤土上，该土层松散，地基承载力不能满足设计要求，且埋深较大，无法进行换土处理，需进行桩基处理。

2.3 地基处理设计

2.3.1 确定方案

由地质钻探报告可知，持力层为③层砂壤土，该层土质松散，标准贯入击数平均值为3.5击，承载力为80kPa。下卧层为④层淤泥质壤土，软可塑，标准贯入击数平均值为4.7击，承载力为80kPa。经稳定计算，洞身、开关台及挡土墙的基底应力均大于持力层地基允许承载力，天然地基不满足建筑物的要求，需进行地基加固处理。因埋置深度较大，无法进行换土处理，拟采用桩基处理。

设计中曾考虑了碎石振冲桩和水泥粉喷桩等方案，采用碎石振冲桩虽可解决承载力问题，但其抗渗性能差，易产生渗透变形，而本工程防洪期水头差又较大，水泥粉喷桩不仅可以提高地基承载力，抗渗性能好，而且造价低，只要严格按设计要求控制进尺、喷粉量，采用全程复搅使桩身均匀，同时解决好桩底水泥土与下卧硬土层的结合问题，该方案完全可以满足承载力和沉降要求。

2.3.2 设计计算

根据水泥粉喷桩的作用机理可知，所形成的水泥土桩体与桩周土组成复合地基共同承担建筑物荷载，由于二者刚度相差较大，桩体与桩间土如何分担建筑物荷载是较为复杂的问题，目前，可按《建筑地基处理技术规范》(JGJ79－2002)计算。

通过计算，桩土置换率为0.35，均采用正方形布置，桩径0.5m，桩距为0.75m，有效桩长5.7m，复合地基承载力为 160kPa,满足建筑物基底应力的要求。

3. 施工控制

粉喷桩地基加固技术成本低、工效快,曾大量运用于工民建工程,后因其喷粉量、搅拌均匀性等不易控制,一般重要建筑物特别是水平荷载较大的水利工程均不再推荐采用,如何保证施工质量是地基加固处理的关键所在。

粉喷桩的质量除科学的设计作为保证之外,关键还在于施工质量,保证工程质量是建设、设计、监理的共同目标,在整个实施过程中,施工单位成立了以项目经理为组长的地基处理领导小组,监理单位全程旁站监理,设计单位长驻工地配合,严格按照工艺桩所确定的各种参数有序施工,克服雨雪天气,在一个月时间内顺利完成了粉喷桩施工,经抽样轻便触探试验和静载试验,施工质量满足设计要求,达到了预期目的。

4. 结语与体会

粉喷桩是一种高效、经济和安全的地基处理技术,不仅可用于一般工民建和交通工程,也可用于水利工程,三涵天然地基承载力仅为 80kPa,而涵身及上下游翼墙基底压力达 150～170kPa,地基经加固的三涵已投入使用,运行正常,达到了加固效果。

设计和施工中应注意以下几点:

4.1 适当地层条件

拟加固的软土地层厚度一般应小于 10m,且下卧硬土层天然地基承载能力以大于 150kPa 为宜,桩底进入硬土层的深度应视硬土层含水量、强度,通过工艺桩取样试验确定,务必保证硬土层内桩体搅拌均匀、固结良好和桩尖与硬土层的良好接触,绝非进入硬土层越深越佳,避免因硬土层内含水量过小,固结差而导致削弱桩体强度。

4.2 桩身均匀控制

一般操作规程规定,粉喷桩复搅深度为 1/2 桩长或 1/3 桩长,从工艺桩取芯结果看,一次喷粉提升成桩桩体水泥土搅拌均匀性差,"干层"现象严重,影响了桩身强度,为保证桩身均匀性应采用全程复搅工艺成桩。

4.3 钻杆提升时间

为保证桩尖成桩质量,钻至桩底后,钻机应在原地旋转 1～2 分钟,打开灰罐后,应使粉体水泥从喷嘴喷粉后才能提升,水泥干粉从钻口到喷嘴的时间与连接两者的皮管长度和空气压力有关,应由试验确定。

4.4 精心施工

粉喷桩为隐蔽工程,成桩质量不易认定,极易造成喷粉量不足,进尺不够,搅拌不均匀等质量事故。因此,必须要有一支高度责任感和高素质的施工队伍,监理单位应全程旁站,逐一记录,严格按设计和工艺试桩参数施工。

作者简介:张树军,男,水利高级工程师,二级注册建筑师。

不接地系统零序电流危害分析与预防措施

戴家琳
（宿州市明丽电力规划设计院有限公司　安徽宿州　234000）

摘　要：文章针对目前电力系统普遍采用的中性点不接地系统的运行方式，分析了零序电流产生机理及其危害，并就其危害采取相应的预防措施，取得满意效果。

关键词：不接地系统；电容电流；电弧重燃；灭弧措施

我国35kV及以下电网中绝大多数是中性点不接地系统，这种系统最大的优点是在系统发生单相接地故障后仍能保持三相电压的平衡，并继续对用户供电，使运行人员有足够的时间来寻找故障点并作及时处理。运行经验证明：在架空电力线路事故中，单相接地的事故占65%，两相接地事故占20%，两相直接短路事故占10%，其他事故占5%。而其中两相接地事故往往都是由于单相接地故障发展而来的。近年来随着系统供电线路的增加，以及城市电网中电力电缆的大量采用，不可避免地使电网中对地电容电流增大，单相接地时流过故障点的短路电流亦随着增加，在接地电流不大的系统中，往往不会产生稳定的电弧，于是就形成了电弧时断时续的现象。这种间歇电弧，引起了系统运行方式的瞬息变化，导致多次重复的电磁振荡，在无故障相和故障相上会产生严重的弧光过电压。从而引起系统事故不断发生。由此可见，如能设法消除单相接地故障，就可使线路事故减少80%以上。因此限制对地电容电流防止因对地电容电流给配电电网造成事故很有必要。

1. 不接地系统的零序电流估算

1.1　架空线路零序电流

(1)有架空地线的零序电流

$$I_C = 1.1 \times 2.7 \times V \times L \times 0.001$$

其中：V——额定线电压(kV)；

L——线路长度　(千米)；

1.1——系数。因线路水泥杆、铁塔引起的电容电流增加10%。

(2)无架空地线的零序电流

$$I_C = 1.1 \times 3.3 \times V \times L \times 0.001$$

其中：V——额定线电压(kV)；

L——线路长度　(千米)；

1.1——系数。因线路水泥杆、铁塔引起的电容电流增加10%。

(3)双回路线路的零序电流

根据电力系统互感原理和经验，双回路线路的零序电流是单回路正常零序电流的1.3～1.6倍。

(4)不同电压等级的架空地线零序电流

由于变电所中电力设备所引起的电容电流增加值见表1。

表 1 不同电压等级的零序电流增加值

额定电压(kV)	6	10	35	110	220
附加值(%)	18	16	13	10	8

通常情况下,10kV 线路零序电流按 0.025 安培/千米计算,35kV 线路零序电流按 0.1 安培/千米计算。

1.2 电缆线路零序电流

一般认为,电力电缆线路在相同的电压下,三芯电缆线路每千米的对地电容电流为架空线路的 25 倍,单芯电缆线路每千米的对地电容电流为架空线路的 50 倍。具体计算中,电力电缆线路对地电容电流近似计算公式为:

$$I_C = 0.1 U_R L$$

对于 10kV 电力电缆线路:

$$I_C = (95 + 1.44S/2200 + 0.23S) \times UeL$$

其中:S—电缆截面积,(mm^2);

Ue—额定线电压,(kV)。

上述公式适用于油浸电缆,如采用聚氯乙烯绞电力电缆,一般电容电流应增加 20%。

1.3 零序电流的允许值

根据《工业与民用电力装置的过电压保护设计规范》(GBJ64—83)第 3.4.1 条的规定,3~35 千伏的电力网,应采用中性点非直接接地的方式。当 3~10 千伏电力网单相接地故障电流大于 30 安培,以及 20 千伏及以上电力网单相接地故障电流大于 10 安培时,均应装设消弧线圈。也就是说,3~10 千伏电力网单相接地故障电流应不大于 30 安培,20 千伏及以上电力网单相接地故障电流应不大于 10 安培。

2. 零序电流对电网的危害

2.1 不接地系统单相接地的危害

当中性点不接地系统发生单相接地故障时,故障点会产生电弧,这是因为在故障点有零序(电容)电流通过,其电流的分布如图 1。

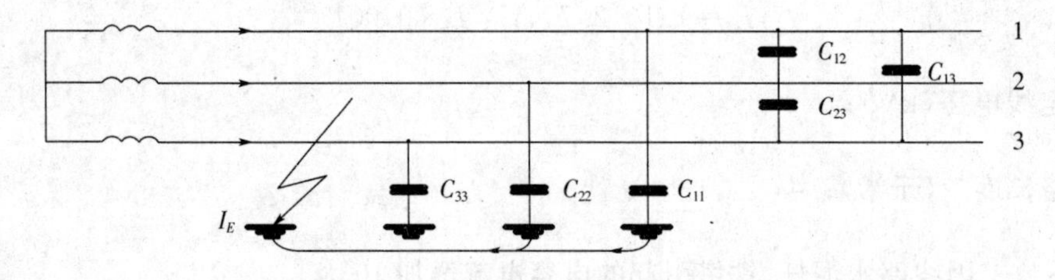

图 1 不接地系统单相接地时的电流分布

电流的向量如图 2。

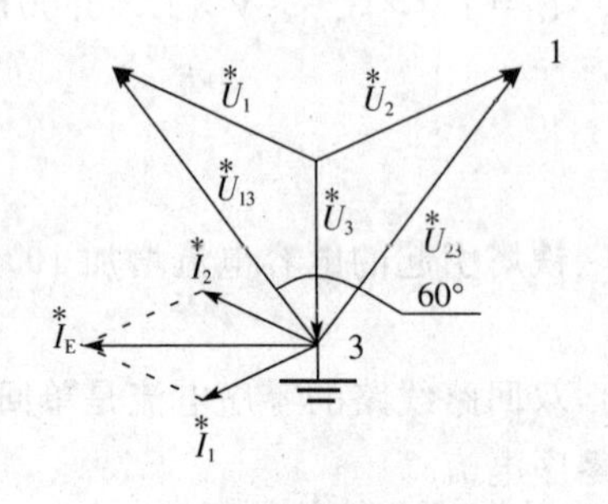

图 2 不接地系统单相接地时的电流的相量

图中C_{11}、C_{22}、C_{33}为每相导线对地电容，而C_{12}、C_{23}、C_{31}则为两相导线之间的电容。当导线3发生接地故障时，导线3对地的电位为零，而导线1及2的电位将升高到线电压值。流过C_{22}及C_{11}的电流I_2和I_1将分别超前U_{23}和U_{13} 90°，它们的绝对值都等于：

$$|I_1|=|I_2|=\omega C_{11}UL=\sqrt{3}\omega C_{11}Up$$

由于U_{13}及U_{23}之间的夹角为60°，所以I_1与I_2:之间的夹角也为60°。I_1和I_2都是经过接地点形成回路的，所以流过接地点的电流IE等于I_1和I_2的向量和，起幅值为：

$$|IE|=\sqrt{3}|I_1|=\sqrt{3}\omega C_{11}Up$$

而IE与U_3之间的相角为90°。

为了使流过接地点的电流为零，要是能在每相导线与大地之间各接一个线圈L，并使L与C_{11}在工频时形成并联共振，其条件为：

$$\omega L=1/\omega C_{11}$$

这时流过L和C_{11}的总电流将为零，接地点也就不会有电流流过了。但这样做实际上是行不通的，会产生较高的过电压。要是把线圈L接在变压器的中性点与大地之间，在系统正常运行时，变压器中性点的电位为零，因此线圈中就没有电流通过。当系统发生一相接地时，变压器中性点的电位上升到相电压，这时流经线圈接地的电流IL正好与通过故障点的电流IE方向相反，就能互相抵消，使故障电流得到补偿，此时故障点的电弧也就可以自动熄灭了。

2.2 变压器中性点过电压的危害

(1)单相接地时，电网允许短时间运行，变压器中性的稳态电压为相电压。

(2)当接地容流大一定值时单相接地会发展为间歇电弧接地，此时相电压是正常相电压的3～4倍。而此时的中性点上的电压为：

$$U_{BC}=(2\sim2.7)Uxg$$

其中Uxg——最高运行相电压。

(3)在切除单相接地的空载线路时，由于切空线的过电压基础是线电压，容易引起断路器重燃。而此时分配中性点的电压可达相电压的3倍左右。

(4)综上所述和分析在中性点不接地系统中，在变电所运行过程中由于新投产到满容量运行是需要一个过程，接地容流增大到超过允许值也需要一个过程，因此对接地容流的危害容易忽视，应及早引起重视。

3. 零序电流危害的预防措施

通常在中性点不接地系统中，限制接地容流最好的方法就是电力网的中性点采用经消弧线圈接地的方式，这种运行方式下不会破坏系统的正常运行，而且能迅速消除单相的瞬间接地电弧，并把过电压限制到2.3倍相电压以下。

3.1 消弧线圈的消弧原理

前面分析中认为，每相导线与大地之间加一个线圈就可以使故障点的电弧自动熄灭，但是实际上不允许消弧线圈调整到共振点，因为电力网的三相对地电容并不对称，正常运行情况下中性点就有不对称电压存在。如调整到共振点附近，则由于串联谐振的关系，将会使中性点上出现过高的位移电压，使主变压器中性点绝缘受到破坏。因此消弧线圈只要调整到适当位置，流经故障点的电流将只是由于电阻的作用所产生的小电流，这样故障点的电流就容易熄灭了。

3.2 消弧线圈的选择

消弧线圈的选择，应以电力网的电容电流大小为依据，并考虑下列因素：

(1)电力网分区与不分区运行时，保护消弧线圈能过补偿运行；

(2)考虑电力网5年发展需要，并按过补偿设计。

(3)在一般情况下，消弧线圈的容量W(kVA)的确定由如下计算公式：

$$W=1.35I_CU_P$$

式中：I_C——电力网接地电容电流，A；

U_P——电力网的额定相电压，kA

(4)装在星形—三角形接线的双绕组变压器中性点的消弧线圈的容量不应超过变压器三相总容量的50%；装于三绕组变压器中性点的消弧线圈容量，不应超过变压器三相总容量的66.6%，并不得大于三绕组变压器的任何一绕组的容量。

3.3 消弧线圈的台数及安装地点

(1)在电力网内尽可能避免只使用一台消弧线圈。这是因为使用多台消弧线圈后，不仅可以增大补偿电流的调整范围，而且还可以增加电力网运行的灵活性；

(2)同一电力网中，应将几台消弧线圈分散安装在电力网中的各个供电中心，而不应集中安装一处；

(3)应保证电力网在任何运行方式下，断开1～2条线路时，大部电力网不致失去补偿；

(4)消弧线圈宜装于星形—三角形接地线的变压器中性点上，如有特殊需要，必须将它接到其他接线方式的变压器中性点上时，不但会使消弧线圈的利用容量降低，而且还会使变压器的额外损耗增加；

(5)消弧线圈一般应尽量采用过补偿的运行方式，一般以考虑过补偿10%较为合适，但当消弧线圈容量不足时，允许在一定的时间内欠补偿运行，但脱谐度不应超过10%。

3.4 消弧线圈抽头选择

(1)为了达到消弧的目的，应该使通过故障点的电流(经消弧线圈补偿后的残余电流)尽可能小一点，必要时可实行分区运行；

(2)安装消弧线圈的电力网，在正常情况下，中性点位移电压一般不应长时间超过额定相电压的15%，最多不得超过20%；

(3)消弧线圈的上端应用隔离开关与变压器的中性点相连接，其下端则应与变电所的接地网连接。为了保证消弧线圈的安全运行，一般应在变压器中性点上安装一只相当于电力网相电压的阀型避雷器或氧化锌避雷器。

4. 接地补偿系统的选择及对系统稳定的影响

在电力系统设计和生产管理中，消弧线圈脱谐度是电网运行的一个重要参数，脱谐度一般在±5%时过电压的水平才能限制在2.6倍相电压以下。过去我们在设计消弧线圈时根据计算结果，选择消弧线圈容量和分接头，投运时也相对固定在某个数值，由于电网参数不断变化，通过计算的零序电流往往与实测零序电流相差很大，且时效性差。消弧线圈投运达不到预期效果。

4.1 手动消弧线圈接地补偿系统存在的问题

(1)手动消弧线圈接地补偿系统不能自动地随着电网参数的变化进行最佳补偿。电网参数变化快，实测和计算数据相差大，人工调整分接头慢。

(2)手动消弧线圈接地补偿系统，由于自身固有的特点，在电网中只能运行在过补偿状态，不能长期运行在欠补偿状态，更不能运行在全补偿状态。电网中参数不断变化时脱谐度也无法有效控制，导致电网运行在不允许脱谐度下造成中性点过电压，三相电压不对称。

(3)国内外研究证明，消弧线圈抑制弧光过电压的效果与其脱谐度的大小有关，只有脱谐度不超过±5%，才能把过电压的水平限制在2.6倍相电压以下。手动消弧线圈接地补偿系统中，为了躲过全补偿避免谐振过电压，脱谐度一般都要达到15%～20%为保险往往选择会更大。这样消弧线圈抑制弧光过电压的效果就会很差。

(4)在欠补偿状态下运行时，当遇到断线是易产生严重的谐振过电压现象，这种过电压对电网绝缘的破坏比电弧接地过电压更为严重，随着欠补偿度的增加，过电压的水平也不断增加，对电网潜在危害也在增加。

4.2 在线自动跟踪消弧线圈接地补偿系统的成功运用

为了解决手动调谐的弊端现在有一种在线自动跟踪消弧线圈接地补偿系统在系统内成功运用。它有以下几个特点：

(1)叙用分裂式结构即接地变压器、电动式消弧线圈、阻尼电阻箱、微机控制器、非线性电阻等，它们都是独立组件，分别组织安装，可以方便安装组合，当一个部件出现问题是不影响其他部件。

(2)多用途的接地变压器。接地变压器有三项功能。①作为理想的如果中性点接入消弧线圈；②即能接消弧线圈，又能当站用变压器使用，一物多用减少投资；③作为调谐系统不对称电压元件，满足自动调谐的需要。

(3)作为不接地系统安全的综合治理措施，因它对铁磁谐振过电压的有效抑制、弧光过电压的限制，欠补偿状态下断线过电压的限制等都有明显的效果；同时大幅度的减少有单相接地引起的相间短路跳闸事故，可提高配电电网的安全运行水平。

(4)运行方式灵活。由于采用降低中性点谐振过电压的措施，所以过补偿、全补偿、欠补偿都可以自由选择，打破过去消弧线圈只有过补偿这一种方式。

(5)这种设计有自动调谐和手动调谐两种方式。正常运行时系统处在自动调谐位置，当自动调谐有异常时还可将控制开关调整在手动位置，这样一次系统照常运行，还可根据需要将手动开关设计成电动、增加接地选线装置与远动系统配合实现远方操作自动化。

4.3 在电网中实际运用

110 千伏城南变电站，设计两台 31.5MVA 双圈变压器，10kV 为单母线带旁路，共 16 回出线，全部为电缆出线，线路为架空。运行后多次发生单相接地事故引起弧光过电压、造成停电事故。在 1Q 千伏 I 段母线上加装一套在线自动跟踪消弧线圈接地补偿装置，容量为 250kVA，经实地测量，10kVA 母线系统最大对地接地容流为 13.4A，消弧线圈的分接头整定在“4”既 16.8A，过补偿的脱谐度为 25.8%，实测残流为 3A，中性点不对称电压为 156V，为相电压的 2.5%。该系统投运以后有效地减少接地事故跳闸。

5. 结束语

电力系统不接地方式普遍存在，而且配电网线路条数和长度不断增加，造成单项接地时的零序电流不断增加，特别是城市配电网中电力电缆的比重不断增加，不可避免地带来接地容流的急剧增加，因此必须采取措施限制接地时的零序电流，确保电力系统单相故障时故障点的快速灭弧，确保电力系统的安全稳定运行。

参考文献

[1] 董振亚．电力系统的过电压保护．
[2] 配电网消弧和过电压抑制试验研究．湖北电力试验研究所．
[3] 张雨时．论用中性点避雷器限制接地弧光过电压．西安电缆研究所．
[4] 王敦波．中性点非线性电阻接地方式构想的初探．东南大学电气工程系．

作者简介

戴家琳(1963—2)，男，工程师，从事电力系统设计工作。

从建筑结构设计谈现浇钢筋混凝土楼板的裂缝

许 哲
（砀山县建设局设计室）

摘 要：针对现浇钢筋混凝土楼板易出现裂缝的问题，从建筑结构设计方面对产生裂缝的各种因素进行了探讨，并提出了在设计过程中进行裂缝控制的建议和方法。

前言

自2005年起，砀山县从预制多孔板体系转化为现浇板体系。现浇钢筋混凝土楼板在结构安全和使用功能方面比预制板优越得多，但是楼板裂缝不断增加。大多数消费者对楼板裂缝缺乏必要常识，视裂缝为有害，担心楼板裂缝会引起建筑物倒塌，反应极为敏感，近年来成为投诉热点，开发商和承包商为此的花费亦逐年增长。

1. 楼板裂缝种类

1.1 温差裂缝

由于温度变化，混凝土热胀冷缩而形成的裂缝，此类裂缝一般集中在东西单元的房间、屋面层和上部楼层的楼板。

1.2 结构裂缝

虽然现浇楼板承载力均能满足设计要求，但由于预制多孔板改为现浇板后，墙体刚度相对增大，楼板刚度相对减弱。因此在一些薄弱部位和截面突变处。往往容易产生一些结构性裂缝。例如：墙角应力集中处的45°斜裂缝，板端负弯矩较大处的板面裂缝等。

1.3 构造裂缝

PVC管处混凝土厚度减薄，容易出现裂缝。

1.4 收缩裂缝

混凝土在塑性收缩、硬化收缩、碳化收缩、失水收缩过程中易形成各种收缩裂缝。

2. 楼板裂缝形式

2.1 45°斜裂缝

该裂缝常出现在墙角，特别是房屋东西两端房间，呈45°状。

2.2 纵横向裂缝

该裂缝一般出现在跨中、负弯矩钢筋端部、PVC电线暗管敷埋处。

2.3 长裂缝

一部分房间预埋PVC电线管的板面上出现裂缝，裂缝宽度达0.2mm～0.3mm。这种裂缝仅在楼板表面出现，板底无裂缝。

2.4 不规则裂缝

裂缝出现部位形状无规则，或散状或龟裂状，一般发生在房屋东西两单元、阁楼顶层部位。

3. 从设计方面分析裂缝及控制方法

造成现浇钢筋混凝土楼板开裂有设计原因、施工原因、材料原因，本文仅从设计方面进行探讨。随着砀山县经济的快速发展、建设任务增加迅猛，设计队伍亦不断涌入，砀山县住宅工程相当一部分是由乙级和丙级设计单位承担。由于设计市场管理的不到位，造成低资格设计人员挂靠设计，而挂靠单位收取一定比例管理费后，就盲目盖章、签字，根本不对图纸的结构安全、合理性、完整性等认真审核。结果是一部分住宅工程设计质量低下，问题较多。另一个原因是，一些住宅开发商任意压价，片面降低勘察设计费，以收费最低为主要条件选择勘察设计单位，同时又不讲合理设计时间，限期开工，逼迫提前出图，造成施工图设计深度不够，问题必然较多。

3.1 建筑设计方面原因

3.1.1 斜屋面、露台、外墙节能保温措施不够

砀山县一年之内气温变化较大，夏季极端最高温度可达40℃以上，冬季极端温度最低可达－22.60℃，由于夏天室外墙体温度高于室内温度，结构外墙面在高温下发生受热膨胀，如果未采取保温措施，在纵横两外墙面的变形对楼板产生牵拉作用下，东西单元的卧室楼板被外墙向外拉伸就容易引起裂缝。同样，屋面如果未设保温层，顶层楼板会因热胀冷缩而引起开裂。

目前与温度有关的裂缝计算公式有：

连续式约束条件下楼板、长板、剪力墙、大底板等最大约束应力计算公式：

$$\sigma^*_{max}=-EaT_1-l\mathrm{ch}_\beta L_2H(t,\tau) \quad (1)$$

或按时间增量的计算公式：

$$\sigma^*_{max}=\sum_{ni}=1\Delta_{\sigma i}=-a_1-u\sum_{ni}=l_1-l\mathrm{ch}_{\beta i}\mathrm{L}_2\Delta T_{i\varepsilon i}(t)H(t,\tau) \quad (2)$$

当应力超过混凝土的抗拉强度时，可求出裂缝间距：

$$L_{max}=2EHCx\mathrm{arccha}TaT-\varepsilon p \quad (3)$$

$$L=1.5EHCx\mathrm{arccha}TaT-\varepsilon p \quad (4)$$

$$L_{min}=12L_{max} \quad (5)$$

式中，T——包含水化热、气温差及收缩当量温差。同号叠加，异号取差，由此可见，夏天炎热季节浇筑混凝土到秋冬冷缩都是叠加的，拉应力较大。

$H(t,\tau)$——松弛系数。在保温保湿养护条件下(缓慢降温即缓慢收缩)，松弛系数取0.3或0.5，当寒潮袭击或激烈干燥时，松弛系数取0.8，应力接近弹性应力，容易开裂。

$T=T_1+T_2+T_3$(T_1为水化热温差、T_2为气温差、T_3为收缩当量差，取代数和)。

εp——混凝土的极限拉伸。级配不良，养护不佳，取$0.5\times10^{-4}\sim0.8\times10^{-4}$；正常级配，一般养护，取$1.0\times10^{-4}\sim1.5\times10^{-4}$；级配良好，养护优良，取$2\times10^{-4}$；配筋合理(细一些，密一些)，可提高极限拉伸20%～40%。构造配筋宜为0.3%～0.5%。

H——均拉层厚度(强约束区)；

E——混凝土弹性模量；

C_X——水平约束系数；

ch、arcch－双曲余弦及双曲余弦反函数；

a——线膨胀系数，一般情况$\varepsilon p\leqslant|aT|$，当$\varepsilon p\geqslant|aT|$时取$\varepsilon p=|aT|$，$[L]\rightarrow\infty$。

裂缝开展宽度：

$$\delta f=2\psi EHCxaT\mathrm{th}\beta L_2 \quad (6)$$

$$\delta f_{max}=2\psi EHCxaT\mathrm{th}\beta L_{max} \quad (7)$$

$$\delta f=2\psi EHCxaT\mathrm{th}\beta L_{min} \quad (8)$$

$$\beta=CxEH \quad (9)$$

式中，ψ——裂缝宽度经验系数；

C_X——约束系数。

3.1.2　住宅长度超长

住宅平面超长，由于温差和材料变形，会造成墙体和楼板横向开裂。仅就长度而言，结构长度与应力呈非线性关系，如结构长度小于规范要求，结构内力影响很小。

3.1.3　平面形状

当住宅卧室沿长度、宽度方向尺寸变化，由于楼板刚度不一致，会产生不相同变形，引起薄弱部位开裂。

3.2　结构设计方面原因

3.2.1　近代国际上结构设计的原则是，整个建筑结构的功能必须满足两种状态的要求：①承载力极限状态，以保证结构不产生破坏，不失去平衡，不产生破坏时过大变形，不失去稳定。②正常使用极限状态，以确保结构不产生超过正常使用状态的变形、裂缝及耐久性、振动及其他影响使用的极限状态。目前人们对第一极限状态已给予足够重视并严格执行，而对第二种极限状态却经常被忽视。

3.2.2　从钢筋混凝土现浇楼板各种受力体系分析，无论是按单向板设计还是按双向板设计，是单跨还是多跨连续板设计；无论是板端支承在砖墙上还是支承在过梁或剪力墙内，受力状态考虑都是局限于楼板平面的应力变化(按弯矩配置抵抗正、负弯矩的受力钢筋)、板平面的受剪变形。即使是考虑板端嵌固端节点产生弯矩，也只是考虑板平面弯曲或屈曲所产生的应力。在楼板受力体系分析时，对于现浇结构构件之间在三维空间中如何分配内力、协调变形，根本没有考虑。

3.2.3　目前不少设计人员只按单向板计算方法来设计配置楼板钢筋，支座处仅设置分离式负弯矩钢筋。由于计算受力与实际受力情况不符，单向高强钢筋或粗钢筋使混凝土楼面抗拉能力不均，局部较弱处易产生裂缝。部分设计人员对构造配筋，放射筋设置不重视或不合理，薄弱环节无加强筋。

3.2.4　结构设计对板内布线引起裂缝的构造考虑不够。住宅电器、电信快速发展的今日，现浇楼板内暗敷PVC电线管越来越多，甚至有些部位三根交错叠放，两根管交错叠放更为普遍。PVC管错叠处板的抗弯高度大大降低，从而减弱了板的抗弯性能。

3.2.5　对开口楼板，特别是开洞口比较大的双向板，设计时往往只考虑楼板在竖向荷载作用下的洞口四周加强配筋。由于纵向的受力钢筋被切断，而忽视了板与墙体或板与梁的变形协调问题。这时如墙或梁的刚度较大，板的孔边凹角处势必出现应力集中现象，开洞板易发生翘曲。

3.3　建筑设计控制措施

3.3.1　屋面与外墙采取保温措施按照国外建筑设计常规的做法，屋面设保温隔热层，使屋面的传热系数≤1.0W/m²·K；外墙外表面或内表面相应设置保温隔热层，同时外墙面宜采用浅色装饰材料，增强热反射，减少对日照热量吸收。根据砀山县的具体情况，屋面和外墙的保温设计应通过热工计算，在不同季节均应能达到《夏热冬冷地区居住建筑节能设计标准》和《安徽省民用建筑热环境与节能设计标准》要求，彻底解决温度应力对屋面和墙体的破坏。

3.3.2　适当控制建筑物长度，根据《混凝土结构设计规范》(GB50010－2002)和《砌体结构设计规范》(GB50003－2001)，为避免结构由于温度收缩应力引起的开裂，宜采取设置伸缩缝，伸缩缝间距为30m～50m。多层住宅建筑控制长度建议不大于50m，高层应控制在45m以内。如果超过此长度，应设置伸缩缝。超长量不大时，可采用设置后浇带的方法，以减少混凝土楼板收缩开裂。

3.3.3　住宅平面形状控制住宅平面宜规则，避免平面形状突变。当楼板平面形状不规则时，宜设置梁使之形成较规则平面。当平面有凹口时，凹口周边楼板的配筋宜适当加强。

3.4　结构设计控制措施

3.4.1　工程裂缝产生的主要原因是混凝土的变形。如温度变形、收缩变形、基础不均匀沉降变形等，此类因变形引起的裂缝几乎占到全部裂缝的80%以上。在变形作用下，结构抗力取决于混凝土的抗拉性能，当抗拉应力超过设计强度时，应验算裂缝间距，再根据裂缝间距验算裂缝宽度。

3.4.2 现浇板板厚宜控制在跨度的 1/30，最小板厚不宜小于 110mm（厨房、浴厕、阳台板最小厚度不小于 90mm）。有交叉管线时板厚不宜小于 120mm。

3.4.3 楼板宜采用热轧带肋钢筋以增加其握裹力，不宜采用光圆钢筋。分布钢筋与构造钢筋宜采用变形钢筋来增加与现浇混凝土的握裹力，对控制楼板裂缝的效果较好。

3.4.4 设计时注意构造钢筋的布置十分重要，它对构造抗裂影响很大。对连续板不宜采用分离式配筋，应采用上、下两层连续式配筋；洞口处配加强筋；对混凝土梁的腰部增配构造筋，其直径为 8mm～14mm，间距约 200mm。

3.4.5 屋面层阳角处、东西单元房间和跨度≥3.9m 时，应设置双层双向钢筋，阳角处钢筋间距不宜大于 100mm，跨度≥3.9m 的楼板钢筋间距不宜大于 150mm。跨度＜3.9m 的现浇楼板上面负弯矩钢筋应一隔一拉通。外墙转角处应设置放射钢筋，配筋范围应大于板跨的 1/3，且长度不小于 2.0m，每一转角处放射钢筋数量不少于 7 根，钢筋间距不宜大于 100mm。

3.4.6 现浇楼板的混凝土强度等级不宜大于 C30，特殊情况须采用高强度等级混凝土或高强度等级水泥时，要考虑采用低水化热的水泥和加强浇水养护，便于混凝土凝固时的水化热释放。

3.4.7 在预埋 PVC 电线管时，必须有一定的措施，PVC 管要有支架固定，严禁两根管线交叉叠放，确需交叉时应采用专门设计的塑料接线盒，以防止塑料管线交叉对混凝土厚度削弱过多。在预埋电线管上部应配置钢筋网片，(4@100mm 宽度 600mm)。若用铁管作为预埋管时，宜采用内壁涂塑黑铁管，一方面既能保证黑铁管（不镀锌钢管）与混凝土的黏结力，同时也有利于穿线和不影响混凝土的计算高度。

3.4.8 后浇带处理

(1)后浇带应设置在对结构受力影响较小部位，一般应从梁、板的 1/3 跨部位通过或从纵横相交部位或门洞口的连梁处通过。后浇带间距不宜超过 30m。

(2)后浇带宽度为 700mm～1000mm，板和墙钢筋搭接长度应不低于 45*d*，且同一截面受力筋搭接不超过 50%。梁、板主筋不宜断开，使其保持一定联系性。

(3)后浇带浇筑时间不宜过早，以能将混凝土总降温及收缩变形完成一半以上时间为佳。从目前混凝土的收缩量来看，估计 3～6 月方能取得明显效果，最短不少于 45 天。在苏州这样软土地区，后浇带浇筑时间应在主体封顶以后，方可有效地释放沉降的应力。

(4)后浇带中垃圾应清理干净，接缝应密实，新老混凝土界面用 1∶1 水泥砂浆接浆。后浇带混凝土强度等级比原混凝土强度等级提高一级，且采用微膨胀混凝土，以防止新老混凝土界面产生裂缝。

(5)后浇带混凝土接缝宜设置企口缝，混凝土浇筑温度尽量与原老混凝土浇筑时温度一致。

4. 结语

现浇钢筋混凝土楼板裂缝是工程常见的质量通病，只有在设计过程中针对各影响因素考虑全面、细致，严格遵守设计规范，才能大大减少现浇钢筋混凝土楼板产生裂缝的可能。

浅谈影响工程质量的主要因素及控制措施

王维友
(灵璧县水利局设计室)

工程质量是项目建设的核心,是决定工程建设成败的关键,是实现三大目标控制的重点。它对提高工程项目经济效益、社会效益和环境效益均具有重大意义,它直接关系到国家财产和人民生命的安全。加强质量管理是提高施工企业综合素质和经济效益的有效途径。因此,要加强工程质量管理,必须找出影响工程质量的主要因素,并针对实际情况加以有效控制。

项目施工是一个极其复杂的综合过程,影响工程质量的因素众多。如:设计、材料、地形地质、水文气象、施工工艺、操作方法、技术措施、管理制度、施工队伍的整体素质、不正当的竞争行为等。将其归纳为人、材料、机械、方法、环境五大影响因素,如果事前能够有效地控制这五个影响因素,是确保施工阶段及整个项目工程质量的关键。

1.人的质量控制

工程质量是人所创造的。工程质量取决于工程的工序质量,工序质量又取决于人的工作质量,而工作质量直接取决于参与工程建设各方所有人员的技术水平、文化修养、心理行为、职业道德、质量意识、身体条件等因素。因此,我们对工程质量的控制始终要"以人为本",狠抓人的工作质量。避免人的失误,充分调动人的积极性,发挥人的主导作用,增强人的质量观念和责任感,使每个人都能牢牢树立"百年大计、质量第一"的思想,认真负责地搞好本职工作,以优秀的工作质量来创造优质的工程质量。

2.材料的质量控制

工程项目是由各种建筑材料、辅助材料、成品、半成品、构配件等构成的有形产品,这些材料、构配件本身的质量及其质量控制,对工程质量具有十分重要的影响。由此可见,材料的质量是工程质量的基础,如果材料质量不符合要求,工程质量根本就不可能符合要求。为此,我们在施工中对材料的订货、采购、检查、验收、取样、实验均应进行合理控制。首先要掌握材料质量、价格、供货能力的信息,选择好的供货厂家,就可获得质量好、价格低的材料来源,从而确保工程造价。材料订货时,要求供货方提供材料的质量保证文件。其次,要加强材料检查验收,严把材料质量关。对工程的主要材料,进场时,必须具备正式的出厂合格证和材质化验单;工程中各种构件必须具有厂家批号和出厂合格证;凡标志不清或认为质量有问题的材料,要进行追踪检验和抽检。对重要工程或关键施工部位的材料,则进行全部检验。其三,重视材料的使用认证,以防错用或使用不合格的材料。其四,现场材料要严格管理,分类存储和堆放,应有防燃、防爆、防湿、防潮措施,对有保质期的材料应定期检查,防止过期。

3.机械设备的质量控制

机械设备的质量控制包括施工机械设备和生产机械设备质量控制两个方面。

施工机械设备的质量控制:施工机械设备质量控制的目的是为施工提供性能好、效率高、操作方便、安全可靠、经济合理且数量充足的施工机械设备,以保证工程能按合同规定的工期和质量完成施工任务。机械设备的选用,应着重从机械设备的选型、主要性能参数、使用操作三个方面予以控制。

施工机械设备的选型应考虑设备的适应性、技术先进性、操作方便、使用安全、保证施工质量的可靠性和经济上的合理性。

施工机械主要性能参数的选择应依据工程特点、施工条件和已确定的机械设备型号,来选定具体的机械，使其能满足工程需要和保证质量要求。

生产机械设备的质量控制。生产机械设备的质量控制，主要是控制设备的购置、检查验收、安装质量和试运转。

设备的购置是直接影响设备质量的关键环节，购置设备时，采购人员应明确购置设备的质量、规格、品种及在运输中保证质量要求，在运输过程中，选择合理的运输方式和质量保护措施。

设备的检查验收，生产设备运至施工现场后要对设备的名称、型号、规格等内容进行计量、计数检查、审查质量保证文件对设备进行质量确认检查。

设备的安装质量要符合有关设备的技术要求和质量标准，设备安装定位要准确，按设计要求安装，设备基础要坚固，能满足设备自重及运转时产生的振动力和惯性力要求。

设备的试运转是设备安装工程的最后阶段，是工程项目转入正式生产的关键，是对设备系统能否配套投产、正常运转的检验和考核，目的是所有生产工艺设备，按照设计要求达到正常的安全运行。同时，还可以发现和消除设备的故障，改善不合理的工艺以及安装施工中的缺陷等。因此，在试运转时应严格技术要求和步骤，分项进行调试。应该注意观察和检查设备的各项工作是否正常，对各种技术指标要进行认真记录，对运转过程和结果进行全面检查和评价。如发现问题，应及时调整和改正。

4.施工方法的质量控制

施工方案合理与否，施工方法和工艺是否先进，均会对施工质量产生极大影响。在施工实践中，由于施工方案考虑不周、方法不当、工艺落后易造成工程进度缓慢、质量下降、增加投资等情况。因此，在开工前要根据工程具体情况制定科学的施工方案，施工中采用先进的施工方法和工艺，并根据工程进展情况及时进行方案调整，将施工方案和施工方法结合工程实际从技术、管理、经济、组织等方面进行综合考虑，合理分析、确保施工方案、施工方法在技术上可行、经济上合理，且有利与提高工程质量。

5.环境因素的质量控制

影响工程质量的环境因素较多，主要有技术环境因素、施工管理环境因素、自然环境因素和社会环境因素。

技术环境因素主要包括施工所用的规程、规范、设计图纸及质量评定标准。因此，施工管理人员特别是工程技术人员应掌握与施工项目相关的规程、规范，熟悉设计图纸及工程质量要求和质量评定标准，力求使工程既达到设计质量要求又降低工程成本。

施工管理环境因素包括质量保证体系、三检制、质量管理制度、质量签证制度、质量奖惩制度等。因此，施工单位应建立健全质量保证体系，做好自检和初检工作，严格执行质量管理制度和质量奖惩制度，以确保工程质量。

自然环境因素包括工程地质、水文气象等，自然环境千变万化，是影响工程质量很重要的因素，如寒冷的冬季、多雨的汛期、炎热的夏天，尤其对混凝土工程、土方工程、基础工程、水下工程及高空作业的工程质量影响重大。因此，我们必须根据工作的特点拟订季节性施工保证质量和安全的有效措施。

社会环境因素包括施工单位同监理工程师和工程所在的地方之间的关系。在工程施工中如果施工单位同监理工程师关系不协调，监理工程师有可能给施工单位造成难以预计的障碍，给施工单位造成不必要的损失。因而应处理好监理工程师的关系，首先信任、尊重他们，并支持他们的工作，同时要敢于坚持原则，以施工合同为依据，确保工程质量按合同要求完成。

和地方之间的关系是施工单位比较棘手的问题，它涉及房屋拆迁、人口安置、土地赔偿、障碍物清理等诸多问题，如果处理不好，将影响工程的工期和工程质量。因此，施工单位除通过业主进行协调处理外，自己必须积极主动找当地政府和有关人员进行协调，认真细致做好他们的工作，争取他们的理解和支持，为施工创造一个较好的外部环境，保证工程项目的实现。

浅谈建筑的蜕变

徐亚
（安徽省建筑设计研究院）

摘　要：建筑理论发展至今，形成了一套比较完整但相对混乱的体系，建筑设计领域的思想进行着快速的新陈代谢，准确地把握其规律，十分困难。在不以个人意志为坐标的年代，我们只能站在旁观者的角度对建筑的发展作客观的评价。

关键词：新功能主义；精神；空间革命；极端；四维建筑；历史；建筑意；蜕变

引　子

建筑是大象。大象的寿命很长并有极好的记忆力……

——克里斯蒂安·古立克森

建筑是大象，建筑师们则是一群正在摸象的盲人……

——笔者

关于新功能主义

迈入21世纪，人们已经习惯了建筑的日益翻新，新奇的结构与材料成为永恒的话题。旧的功能主义早已满足不了后现代人的需要，人们需要一种新的功能主义思想。

"建筑首先要适应一种需要，而且是一种与艺术无关的需要，美的艺术不是为满足这种需要的，所以单为满足这种需要，还不必产生这种艺术作品……"黑格尔所提到的"这种需要"，就是他对建筑功能的初步理解（也可以说是对客观事物的唯心看法）。既然无功能无以谈艺术，那为何当今的人们摒弃了柯布西耶的"新建筑论"而非要寻求新的救世主呢？

高科技的发展和高新材料的广泛应用，使得一切不可能变为可能，"空间"这个曾经建筑的主宰现在已成为建筑师手中肆意戏弄的奴隶，因而失去了活力和神秘，变得庸俗不堪。艺术就是在有和无、是和错中寻找切合点，即创造，一旦事物偏向了某一方面，艺术就失去了其应有的价值。

德国建筑师吉迪翁（S. Giedion）在《空间、时间与建筑》中把西方建筑的空间观念划分为三个阶段：第一阶段的空间形式是体量与体量的相互关系；第二阶段是在上一阶段的基础上发展了内部空间，穹隆和拱成为建筑的主要标志；第三阶段从立体主义废弃透视法的单一视点开始，强调内外空间的交融以及形体的错落叠置。建筑从古至今，从简单到复杂，从单一到多元，思想理念及形式不断更新，但其本质却并没有发生变化。

通过物质的合理排布，我们创造了空间；再由空间的不断变幻，产生了艺术。建筑由外而内，再由内而外，存在一条无形的引线，有序的形式因其而寻求无序；无序的形式因其而寻求有序。它是一种联系，是一种沟通，是一种能够构起庞大建筑体系的支撑。

关于传统

历史相传而来的思想、道德、风俗、艺术、制度等，便是传统。传统建筑有三个显著特征：地域性、民族性、宗教性。传统与现代联结的纽带，就是历史。在历史中寻找建筑的文脉，从中可以发现建筑在其发展长河之中，也有一条无形的引线，它是一种精神、一种信仰、一个文明的根基。

华裔建筑大师贝聿铭先生在日本讲学时，曾谈道："在罗浮宫我想设计金字塔时，第一次非常强烈地意识到了历史。当时一边思考历史一边思考建筑，说真的，我有一种思考历史太晚的感觉。"

"建造建筑必须认真地思考历史，思考未来，不应该只是用材料，或建筑构思来建造建筑。"安藤排斥新古典主义当中不负责任的旧物利用(即用传统建筑符号作为粉饰)，并对传统的继承提出新的理解。"……我认为，不应该是继承传统的具体形态，而是继承其根本的精神性的东西，将其传承到下一个时代……"

对传统建筑的涉猎，涉及很多其他方面的内容，如周围环境、气候特征、地质条件、地方风俗、宗教信仰等等。融合并能突破各个方面的影响，就是传统的继承和发扬。

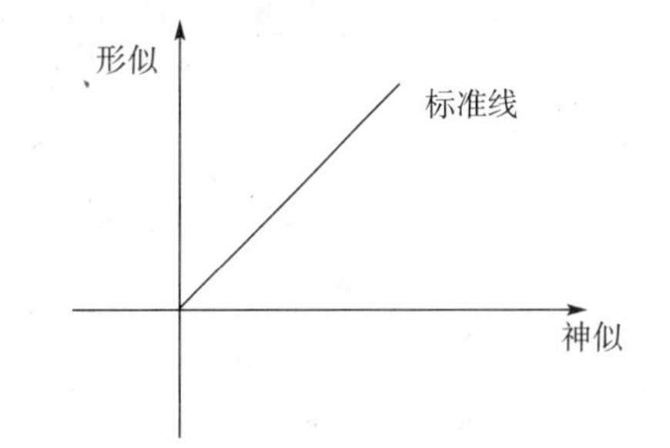

我们可以定义一个坐标轴，横轴为神似，竖轴为形似，斜上45度直线记为标准线，每一位建筑师都有一双画笔，都有资格书写自己的传统观，而虽然画面各不相同，其中两者的辩证关系规律，是我们永远无法抗拒的。

关于人的因素

对于建筑而言，"人"这个因素主要从四个维度而对其产生四种影响：点、线、面、意。由此也可以把建筑划分为以下几类，即：

一、用于个人使用的建筑。最典型的就是住宅、旅馆酒店；

二、用于人流动性强的建筑。包括展览建筑、景观园林等；

三、用于容纳较大规模人群的建筑。包括观演建筑、体育娱乐建筑、教育建筑等；

四、用于储存或传达人的精神的建筑。包括寺院、庙宇、坟墓、纪念碑等。

从简单的一维、二维，再到复杂的三维，甚至四维，是事物由物质逐步到精神的过度，而建筑则是由静谧到喧哗，再到静谧的轮回，但这并不是简单地逻辑重复，而是呈螺旋状向上升华的过程。它含有一种普遍的历史观和人生观，使人成为建筑与文脉相联系的节点。

关于雕塑

从某种意义上来讲，建筑艺术的启蒙和发展有赖于雕塑这一艺术门类：古埃及的方尖碑、麦姆嫩神像、狮身人首像，古苏美尔城的山岳台，古巴比伦王国的汉谟拉比法典石柱，古印度的阿育王石柱、五车神庙，古中国的石牌坊、石像生，古罗马的纪功柱、凯旋门……建筑成为雕塑作品的进一步拓展，保留了其中的精神因素，把封闭的实体变成更丰富的空间形式。

古典建筑由于受施工技术和文化背景等条件的制约，只能借助雕塑的理念传达自己对社会、对人生、对信仰的种种看法，而其形式仍摆脱不了传统的雕刻手法。现代主义之所以相比较之取得了巨大的进步，就在于它从根本上改变了思想理念表达的方法，由封闭转为开放，由拘谨转为灵活，使空间成为形式的主角，而彻底否定了装饰。

过分强调空间的意义，使现代主义由巅峰奔向终结，而接下来所谓在空间方面的革命，使其走向了两个极端：一是对空间的否定，即以大的模糊功能的形式代替精细的分工，让人们感受到经济、科技、工业巨大发展所带来的成就；二是对空间的分化，即空间中的空间，空间外的空间，内与外相互包容，相互矛盾，以传达思想理念的激烈冲突。而令人欣慰的是，雕塑已作为一种"概念"融入当今建筑设计当中。

关于哲学

所有艺术门类发展均遵循同一个定律:从一个极端走向另一个极端,永远的矛盾与不统一。事物的发展犹如一棵生长的树木,精彩的地方,就在它的枝与叶上。

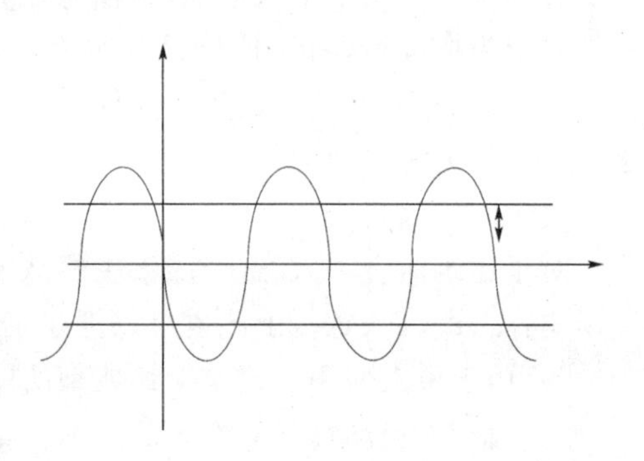

艺术体系下包涵各种风格、主义、流派、思想、理论……哲学的发展影响美学,继而影响建筑。感性地接触建筑,使我们能够保留物质世界所呈现出来的画面记忆;理性的探究其本质,从纵向的历史方面入手,或从横向方面研究,我们得到的答案,只会是一个永远也得不到的答案,或是像上文所提到的,只是一个已升华的印象。

我们可以从两方面理解"建筑是四维的"这一概念:一是从时间方面。建筑在现实世界中的存在,是以时间为准坐标的,时间即为存在。二是从精神方面。建筑在满足了三维立体形式的同时,把"意"作为第四维增加进去,而"意"则是艺术体系中各门艺术相互联系的桥梁。

梁思成先生曾说:"这些美的存在,在建筑审美者的眼里,都能引起特异的感觉,在'诗意'和'画意'之外,还使他感到一种'建筑意'的愉快……"建筑的第四维,需要建筑师自己去挖掘、去研究、去运用。

关于"蜕"

"蜕"需要叛逆。能够在固定思想领域中寻找矛盾,寻找对立,在变通中求变、求通。

"蜕"需要积累。能够为新的事物创造扎实的理论根基,

"蜕"需要勇气。思想可以跨越时间界限,是与非的尺度属于自己。

混乱的年代是种等待,等待统一,"蜕"是一个过程,一个必经的过程。

结语

我们尊重历史,所以我们有能力跟着前人的步伐,继续摸"象";我们尊重每个人的思想,才能对"象"认识得更多一点。建筑发展的每一步,偏重的角度各不相同,但其整体性是不会变的,而整体性我们永远也不会感知。

建筑,何去何从?

参考文献

[1] 黑格尔．美学．北京:商务印书馆,1981.
[2] 李凯生,彭怒．现代主义的空间神话与存在空间的现象分析．时代建筑．2003(6).
[3] 安藤忠雄著．论建筑．白林译．北京:中国建筑工业出版社,2003.
[4] 萧默．建筑意．北京:中国人民大学出版社,2003.

合肥网讯软件有限公司综合楼建筑设计

毕功华
（安徽省建筑设计研究院）

城市空间环境是城市中由一定物质要素围合形成的公共活动空间。城市空间环境设计是城市设计的重要内容，是对城市环境形态三维空间所做的意象性创作。它的任务是将建筑物及其周围环境与人在其中活动的感受联系起来，并按照人的心理行为特点，创造出舒适、安全、方便和优美的物质空间环境。城市空间环境设计中体现的自然与人工、物质与精神、空间与时间、历史传统与现代生活等结合的特点，达到了改善城市质量和景观的功效。建筑空间的价值就在于它是城市空间的一个组成部分。因此，建筑设计的一个重要原则就是要充分考虑对城市空间环境的兼顾，用城市设计的观点来组织和设计建筑单体，使建筑空间与城市空间环境产生对话，创造城市空间的和谐之美。

为使建筑空间与城市空间环境相互对话，就要从城市空间环境设计入手进行建筑设计，将建筑设计建立在对整体城市空间、地域环境、民俗文脉的研究之上，合理、充分地利用各种城市空间环境资源，达到建筑空间与城市空间环境有机地协调和共生。

合肥网讯办公楼的设计即是从城市空间环境设计入手，探索在建筑设计中充分利用城市空间环境资源，使建筑空间与城市空间环境相互对话的案例。

合肥网讯软件有限公司是由美国 WebEx 公司独立投资的高科技企业，是其在中国的软件研发基地。合肥网讯分公司选址于合肥市高新技术产业开发区内。

初次踏勘现场，该基地的地形、地貌以及独特的城市环境空间给人留下强烈的印象。基地为方形，较平整，基地北侧为居住小区，东侧、南侧为待开发的办公用地，西侧与碧波荡漾人工湖隔路相望，可以远眺蜀山森林公园。蜀山是合肥市区唯一的山，它夏季绿荫葱郁，秋来红枫如火，是合肥市著名的八景之一。最初的几轮方案构思将建筑主楼南北方向布置，门前广场置于基地的南侧或西侧，方案构思较普通，建筑空间与城市空间环境没有关联、没有对话，总觉得缺憾较多。为此我们对现场进行了第二次、第三次踏勘，希望从城市空间环境上寻求创作的灵感。

当我们再次漫步于美丽的人工湖畔，远处巍峨青翠的蜀山与波光粼粼的人工湖水交相辉映，如诗如画，“采菊东篱下，悠然见南山”的田园意境令人陶醉，给我们无限遐想……

如何使建筑空间与城市空间环境相互交融，产生对话，让建筑使用者能处于充满田园风光的工作场所，围绕主导城市景观这一主题来营造建筑空间是其出路。

建筑方案构思渐渐浮出：以蜀山和人工湖这城市环境作为创作的主导，充分利用这一风景资源，采用中国园林中“借景”的手法，将美丽的城市空间环境纳入到建筑之中来，让建筑空间与城市空间环境相互交融，产生对话，创造出优美的室内外环境，为使用者提供一个充满田园风光的现代化的工作场所。

首先，我们对该项目的三大功能区——办公研发区、生活辅助区、运动健身区，进行布局。

人工湖路一侧，朝向城市风景；生活辅助区置于基地东北侧，并将办公研发区与生活区之间用连廊相联系，方便使用；运动健身区置于基地的西南侧。这样的布局可以使建筑使用者在工作、休闲、运动时都能享受到自然风光。

其次，单体设计我们也围绕将建筑融入城市空间环境的主题展开。建筑采用 U 形平面，开口朝向城市风景，交通、卫生等公用系统置于建筑物的四角，中部形成开敞式办公区。设计中将主入口面向蜀山和人工湖，并将主要办公区域面向蜀山，把室外城市空间环境引入室内，使用者足不出户就能欣赏户外美景。同时利用一层屋顶及以上各层的退台形成的屋顶平台设计成屋顶花园，为使用者提供观景平台及交往空间。

在造型设计上力求把握时代脉搏，运用现代的建筑语言体现高科技产业的风范。立面采用三段式构图，运用水平、垂直线条组合，大玻璃面与实墙面的对比，突显建筑流畅舒展，简洁明快。

主立面开设三层高的柱廊，增加了建筑的延续性和通透性，使建筑内部空间和城市外部空间得以充分交融，让优美的城市风景成为建筑自身的一部分，从屋顶平台及建筑内部向蜀山远眺，柱廊形成了一个个优美的景框，达到了步移景异的效果，极富传统园林建筑的神韵。

随着我国国民经济的迅猛发展，城市空间环境对建筑设计提出了更高的要求。建筑设计应作为城市空间环境设计的延伸，建筑设计应建立在对城市空间环境的充分研究、理解之上，将城市的空间环境——周边建筑、风景景观等都作为重要的建筑设计元素，进行合理的组织、有效的利用，使建筑空间与城市空间环境充分对话、融为一体，才能做到建筑空间与城市空间环境和谐共生。

合肥网迅综合研发楼

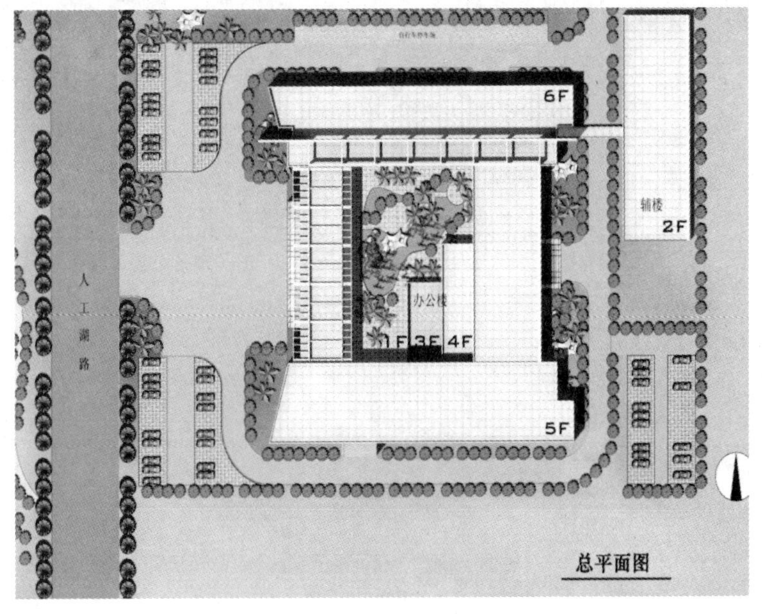

总平面图

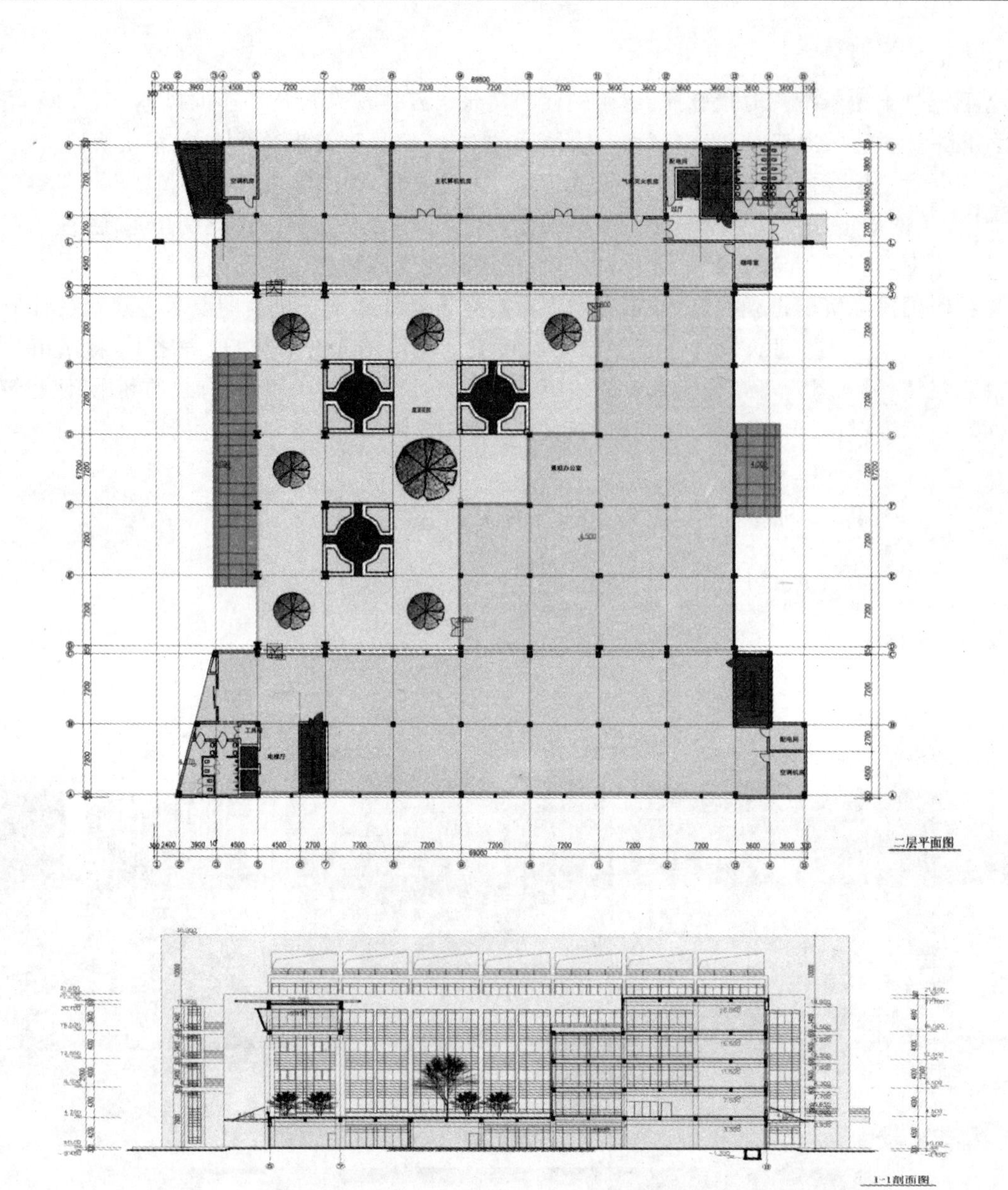

二层平面图

1-1剖面图

变配电站操作电源有关问题探讨

谢正荣
（安徽省建筑设计研究院）

摘要：本文介绍了变配电站操作电源的种类与应用范围，对操作电源电压等级、可靠性、接线方式以及备用电源切换时间进行了分析，并提出交直流电源屏功能扩展的一些设想。

关键词：操作电源；电压等级；可靠性；不接地系统；切换时间；综合自动化

操作电源是保证变配电站正常运行的重要条件之一，操作电源设计不合理或出现故障，不仅会在变配电站一次系统中引发事故，也会破坏变配电站继电保护的正确动作而使事故扩大。有关资料统计，电力系统变配电站发生的事故中与操作电源有关的事故达三分之一以上，这就要求不仅要对操作系统加强维护与管理，从变配电站设计与施工开始就要引起足够的重视。

1. 操作电源种类与应用范围

变配电站操作电源分为直流操作与交流操作两种。直流操作电压有 220V、110V 与 48V 三种，交流操作电压只有 220V 一种。直流操作可靠性高，但造价也高，供一级负荷的变配电站与大中型变配电站一般都采用直流操作。电力系统中 110kV 及以上的变配电站都采用直流操作。交流操作造价低，但可靠性也低，电力系统中农网 35kV 变配电站以及城市电网中 10kV 开闭所一般都采用交流操作，工业与民用建筑中一些小型变配电所也都采用交流操作。

2. 操作电源电压等级选择

操作电源电压等级根据所选用的操动机构来选择。电磁操动机构的电源电压为直流 220V 或 110V，合闸电流一般都在 100A 以上，所以选用电磁操动机构时，操作电源电压应选用直流 220V。

弹簧储能操动机构与永磁操动机电源电压有直流与交流两种。弹簧储能操动机构的储能电动机功率只有几百瓦，合分闸电流只有 3～5A，永磁操动机构的电源电流与合分闸电流均不到 1A。操作电源为直流操作时，选用弹簧储能与永磁操动机构，操作电源电压应选用 110V。此时蓄电池串联级数可减少一半，其并联级数虽然也应增加 1 倍，但由于其工作电流小，相对值增加 1 倍，绝对值增加并不大。此时可降低直流屏成本。建设部批准的变配电所二次接线图集（99D203－1）编制说明中也提出了这一问题，但在有些变配电站设计中并没有注意到这一问题。

操作电源为交流操作时，需要选用 UPS 不间断电源与逆变电源作为备用，因为 UPS 不间断电源与逆变电源的输出电压为交流 220V，所以交流操作电源只有 220V 一种电压等级。

弱电集控电源为直流 48V。变配电站综合自动化（微机保护）装置推广以后，在变配电站控制中，弱电集控已经不再采用，直流 48V 电压等级基本上不再被选用。变配电站综合自动化（微机保护）装置电源电压有直流 220V、110V 与交流 220V 三种，不影响操作电源电压等级选择。

3. 操作电源的可靠性

操作电源消失或发生故障，变配电站不仅不能进行正常操作，继电保护与远方调度也受到影响。操作电源一旦发生故障还会引发变配电站事故发生，或由于继电保护拒动造成越级跳闸，使事故扩大。因此操作电源的可靠性必须得到保证。

直流操作采用蓄电池供电来保证其可靠性，蓄电池供电无切换时间问题，因此直流操作是最可靠的设计方案。但需要的整流与充电设备以及蓄电池容量大，造价高，占地面积与维护工作量也大。

采用交流操作时，选用常规继电保护，因为常规继电保护利用操作机构的电流脱扣器跳闸，其动作与操作电源无关，单从继电保护来讲，交流操作可以满足中小型变配电站的使用要求。

采用交流操作时，如果选用变配电站综合自动化（微机保护）装置，因为变配电站综合自动化（微机保护）装置本身的工作电源由操作电源提供，操作电源消失后就无法运行。变配电站综合自动化装置（微机保护）的保护跳闸需要通过操动机构的分励线圈来跳闸，操作电源消失后，操动机构也无法进行跳闸。此时必须选用 UPS 不间断电源或蓄电池加逆变电源作为备用电源。

4. 操作电源的接线方式

操作电源的接线方式为单母线或单母线分段。大中型变配电站直流操作电压均为单母线分段，一段为分合闸电源母线，一段为控制与信号电源母线。采用变配电站综合自动化装置后，闪光电源取消，信号电源可接到控制电源母线上，或控制电源引到控制屏或开关柜后再加熔断器分为控制电源与信号电源。

采用电磁操动机构时，其合闸电流一般都在 100A 以上，此时操作电源按合分闸电源与控制电源分为两段母线，并将合分闸母线电压提高到 240V，加降压模块降低到 220V 后再供电给控制电源母线。这样可减小合闸电流冲击影响，蓄电池充电电压可提高到 240V，其放电电压可保证为 220V，但此时增加了蓄电池串联级数，降压模块长期运行，加大了功率损耗。

采用弹簧储能或永磁操动机构后，合闸电流一般不超过 5A，合闸时冲击电流很小。设计规范与设计手册规定操作电源电压为 220V 时下限为 180V，110V 时下限为 90V。这样合分闸与控制电源可统一采用 220V 或 110V，蓄电池放电电压为 180V 或 90V，这样不仅可以减少蓄电池的串联级数，降低成本，也可省掉压降模块，减少了能源损耗。此时采用单母线分段，两段母线分别给一次系统两段母线上的开关柜或控制屏提供操作电源，每段母线上的开关柜或控制屏合分闸电源与控制电源以及综合自动化装置电源可引各自一段母线，这样操作电源一段母线或一条操作电源供电线路发生故障，不会影响整个变配电站的正常运行，可靠性也就提高了 1 倍。

永磁操动机电源有过电压保护，合分闸电源电压为 240V 时，如果超过永磁操动机电源有过电压保护整定值时，其电源有过电压保护动作，永磁操动机就不能进行合分闸操作。合分闸电源电压应为 220V，或将永磁操动机电源有过电压保护整定值提高。

5. 操作电源的接地方式

为了提高操作电源的可靠性，操作电源应采用不接地系统（IT 系统），一旦发生单极或一相接地形不成回路，就不会跳闸，仍然可以继续运行一段时间。此时应加对地绝缘监测。如果发生单极或一相接地，对地绝缘监测发出报警，可以采取分段与分路临时拉闸的办法查找出接地回路。

直流操作的直流电源系统容易实现不接地系统（IT 系统）。交流操作选用 UPS 不间断电源或逆变电源后，在 UPS 不间断电源或逆变电源没有切换之前，UPS 不间断电源或逆变电源通过旁开关由外部交流电源供电。外部交流电源引此所用变或低压配电室，所用变或低压配电室 220V/380V 配电系统为接地系统（TN 系统），这样交流操作电源实现不接地比较困难，要求在 UPS 不间断电源或逆变电源输出端加隔离变压器后，再形成不接地系统。这一问题应引起设计者注意。

6. 操作电源的备用电源切换

为了提高操作电源的可靠性，操作电源一般都设计两路电源供电，二者互为备用。直流操作电源用蓄电池供电，交流操作电源用 UPS 不间断电源或逆变电源作为备用电源，两路电源可以采用手动切换。

但设计规范规定两路供电电源互投时，二者必须有明显断开点。因此设计时可采用接触器进行自动切换，也可选用双电源切换开关，其切换功能强，但价格贵。

直流操作电源蓄电池直接接直流母线上，两路电源供电互投时，直流电源不会间断，备用电源切换时间对操作电源无影响。交流操作当两路电源供电互投时，切换时间以及UPS不间断电源或逆变电源自动切换时间对变配电站综合自动化装置(微机保护)与操动机构动作有直接影响。设计规范与设计手册规定交流操作UPS不间断电源或逆变电源应选在线式，以实现无扰切换，切换条件为低电压切换，不能采用失压切换，否则当变配电站站内发生相间短路事故时，电压降低到80%以下而不为零时，还不能进行切换，操动机构拒动就会拒动，引发越级跳闸。

操作电源的备用电源切换时间对变配电站综合自动化装置(微机保护)有一定影响，切换时间太长会造成变配电站综合自动化装置(微机保护)死机。变配电站综合自动化装置(微机保护)的电源都选用开关电源模块。内部有较大容量的滤波电源，经现场测试供电电源中断0.5S后再恢复，变配电站综合自动化装置(微机保护)仍能正常运行不死机，各厂家的产品一般都能达到电源中断0.5S不死机。

供电电源中断0.5S后再恢复，变配电站综合自动化装置(微机保护)不死机，可以正常工作。但并不等于对继电保护跳闸没有影响。如果变配电站站内发生短路事故时交流操作电源的切换时间为0.5 S，虽然变配电站综合自动化装置(微机保护)在交流操作电源0.5 S之内不死机，发生短路事故时仍可以发出跳闸命令，但操动机构在操作电源0.5 S恢复后才能跳闸。此时跳闸时间就要推后约0.5 S，继电保护的选择性就会受到破坏而发生越级跳闸。

变配电站综合自动化装置(微机保护)保护跳闸出口固有动作时间为35ms。如果交流操作电源备用电源切换时间为15 ms，此时就可以满足继电保护动作要求。因为变配电站综合自动化装置(微机保护)在15 ms之内不会死机，短路事故发生35ms后仍能发出跳闸命令，此时交流操作电源已恢复，操动机构的跳闸时间不会受到影响。所选用的UPS不间断电源或逆变电源切换时间不大于15 ms就可以满足要求，但必须为低电压切换，不能为无压切换。当变配电站站内发生短路事故，电源电压下降到80%以下时马上进行切换，这样才能保证继电保护正常动作。

7. 交直流电源屏功能扩展

变配电站应有中央信号报警。采用变配电站综合自动化系统后，计算机可以实现报警，并可存盘保存。需要时可设计中央信号集中报警箱作为变配电站综合自动化系统报警的后备。不采用变配电站综合自动化系统时，应设计中央信号分路报警箱。

采用变配电站综合自动化系统后，计算机需要后备电源。交流操作可以直接由交流电源屏引出计算机需要的后备电源。直流操作可以在直流电源屏内安装逆变电源，作为计算机需要的后备电源。

交直流电源屏功能扩展后，可增加中央信号集中或分路报警功能。还可以在直流电源屏内增加逆变电源，作为计算机需要的后备电源，此时可以减少变配电站设计与施工工作量。

8. 交直流电源屏选择

直流操作电源的直流电源屏已经有定型产品，设计时可以直接选用。直流电源屏采用智能化开关电源充电模块与先进的监控模块，可控硅充电方案已不再采用。监控模块不仅可以对充电模块进行控制，还可以对直流电源屏各种电气参数进行监测与显示，对直流电源屏各种故障进行报警，并可通过RS－485串行通信接口将各种电气参数与故障信息向外发送。通过计算机系统集成，直流电源屏与变配电站综合自动化装置(微机保护)组成计算机系统，实现变配电站智能化管理。设计选用时只需提出电压等级与蓄电池容量就可以了。

交流操作电源目前定型产品很少，建设部批准的变配电所二次接线图集(99D203－1)中有交流操作电源二次电路图，设计时可以选用。附图中交直流电源屏系统图，仅供设计时参考。

9. 结束语

操作电源在变配电站运行中占有非常重要的地位，而变配电站的设计一般都要严格遵守有关的设计规范与设计规定。变配电站综合自动化、智能化交直流电源屏以及永磁操动机构等新产品在变电站中已经得到推广使用。在设计规范与设计规定还没有随着新产品的出现而及时修订时，就给变配电站设计带来一些困难，因次需要大家在开发生产及应用新产品的过程中不断发现问题，展开广泛的讨论，从而使变配电站设计与运行不断得到改进，新产品不断得到推广。

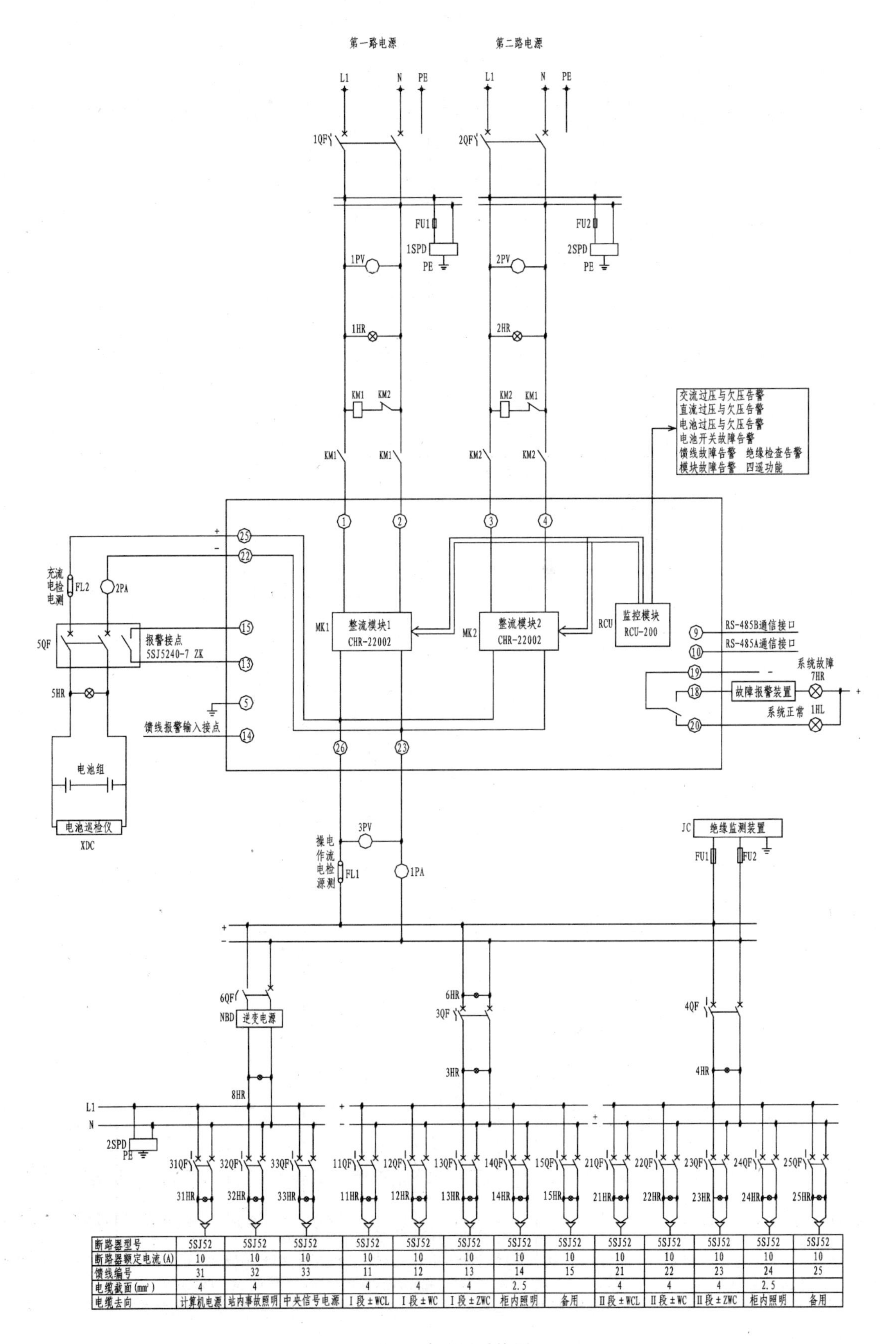

断路器型号	5SJ52	5SJ52	5SJ52	5SJ52	5SJ52	5SJ52	5SJ52	5SJ52	5SJ52	5SJ52	5SJ52	5SJ52	5SJ52
断路器额定电流(A)	10	10	10	10	10	10	10	10	10	10	10	10	10
馈线编号	31	32	33	11	12	13	14	15	21	22	23	24	25
电缆截面(mm^2)	4	4		4	4	4	2.5		4	4	4	2.5	
电缆去向	计算机电源	站内事故照明	中央信号电源	Ⅰ段±WCL	Ⅰ段±WC	Ⅰ段±ZWC	柜内照明	备用	Ⅱ段±WCL	Ⅱ段±WC	Ⅱ段±ZWC	柜内照明	备用

图1 直流屏系统图

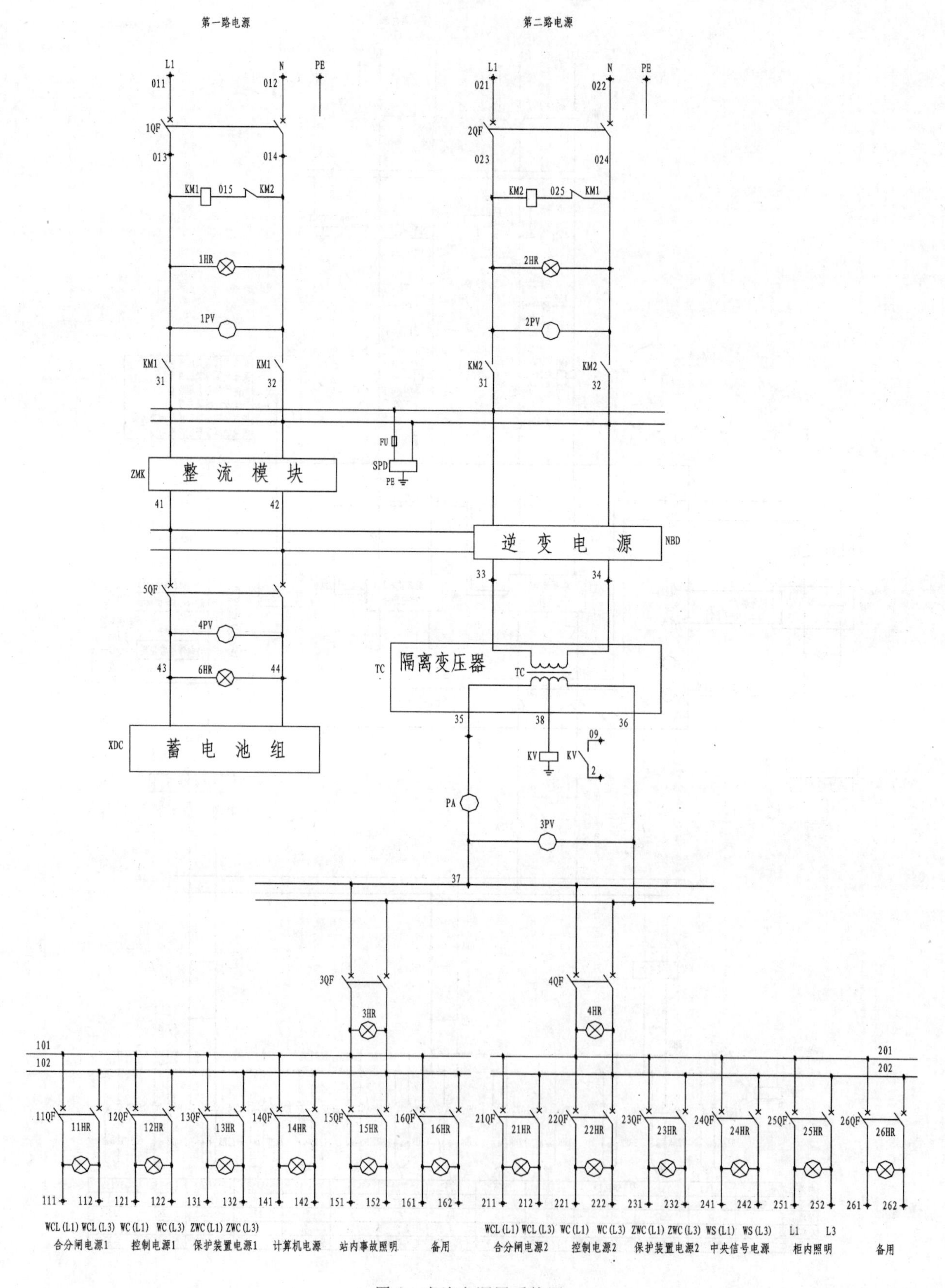
第一路电源
第二路电源
L1
N
PE
011
012
021
022
1QF
2QF
013
014
023
024
KM1
015
KM2
KM2
025
KM1
1HR
2HR
1PV
2PV
KM1
KM2
31
32
FU
SPD
PE
ZMK
整流模块
41
42
逆变电源
NBD
33
34
5QF
4PV
43
6HR
44
隔离变压器
TC
35
38
36
09
KV
2
XDC
蓄电池组
PA
3PV
37
3QF
4QF
3HR
4HR
101
102
201
202
11QF
11HR
12QF
12HR
13QF
13HR
14QF
14HR
15QF
15HR
16QF
16HR
21QF
21HR
22QF
22HR
23QF
23HR
24QF
24HR
25QF
25HR
26QF
26HR
111
112
121
122
131
132
141
142
151
152
161
162
211
212
221
222
231
232
241
242
251
252
261
262
WCL (L1) WCL (L3) WC (L1) WC (L3) ZWC (L1) ZWC (L3)
合分闸电源1
控制电源1
保护装置电源1
计算机电源
站内事故照明
备用
WCL (L1) WCL (L3) WC (L1) WC (L3) ZWC (L1) ZWC (L3) WS (L1) WS (L3) L1 L3
合分闸电源2
控制电源2
保护装置电源2
中央信号电源
柜内照明
备用

图 2　交流电源屏系统图

eGeo 智能静载仪 SLd－1 的开发

廖旭涛　曹光暄
（安徽省建设工程勘察设计院）

摘　要：本文针对现有的静载仪的缺点设计了新一代的智能静载仪 SLd－1。该智能静载仪硬件方面采用无线传输作为传输手段，能够同时进行 16 道的容栅位移数据采集，压力控制采用 PID 算法；软件方面，使用汇编语言设计时间要求较高的 CPU 程序，PC 控制软件根据试验的需求设计了实用可靠的功能。

关键词：静载仪；无线传输；PID 控制；容栅位移计

一、现状

随着建设工程的兴起，桩基础的使用越来越广，基桩承载力的检测工作量也越来越大。到目前为止，静载荷试验是基桩单桩承载力检测最可靠的手段。我国基桩静载荷试验基本采用的是荷载维持法，用手工维持荷载和记录消耗大量人力资源，现场工作条件十分艰苦，危险性大，得到的数据精度和可靠性也都难于保证，采用手动设备的静载试验已经满足不了目前市场发展的要求。近年来国内外开发出不少以计算机控制为核心基础的自动基桩静载试验仪，但从目前使用自动基桩静载试验仪的情况看还存在如下的缺点：

1. 目前的绝大多数基桩静载试验仪采用有线数据传输方式，在现场安装使用很不方便，工作环境和安全环境仍然比较恶劣，影响了工作效率。

2. 油压控制方面，没有使用先进的控制理论，容易出现压力的振荡和超调或者加不到设定压力。目前的自动静载设备，集成度不高，体积庞大。大多自动静载设备价格昂贵，现场使用不够普遍；自动静载设备大多设计成机电一体化，控制部分采用工业控制机，只能

作为特殊的设备使用，硬件资源利用率低。

针对这些缺点，我单位在研制新型智能静载仪方面做了相关工作，研制出了命名为 eGeo 系列的第一代 SLd－1 型智能静载仪。该机型的样机经过生产现场一年多的试运行，运行稳定，性能优良，受到生产一线人员的欢迎。

二、硬件设计方案

eGeo 智能静载仪 SLd－1 整个系统由下位机和上位机组成。下位机由中央处理器、位移解码器、油压 A/D 转换、油泵控制器和无线数据收发 5 大模块组成。其功能主要是完成位移采集、荷载采集，并接受上位机指令控制油泵和传输有关数据；上位机有无线收发模块和 PC 机组成，根据用户需求（用户程序）接受下位机的数据并发送控制命令。系统框架设计如图 1。

系统采用虚拟机形式，下位机其实是一个通用的多通道的位移和压力采集和控制系统，作从机使用，上位机是以软件为核心的主控制机。本系统除了构成静载试验仪外，通过不同的软件也可构成用于位移采集、压力测量与控制的任何其他场合。

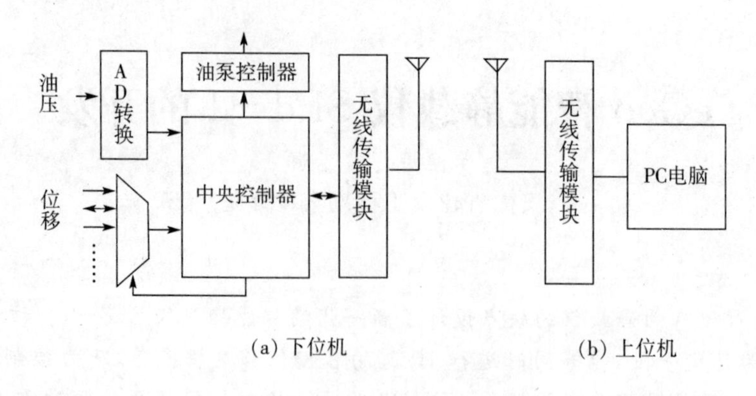

图 1　智能静载仪 SLd－1 框架

2.1　位移采集方案

本系统的位移计采用航天集团 303 所 G025AK 容栅数显模块研制，是利用相位跟踪原理实现位移测量的传感器，具有体积小，抗干扰能力强、造价低、功耗小、易集成、精度高、环境适应性强等一系列优点，近年来在高精度大位移测量中得到了广泛应用。该模块主要性能：

工作电压：1.46V～1.70V；

功耗低：工作电流典型值＜22μA(包括显示)；

最大测量范围：0～60mm；

读出分辨率：0.01mm；

线性度：0.1%FS；

电源报警电压：＜1.46V；

可在任意位置清零或设置零点；

可在任意位置直接作公制和英制转换。

测量的数据除了在小的液晶屏上显示以外，还具有专门的数据输出接口。本系统设计的位移解码模块可以同时读取 16 道的容栅位移计。

2.2　油压控制

本系统压力控制方式，根据静载荷具有惯性特性，采用了模拟 PID 自动控制技术和 PWM 控制方式。在远未达到设定压力时，可让油泵全速运行。当压力达到设定值的 80%时，系统立即转入比例、积分控制环节。为了减少整体的系统成本，执行的器件使用固态继电器，控制量为电机达到额定速度的通电时间，通过编程让控制器模拟人为操作机器的点动控制。

固态继电器的接通时间是以时间片为单位，每个时间片 $T=10\text{ms}$，接通时间 $t=nT$，所以关键是如何确定 n。设定的压力 p_0，压力采样值 p_i，压差 $\delta p_i=p_0-p_i$，微分变量 $dp_i=\delta p_i-\delta p_{i-1}=p_{i-1}-p_i$，累计压力差 $\sum p=\sum\delta p_i$，$n=k_1\delta p_i+k_2dp_i+k_3\sum p$ k_1、k_2、k_3 为经验系数，根据多次现场试验获得。

2.3　无线传输的方案

本系统的无线传输采用挪威 Nordic 公司的 905 芯片模块，其特点是：

433Mhz 开放免许可证 ISM 频段；

最高工作速率 50kbps，高效 GFSK 调制，抗干扰能力强，特别适合工业控制场合；

125 频道，多地址控制，满足多点通信和跳频通信需要；

内置硬件 CD 检测和 16 位 CRC 检错和 16 位通信地址，确保传输数据可靠；

低功耗 1.9～3.6V 工作，待机模式下状态仅为 2.5μA，接收模式：在＋10dBm 情况下，电流为 30mA，发送模式：12.2mA。

下位机的 905 模块通过 spi 总线与 CPU 连接，上位机 905 收发模块通过单片机与计算机的 USB 口连接。上下位机有独一无二地址，下位机作为从机，上位机作为主机。从机不断接受主机的指令，根据指令向上发送相应数据或执行相应操作。

三、软件设计方案

该系统采用虚拟机概念，静载仪主机处理器采用微控制器 MCU，所以软件的设计包括 MCU 运行软件的设计和 PC 主控软件的设计。由于 MCU 运行的软件涉及对时间要求比较高的位移和压力采集及控制，因此采用汇编语言实现。主程序如图 2 所示，系统上电后首先进行初始化工作，在初始化里打开是时间片定时器。这个时间片是进行位移采集的控制和油泵控制的时间标准，时间片打开后，在时间片中断程序里设计了采集位移的代码，位移在这里自动采集。这些工作做完后，系统等待上位机发来的指令，然后根据指令进行不同的动作，最后返回数据。

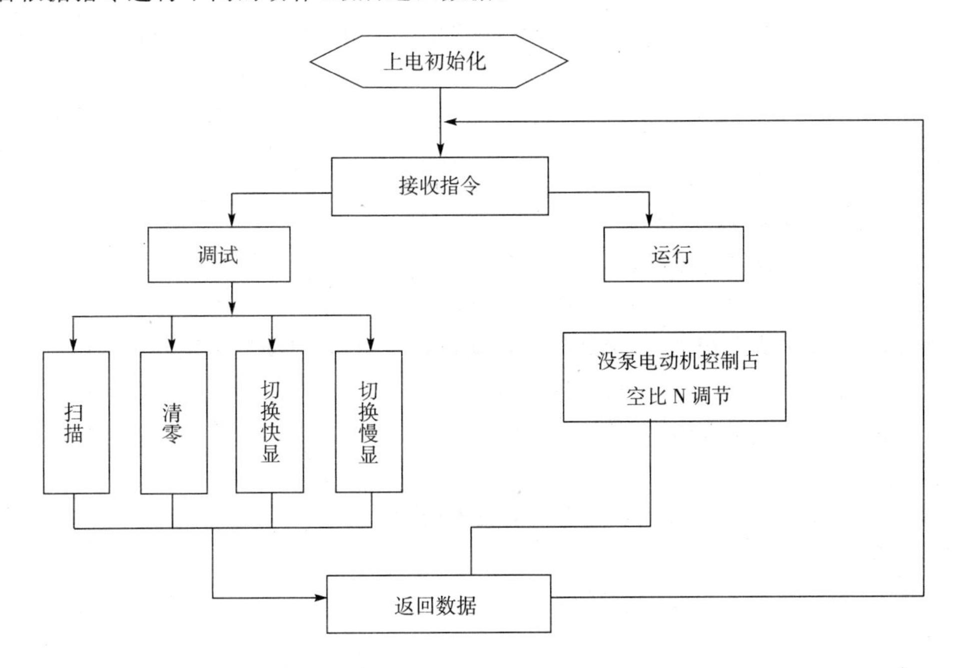

图 2 MCU 主程序

PC 主控软件的设计使用的是 C++语言，该语言在硬件控制方面有较好的支持。PC 主控软件主要包括试验控制模块、表格管理显示模块、绘图模块、数据共享模块和打印控制模块(如图 3 所示)。试验控制模块的主要功能是控制试验的过程，发送指令给静载仪，然后等待静载仪返回数据，根据静载仪返回的数据更新系统数据，同时判断当前试验的进度，进一步订制下一步发送指令要求静载仪下一步的动作；表格管理模块负责数据的显示、更新、修改、删除、插入等管理工作；绘图模块负责曲线的显示、更新、图形数据的同步修改，图形的拷贝等工作；打印控制模块负责测试报告的打印出图。

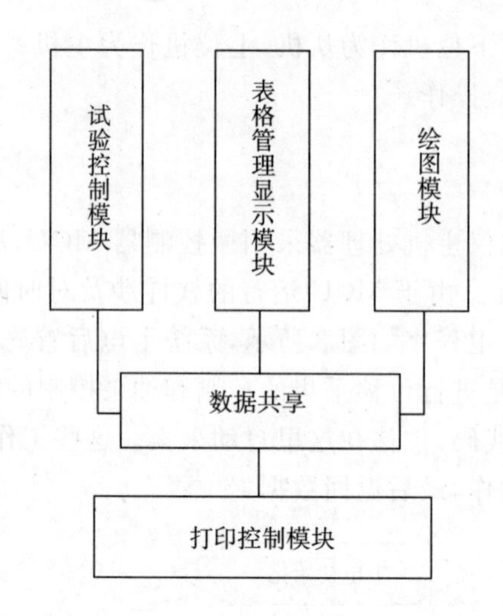

图 3　PC 主控(上位机)软件主要模块

结合静载仪硬件,软件可达到如下功能:

(A)与主机通信时间间隔为 0.5 秒;

(B)对主机发送回的数据进行正确解码;

(C)实时计算与当前压力值对应的固态继电器控制脉冲占空比;

(D)软件根据设定的最大荷载值、分级数等及自动记录时间,全自动控制试验进程;

(E)软件有加载提示、卸载提示、通信信号提示;

(F)软件可选试验过程中是否进行判稳;

(G)加载快慢可根据土质情况调整;

(H)加载到设定的最大荷载值时提示是否增加更大的荷载值;

(I)当前压力及当前位移可以修正;

(J)试验中断后,重启软件可继续进行试验;

(K)试验数据自动实时保存;

(L)自动绘制图形及自动记录形成表格;

(M)表格可以直接进行编辑,可以修正数据;

(N)自动记录在加载到设定压力时有零时记录功能;

(O)表格数据可直接拷贝至 EXCEL 等办公软件进行进一步编辑;

(P)图形可拷贝到剪切板,在 WORD、EXCEL 等办公软件中粘贴;

(Q)软件可打印试验成果;

(R)软件可进行后期数据的处理。

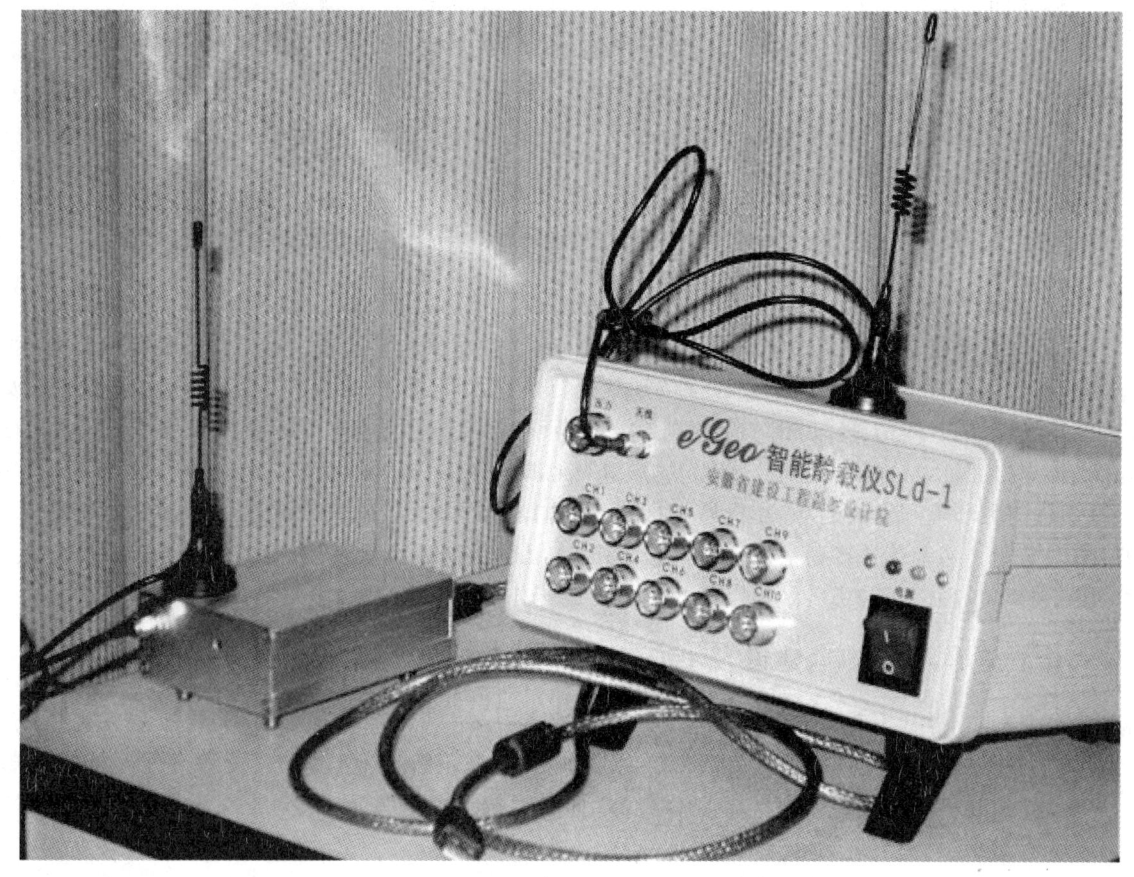

图 4 SLd－1 智能静载仪实物图

四、结论

SLd－1 智能静载仪(实物见图 4)由于采用了当前先进的无线传输和控制技术，达到了设计精简化、体积小型化、控制最优化、工效高、数据精确、现场表现优秀，受到测试一线人员的好评，因此具备了与当前市场同类产品相媲美的能力。由于采用虚拟机概念，该设备还用于多种位移采集和油压测控的场合，做到一机多用。

作者简介：廖旭涛，男，硕士，2006 年毕业于合肥工业大学，现在安徽省建设工程勘察设计院，从事岩土工程测试仪器的软硬件开发。

以人为本、顺应市场、强化管理、稳定发展

——对县级勘察设计单位发展探析

伍友桂
（皖东规划建筑勘察设计研究院）

为了正确引导我省县级勘察设计单位健康发展，省建设厅及分管勘察设计工作的领导同志 2008 年在百忙中抽出时间对全省县级勘察设计单位现状进行了深入调查，并提出了发展对策，希望通过积极引导、完善政策，采取有效措施，使相对弱小的县级勘察设计单位逐步适应市场经济发展，发挥自身的优势，克服自身的不足，从而创收盈利、立足市场，为当地城乡建设作出贡献。

鉴于目前大环境和发展趋势，在机遇和挑战并存的形势下，县级勘察设计单位如何立足市场，寻求发展、图谋更新。笔者在县级勘察设计单位工作多年，认为县级企业要发展、走出困境，必须抓住“人才、技术、服务、管理、客户”等要素，做好以下几个方面的工作：

一、建立培养人才机制，建设人才工程

“以人为本，才尽其用”，应作为勘察设计院立院之本。要“以人为本”，只有不断充实技术力量，提高全员素质，企业才能有所发展。人才资源“人”是根本，在建筑设计企业，设计人员和管理人员拥有知识的先进程度，判断、分析、综合和创新能力的高低，直接影响企业的发展，作为县级勘察设计院更要“做好”人才这篇文章。

在用人问题上应该给每个人的机会是平等的，要根据各人的真才实学和实际的工作能力，量体裁衣，量才而用，从而激励员工的责任心和进取心，让员工找到自己的合适位置。有了人才，育才、保才又是关键。俗话说“十年树木，百年树人”，人才的培养是一项漫长的、循序渐进的工程，可以通过函授教育、成人教育、脱产学习、委托培养、外出考察等形式，同时结合岗位开展培训活动提高员工的学历层次，技术管理水平，从而丰富工程技术人员的知识，拓宽他们的视野。在企业内部建立人才竞争机制和激励机制，有效地使各类人才脱颖而出。抓好人才资源这个要素，量才、用才是根本。引才育才归根到底，还是为了用才，特别是作为一个设计单位的领导关键要善于用人，用足用好人。而用人得当可以充分调动每个人的积极性，在用人问题上，要坚持“五湖四海”，坚持德才兼备，坚持量才任用等原则。

作为设计企业，市场激烈的竞争，但最终还是人才的竞争，拥有人才就拥有未来，拥有市场。拥有人才，爱才、惜才是前提。在人才流动频繁的今天，保持稳定人才队伍要做好三点：(1)事业留人(2)感情留人(3)待遇留人。在实际工作中，要“用人不疑，疑人不用”，看中“苗子”，大胆使用，使技术人员都能够人尽其才，施展才华、实现抱负，体现人生的自我价值。在企业内部领导和员工、员工和员工之间要加强感情交流，相互之间要以诚待人，以情动人，创造出良好融洽的人际关系。在待遇上要不断改善员工的工作和生活环境，提高员工生活福利待遇，主动解决人员的后顾之忧，增强员工的凝聚力和向心力。根据市场经济规律和“物竞天择，适者生存”的自然规律，切实用活、用好。

二、顺应市场经济规律，开拓进取，稳定发展

面对市场经济环境，设计项目一方面来自业主的信任，另一方面则需要凭借自身实力从市场中获取，因此转变旧的经营意识显得尤为迫切和必要。县级勘察设计院主要市场在本县行政区域内，而当地市场相对有限，如要发展、争取生存空间，既要确定“立足本地，借船出海，开拓外地”的经营战略又要明确“经济开拓，灵活经营，提高实力”的经营方针，才能适应市场的经济规律，从而取得稳定的发展。

县级设计院绝大多数都是丙级资质，只能在当地承揽任务，所谓“借船出海，开拓外地”，也就是要凭借自己的实力、勤奋和敬业的精神为甲级设计院提供设计劳务，这样既能取得较好的经济效益，弥补设计任务的不足，又能锻炼队伍，使专业技术人员积累经验，提高业务素质，拓宽他们的视野，这是加速促进技术队伍进步的有效途径。有了整体技术水平的优势，也相应提高了本地建筑勘察设计市场占有率。有了良好的市场环境，就能把握住机会，以求稳定发展，就能狠抓勘察设计和服务质量。要求设计人员对每一个项目工程都要做到尽职尽责，完善服务，自觉摆正和客户的关系，为客户当好参谋，每项工程都要设身处地从客户角度出发，为客户精心策划，提供详细的信息咨询和相关资料，挖掘潜力、精心设计、控制投资费用，为客户当好助手，确保设计质量和先进性。在项目设计过程中，严格履行设计合同。另一方面要努力做好施工过程中的跟踪服务，积极帮助客户解决施工中的技术问题，在不违背设计原则、设计文件精神及不增加投资的情况下，尽量满足客户要求。从而取得客户的信任，赢得用户，增加企业的竞争力。因此客户是设计企业赖以生存的中心，也保证了企业的稳定发展。

三、落实经济技术责任制，强化内部管理

目前我省县级勘察设计单位基本上没有改制，体制多数为事业单位企业管理模式，而在现有管理模式下落实经济技术责任制，强化内部管理是提高管理效率的关键。要转变思想观念，增强竞争意识，必须在企业内部积极推行以“工效挂钩”为主要内容的经济技术责任制，转换内部经营机制，改革劳动、人事、分配三项制度，强化内部管理。

实行经济技术责任制，要有相适应的管理策略，即集中统一管理与适度放权相结合，宏观调控与微观放开搞活相结合。要把经济技术责任具体落实到人。其主要内容有：

1. 明确任务与利益的关系。直接生产人员按实际完成产值与核实的产值比率计算生产人员的工资（人事部门核定工资），超额完成核定的年产值指标部分，按上级主管部门核定的比例提取劳务费。同时与其职称、岗位挂钩。非生产人员实行目标管理责任制，根据目标值完成情况计取收入。

2. 建立严格的质量责任制。确保设计、核对、审核的质量。审校人员对质量各负其责，如出现设计质量事故，追究其经济及技术责任。

3. 加强施工图管理。施工图出图必须按程序审定，建设方提供的有关资料、设计计算书、核对审核表、打分单、评定表必须齐全，方可出图。

4. 加强职业道德教育。“私下、业余设计”严重干扰设计市场，也难以稳定职业队伍和保证工程设计质量。为此院内经常要用建设部的“五不准”教育设计人员，对“无证设计”、“私下、业余设计”的行为进行处罚，同时开展讲究职业道德，提倡无私奉献和团结协作的集体主义精神教育，从而提高职工维护企业集体声誉的责任心和事业感。

5. 办公费、差旅费、通讯费、业务费等方面确定了限额，控制使用，提倡节约归己，杜绝浪费。

总之，随着城镇化建设进程的加快和县域经济的快速发展，给县级勘察设计单位提供了极好的发展机会，只要从自身的院情出发，抓住机遇、苦练内功、以人为本、顺应市场、强化管理，系统地思考企业自身的实际情况及战略定位，就能找到一条适合自身发展的道路。

图书在版编目(CIP)数据

安徽省勘察设计行业优秀论文选/陈东明主编．—合肥:合肥工业大学出版社,2009.12

ISBN 978-7-5650-0140-6

Ⅰ.安… Ⅱ.陈… Ⅲ.建筑工程—地质勘探—设计—安徽省—文集 Ⅳ.TU19-53

中国版本图书馆CIP数据核字(2009)第228174号

安徽省勘察设计行业优秀论文选

陈东明 主编　　　　责任编辑 孟宪余

出 版	合肥工业大学出版社	**版 次**	2009年12月第1版
地 址	合肥市屯溪路193号	**印 次**	2009年12月第1次印刷
邮 编	230009	**开 本**	889毫米×1194毫米 1/16
电 话	总编室:0551-2903038	**印 张**	15.25
	发行部:0551-2903198	**字 数**	443千字
网 址	www.hfutpress.com.cn	**印 刷**	合肥现代印务有限公司
E-mail	press@hfutpress.com.cn	**发 行**	全国新华书店

ISBN 978-7-5650-0140-6　　　　定价:58.00元

如果有影响阅读的印装质量问题,请与出版社发行部联系调换。